“十二五”高等职业教育机电类专业规划教材

电子电路分析与实践

张明金　主　编
范爱华　副主编
贾伟伟　王成琪　参　编
吴兴中　主　审

中国铁道出版社
CHINA RAILWAY PUBLISHING HOUSE

内容简介

本书是根据高职高专人才培养的目标，并结合当前多数高职高专院校进行项目化、理实一体化、任务驱动等教学方法的改革，以“工学结合；项目引导；任务驱动；‘做中学，学中做，学做一体，边学边做’一体化”为原则编写的。以工作任务引领的方式将相关知识点融入到完成工作任务所必备的工作项目中，使学生掌握必要的基本理论知识，并使学生的实践能力、职业技能、分析问题和解决问题的能力不断提高。

全书共6个项目：整流滤波电路的分析与测试、信号放大电路的分析与测试、直流稳压电路的分析与测试、组合逻辑电路的分析与测试、时序逻辑电路的分析与测试、数-模转换和模-数转换的认识与测试。各项目分成若干任务，并精选了有助于建立概念、掌握方法、联系实际应用的例题和习题。

本书适合作为高等职业院校、高等专科学校、成人高校的非电类专业的教材，也可供相关行业工程技术人员参考。

图书在版编目（CIP）数据

电子电路分析与实践/张明金主编．—北京：中国铁道出版社，2013.12

“十二五”高等职业教育机电类专业规划教材

ISBN 978-7-113-17511-5

Ⅰ.①电…　Ⅱ.①张…　Ⅲ.①电子电路—电路分析—高等职业教育—教材　Ⅳ.①TN710

中国版本图书馆CIP数据核字（2013）第248109号

书　　名：**电子电路分析与实践**
作　　者：张明金　主编

策　　划：王春霞　　　　读者热线：400-668-0820
责任编辑：王春霞
编辑助理：绳　超
封面设计：付　巍
封面制作：白　雪
责任印制：李　佳

出版发行：中国铁道出版社（100054，北京市西城区右安门西街8号）
网　　址：http://www.51eds.com
印　　刷：北京鑫正大印刷有限公司
版　　次：2013年12月第1版　　2013年12月第1次印刷
开　　本：787mm×1092mm　1/16　印张：13.75　字数：367千
印　　数：1~3000册
书　　号：ISBN 978-7-113-17511-5
定　　价：28.00元

前　言

本书是根据高职高专人才培养的目标，并结合当前多数高职高专院校进行项目化、理实一体化、任务驱动等教学方法的改革，以“工学结合；项目引导；任务驱动；‘做中学，学中做，学做一体，边学边做’一体化”为原则编写的。以工作任务引领的方式将相关知识点融入到完成工作任务所必备的工作项目中，使学生掌握必要的基本理论知识，并使学生的实践能力、职业技能、分析问题和解决问题的能力不断提高。

本书是编者将多年的高职高专的教育教学经验、积累和收集的资料整理汇编，并在中国铁道出版社的组织和大力支持下，编写而成。

本书共6个项目：整流滤波电路的分析与测试、信号放大电路的分析与测试、直流稳压电路的分析与测试、组合逻辑电路的分析与测试、时序逻辑电路的分析与测试、数-模转换和模-数转换的认识与测试。

在编写过程中，本着“精选内容，打好基础，培养能力”的精神，力求讲清基本概念，本书精选了有助于建立概念、掌握方法、联系实际应用的例题和习题。

本书适合作为高等职业院校、高等专科学校、成人高校的非电类专业的教材，也可供工程技术人员参考。总学时为60～70学时。

本书由徐州工业职业技术学院张明金担任主编，负责制订编写大纲。扬州工业职业技术学院范爱华担任副主编，徐州工业职业技术学院贾伟伟、徐州经贸高等职业学校王成琪参与编写。其中，项目1、项目2由张明金编写，项目3、项目4由范爱华编写，项目5由贾伟伟编写，项目6由王成琪编写。全书由张明金统稿。

江苏丙辰电子有限公司吴兴中高级工程师担任本书主审，他对书稿进行了认真仔细地审阅，提出了许多宝贵的意见，在此表示衷心的感谢。

本书在编写过程中得到了编者所在单位的各级领导和同事们的支持与帮助，在此表示感谢。同时对书后所列参考文献的各位作者表示深深的感谢。

由于编者水平所限，书中不妥之处在所难免，敬请各位读者提出宝贵意见。

编　者

2013年5月

前　言

目　录

项目1 整流滤波电路的分析与测试

项目内容

- 半导体的特性、导电方式、PN结的形成及其单向导电特性。
- 半导体二极管的结构、伏安特性、主要参数及使用常识。
- 特殊二极管的结构、工作原理及作用。
- 半导体二极管的在整流电路中的应用。整流电路和滤波电路的组成和工作原理,主要参数的计算,整流元件和滤波元件的选择和电路测试。

知识目标

- 了解半导体及其导电特性、PN结的形成过程;掌握PN结的单向导电特性。
- 了解普通二极管的结构及分类;理解二极管的伏安特性;掌握二极管的符号、单向导电特性、主要参数。
- 了解特殊二极管的特点及应用;掌握稳压二极管的符号、工作原理。
- 熟悉整流电路和滤波电路的结构;理解整流电路和滤波电路的工作原理;掌握整流电路和滤波电路的计算方法,会选用整流二极管和滤波元件。

能力目标

- 能利用万用表识别与检测二极管。
- 能正确地使用示波器等常用电子仪器仪表,测试整流电路和滤波电路的特性。

任务1.1 二极管的识别、检测与选用

任务引入

二极管是整流电路中的关键器件,二极管的种类很多,应用十分广泛,识别常用二极管的种类,掌握检测质量及选用方法是学习电子技术必须掌握的一项基本技能。

任务目标

了解半导体的特性及其导电特性,PN结的形成过程;掌握PN结的单向导电特性;了解普通二极管的结构及分类;理解二极管的伏安特性;掌握二极管的符号、单向导电特性、主要参数;学会检测二极管;了解特殊二极管的特点及应用;掌握稳压二极管的符号、工作原理。

子任务1　普通二极管的特性测试

〖器件认识〗——认一认

观察图1.1所示的普通二极管的外形。

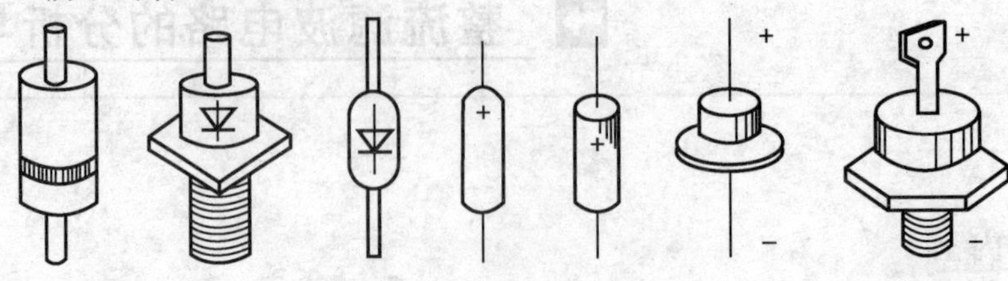

图1.1　普通二极管的外形

〖现象观察〗——看一看

按图1.2所示电路接线，合上开关S，逐渐增大U_S的值（不超过20 V），观察灯泡发光情况；断开开关S，将电源U_S反接（即上负下正），逐渐增大U_S的值（不超过30 V），观察灯泡发光情况；你能解释所观察到的现象吗？

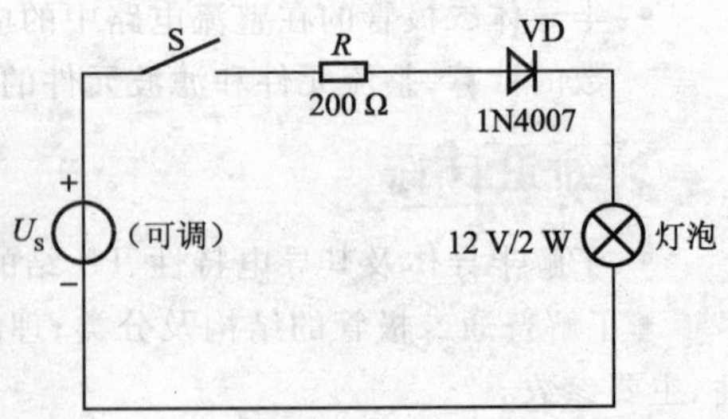

图1.2　二极管单向导电特性测试图

〖相关知识〗——学一学

1. 半导体的基础知识

根据导电能力的强弱，可将自然界中的各种物质分为导体、绝缘体和半导体。半导体的导电能力介于导体和绝缘体之间，如硅、锗、硒、一些氧化物和硫化物等。半导体具有热敏特性、光敏特性和掺杂特性。利用半导体的光敏特性可制成光电二极管、光电晶体管及光敏电阻器；利用半导体的热敏特性可制成各种热敏电阻器；利用半导体的掺杂特性可制成各种不同性能、不同用途的半导体器件，如二极管、三极管和场效应晶体管等。

在电子器件中，用得最多的材料是硅（Si）和锗（Ge）。硅和锗都是4价元素，最外层原子轨道上具有4个电子，称为价电子。

（1）本征半导体。本征半导体是指完全纯净的、结构完整的半导体。本征半导体中，由于晶体中共价键具有很强的结合力，在热力学零度（相当于−273.15 ℃）时，价电子没有能力挣脱共价键的束缚成为自由电子，因此，这时晶体中没有自由电子，半导体是不导电的。但随着温度的升高，如室温条件下，少数价电子因受热激发而获得足够大的能量，挣脱共价键的束缚成为自由电子，在共价键中将留下一个空位，称为空穴。自由电子在电场的作用下定向移动形成了电流，称为漂移电流。

一旦出现空穴，附近共价键中的电子就比较容易地填补进来，而使该共价键中也留下一个新空位，这个空位会由它附近的价电子来填补，再次出现空位。就这样不断地填补，相当于空穴在运动一样。为了和自由电子的运动区别开来，把这种运动称为空穴运动。也可以把空穴看成一种带正电的载流子，它所带的电荷和电子相等，符号相反。由此可见，本征半导体中存在两种载流子，即电子和空穴。而金属导体中只有一种载流子，即电子。本征半导体在外电场作用下，两种载流子的运动方向相反而形成的电流方向相同。

在本征半导体中，电子和空穴总是成对出现的，称为电子-空穴对，它在半导体受热或光照等作用下都会产生。但不会一直不断增多，因为在电子-空穴对产生的同时，还有另外一种现象的出现,即运动中的电子如果和空穴相遇,电子会重新填补掉空穴,两种载流子就会同时消失,这个过程称为复合。在一定温度下,电子-空穴对在不断产生的同时,复合也在不停地进行,最终会处于一种平衡状态,使载流子的浓度一定。可以证明,本征半导体的载流子的浓度除和半导体材料性质有关外,还与温度有很大关系,载流子的浓度随着温度的升高近似按指数规律增加。

(2)杂质半导体。在本征半导体中,因其载流子的浓度很低,所以导电能力很差。但是如果在本征半导体中掺入微量的其他元素(杂质)就会使半导体的导电能力得到显著的变化。把掺入杂质的半导体称为杂质半导体。根据掺入杂质的不同,分为N型半导体和P型半导体两类。

① N型(电子型)半导体。如果在硅或锗的晶体中掺入5价元素,如磷、砷、锑等,会多出电子。这多出的电子,在室温下就可以被激发为自由电子,同时杂质原子变成带正电荷的离子。此时,杂质半导体中的电子的浓度会比本征半导体中的电子浓度高出很多倍,很大程度上加强了半导体的导电能力。这种半导体主要靠电子导电,故称为电子型半导体或N型半导体。N型半导体中电子浓度远远大于空穴浓度,所以N型半导体中电子是多数载流子(简称多子),空穴是少数载流子(简称少子)。

② P型(空穴型)半导体。如果在硅或锗晶体中掺入3价元素,如硼、铝、铟等。掺入杂质后,形成空穴。空穴在室温下可以吸引附近的电子来填补,杂质原子变成带负电荷的离子。这就使得半导体中的空穴的数量增多,导电能力增强,这种半导体主要是依靠空穴来导电,故称为空穴型半导体或P型半导体。P型半导体中空穴是多数载流子,电子是少数载流子。

杂质半导体中,多数载流子的浓度取决于掺杂浓度,少数载流子的浓度取决于温度。实际对本征半导体进行掺杂时,常常N型、P型杂质都有,谁的浓度大就体现出谁的类型。

2. PN结及其单向导电特性

使用一定的工艺让半导体的一端形成P型半导体,另外一端形成N型半导体,在这两种半导体的交界处就形成了一个PN结。PN结是构成各种半导体器件的核心。

(1)PN结的形成。如图1.3(a)所示,左边为P区,右边为N区。由于P区中的空穴浓度很大,而N区中的电子浓度很大,形成了两边的两种载流子的浓度差。这时P区的空穴会向N区运动,而N区的电子会向P区运动,这种因浓度差引起的运动称为扩散运动。扩散到P区的电子会与空穴复合而消失,同样扩散到N区的空穴也会与电子复合而消失。复合的结果是在交界处两侧出现了不能移动的正负两种杂质离子组成的空间电荷区,这个空间电荷区称为PN结,如图1.3(b)所示。在交界处左侧出现了负离子区,在右侧出现了正离子区,形成了一个由N区指向P区的内电场。随着扩散的进行,空间电荷区越来越宽,内电场也越来越强。但不会无限制地加宽加强。内电场的产生对P区和N区中的多数载流子的相互扩散运动起阻碍作用。同时,在内电场的作用下P区中的少数载流子——电子,N区中的少数载流子——空穴则会越过交界面向对方区域运动,这种在内电场的作用下少数载流子的运动称为漂移运动。漂移运动使空间电荷区重新变窄,削弱了内电场强度。多数载流子的扩散运动和少数载流子的漂移运动最终达到动态平衡,PN结的宽度一定。由于空间电荷区内没有载流子,所以又把空间电荷区称为耗尽层。

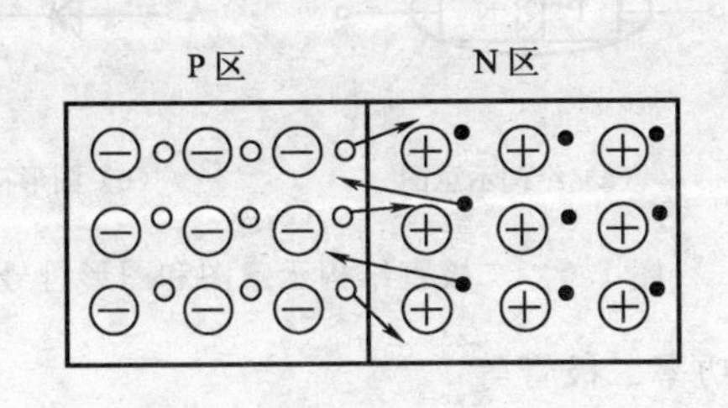

(a) 多数载流子的扩散运动

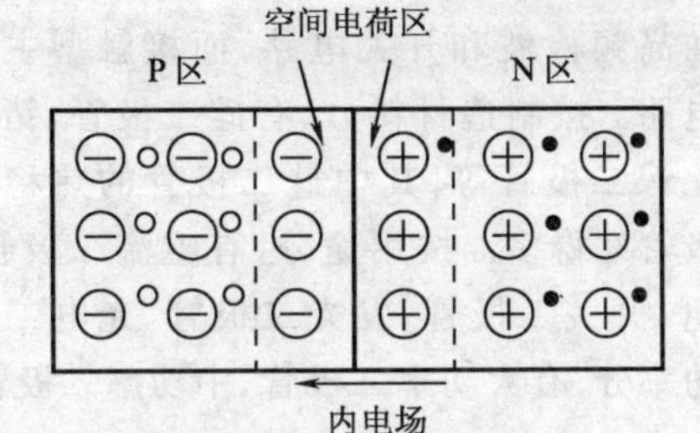

(b) 扩散和漂移运动平衡后形成的空间电荷区

图1.3 PN结的形成过程

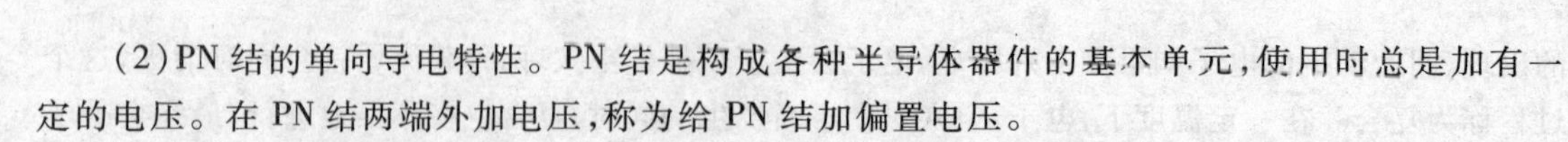

(2)PN结的单向导电特性。PN结是构成各种半导体器件的基本单元,使用时总是加有一定的电压。在PN结两端外加电压,称为给PN结加偏置电压。

在PN结上外加正向电压,即P区接高电位,N区接低电位,此时称PN结为正向偏置(简称正偏),如图1.4所示。

由于外加电压产生的外电场与PN结产生的内电场方向相反,所以削弱了内电场,使PN结变窄,有利于两区的多数载流子向对方扩散,形成正向电流I_F,此时PN结处于正向导通状态。

在PN结上外加反向电压,即P区接低电位,N区接高电位,此时称PN结为反向偏置(简称反偏),如图1.5所示。

此时外加电场与内电场方向一致,因而加强了内电场,使PN结变宽,阻碍了多子扩散运动。两区的少数载流子在回路中形成极小的反向电流I_R,则称PN结反向截止,这时PN结呈高阻状态。

应当指出:少数载流子是由于热激发产生的,因而PN结的反向电流受温度影响很大。

综上所述,PN结具有单向导电特性,即正向偏置时呈导通状态,反向偏置时呈截止状态。

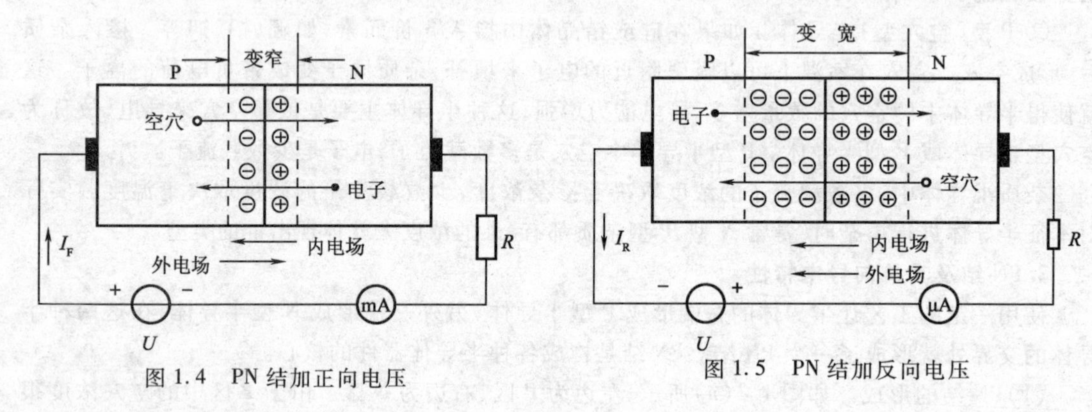

图1.4　PN结加正向电压　　图1.5　PN结加反向电压

3. 二极管的结构和类型

(1)二极管的结构。二极管是各种半导体器件及其应用电路的基础,二极管由一块PN结加上相应的引出端和管壳构成。它有两个电极,由P区引出的是正极(又称阳极),由N区引出的是负极(又称阴极)。普通二极管的外形如图1.1所示,结构示意图如图1.6(a)所示,图形符号如图1.6(b)所示。电路符号中的三角形实际上是一个箭头,箭头方向表示二极管导通时电流的方向。在二极管的外形图中,生产厂家都在二极管的外壳上用特定的标记来表示正负极。最明确的表示方法是在外壳上画有二极管的符号,箭头指向一端为二极管的负极;螺栓式二极管带螺纹的一端是二极管的负极,它是一种工作电流很大的二极管;许多二极管上画有色环,带色环的一端则为二极管的负极。

(2)二极管的类型。二极管的种类很多,按结构分,常见的有点接触型和面接触型。点接触型主要用在高频检波和开关电路,面接触型主要用在整流电路。按制造材料分,有硅二极管、锗二极管和砷化镓二极管等,其中硅二极管的热稳定性比锗二极管好得多。按用途分,有整流二极管、稳压二极管、开关二极管、发光二极管、光电二极管等。按功率分,有大功率二极管、中功率二极管及小功率二极管等。

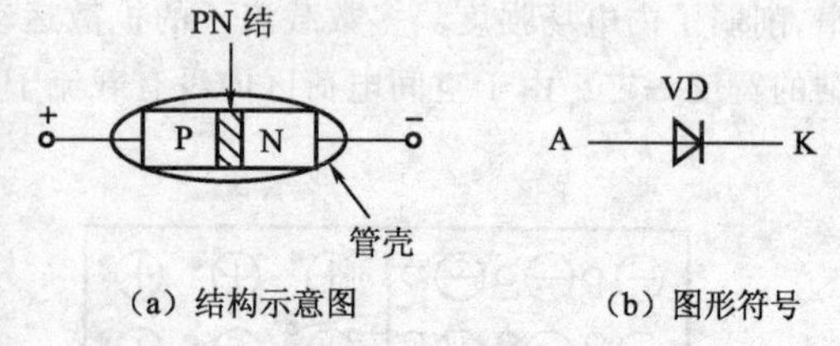

(a) 结构示意图　　(b) 图形符号

图1.6　二极管结构示意图和图形符号

4. 二极管的伏安特性

二极管的管芯是一块 PN 结,它的特性就是 PN 结的单向导电特性。为了形象地描述二极管的单向导电特性,常用伏安特性曲线来表示。二极管的伏安特性是指通过二极管的电流与其两端电压之间的关系。由晶体管特性图示仪测出二极管的伏安特性曲线如图 1.7 所示。下面对二极管的伏安特性曲线加以说明。

(1)正向特性。二极管两端加正向电压很小时,正向电压的外电场还不足以克服内电场对扩散运动的阻力,正向电流很小,几乎为零,这部分区域称为“死区”,相应的 A(A′)点的电压称为死区电压或阈值电压,硅管的死区电压约为 0.5 V,锗管的死区电压约为 0.1 V,如图 1.7 中的 OA(OA′)段。

当外加的正向电压超过死区电压时,正向电流就会急剧增大,二极管呈现很小电阻而处于导通状态。导通后二极管两端的电压变化很小,基本上是个常数。通常硅管的正向压降为 0.6 ~ 0.7 V,锗管的正向压降约为 0.2 ~ 0.3 V,如图 1.7 中的 AB(A′B′)段。

(2)反向特性。二极管两端加上反向电压时,在开始很大范围内,二极管相当于非常大的电阻,反向电流很小,且基本上不随反向电压的变化而变化。此时的电流称为反向饱和电流 I_R,如图 1.7 中的 OC(OC′)段。

二极管的反向电压增加到一定数值时,反向电流急剧增大,这种现象称为反向击穿。此时对应的电压称为反向击穿电压,用 U_{BR} 表示,如图 1.7 中的 CD(C′D′)段。

由以上分析可知:二极管的本质就是一块 PN 结,它具有单向导电特性,是一种非线性器件。

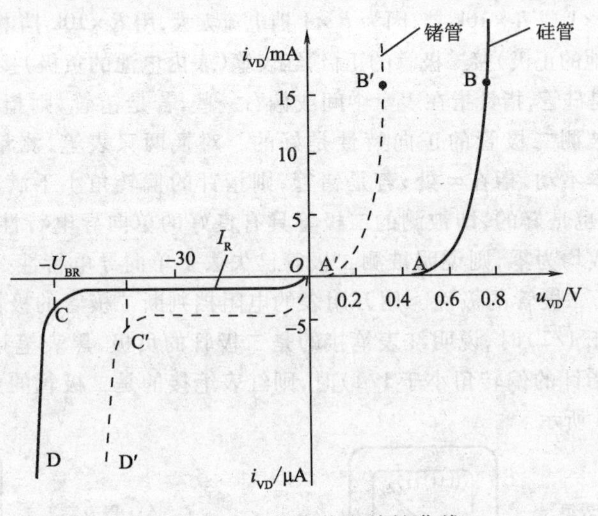

图 1.7　二极管的伏安特性曲线

(3)温度对二极管的特性的影响。二极管的管芯是一块 PN 结,它的导电性能与温度有关,温度升高时二极管正向特性曲线向左移动,正向压降减小。反向特性曲线向下移动,反向电流增大。实验表明:在同一正向电流的情况下,温度每上升 1 ℃,二极管的正向压降约减小 2.5 mV;温度每上升 10 ℃,二极管的反向电流约增大一倍。另外,温度升高时,二极管的反向击穿电压 U_{BR} 会有所下降,使用时要加以注意。

5. 二极管的主要参数

半导体器件的参数是国家标准或制造厂家对生产的半导体器件应达到的技术指标所提供的数据要求,是合理选用半导体器件的重要依据。二极管的主要参数如下:

最大整流电流 I_{FM}：是指在规定的环境温度（如 25 ℃）下，二极管长期工作时，允许通过的最大正向平均电流值。使用时应注意电流不能超过此值，否则会导致二极管过热而烧毁。对于大功率二极管必须按规定安装散热装置。

最高反向工作电压 U_{RM}：是指允许加在二极管上的反向电压的峰值，也就是通常所说的耐压值。器件手册中给出的最高反向工作电压 U_{RM} 通常为反向击穿电压的一半左右。

最大反向电流 I_{RM}：是指给二极管加最大反向电压时的反向电流值。其值越小，表明二极管的单向导电性越好。最大反向电流受温度影响大。硅管的反向电流一般在几微安以下，锗管的反向电流较大，为硅管的几十到几百倍。

二极管的直流电阻 R：是指加在二极管两端的直流电压与流过二极管的直流电流的比值。二极管的正向电阻较小，为几欧到几千欧；反向电阻很大，一般可达零点几兆欧，甚至更高。

最高工作频率 f_M：是指二极管正常工作时的上限频率值，它的大小与 PN 结的结电容有关，超过此值，二极管的单向导电特性变差。

6. 二极管的使用常识

（1）二极管的选用原则。首先保证选用的二极管的参数能满足实际电路的要求，然后考虑经济实用。一般情况下整流电路首选热稳定性好的硅管，高频检波电路才选锗管。

（2）用万用表检测二极管的质量和极性。在实际电路中，由于二极管的损坏而造成的故障是很常见的。因此，会用万用表判别二极管的好坏和极性是二极管应用中的一项基本技能。

① 用万用表检测二极管的好坏。对于小功率二极管，测量时，将万用表的电阻挡置于 $R\times100$ 或 $R\times1\text{k}$ 挡（一般不用 $R\times1$ 或 $R\times10\text{k}$ 挡，因为 $R\times1$ 挡电流太大，用 $R\times10\text{k}$ 挡电压太高，都易损坏二极管）。黑表笔（表内电池的正极）接二极管的正极，红表笔（表内电池的负极）接二极管的负极，测量二极管的正向电阻。若是硅管，指针指在表盘中间或偏右一些；若是锗管，则指针指在表盘右端靠近满刻度处，这样表明被测二极管的正向特性是好的。对换两只表笔，测量二极管的反向电阻。若是硅管，则指针基本不动，指在∞处；若是锗管，则指针的偏转角小于满刻度的 1/4，这表明被测二极管的反向特性也是好的，即被测的二极管具有良好的单向导电特性。如果测得二极管的正、反向电阻均为∞或均为零，则说明被测二极管已失去了单向导电特性，不能使用。

② 用万用表判断二极管的极性。用万用表的电阻挡判断二极管的极性时，若测得的电阻较小（指针的偏转角大于 1/2）时，说明红表笔接的是二极管的负极，黑表笔接的是二极管的正极；若测得的电阻较大（指针的偏转角小于 1/4）时，则红表笔接的是二极管的正极，黑表笔接的是二极管的负极，如图 1.8 所示。

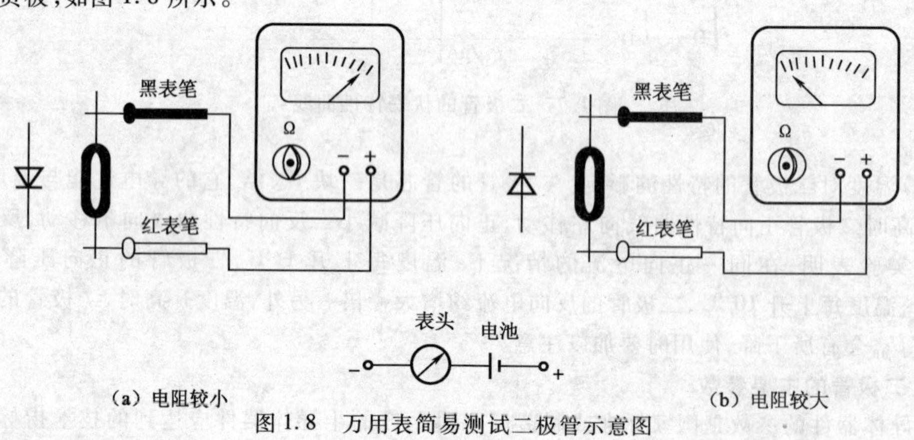

图 1.8　万用表简易测试二极管示意图

（3）二极管使用注意事项。二极管使用时，应注意以下事项：二极管应按照用途、参数及使用环境选择;使用二极管时,正、负极不可接反。通过二极管的电流,承受的反向电压及环境温度等都不应超过手册中所规定的极值;更换二极管时,应使用同类型或高一级的代替;二极管的引线弯曲处距离外壳端面应不小于 2 mm,以免造成引线折断或外壳破裂;焊接时应使用 35 W 以下的电烙铁,焊接要迅速,并用镊子夹住引线根部,以助散热,防止烧坏二极管;安装时,应避免靠近发热元件,对功率较大的二极管,应注意良好散热;二极管在容性负载电路中工作时,二极管整流电流 I_{FM}应大于负载电流的 1.2 倍。

〖实践操作〗——做一做

1. 实践操作内容

普通二极管的识别与检测。

2. 实践操作要求

(1)认识和熟悉普通二极管的外观与型号;

(2)学会用万用表判别普通二极管的正、负极及质量;

(3)撰写检测报告。

3. 设备器材

(1)模拟式万用表,1 块;

(2)普通二极管(硅管、锗管),各 1 只。

4. 实践操作步骤

(1)直观识别二极管的极性。二极管的正、负极一般都在外壳上标注出来,标有色点的一端是正极,标志环一端是负极。试识别所给定的二极管的正、负极。

(2)用万用表检测二极管的正、反向电阻。用万用表的欧姆挡 $R\times100$ 或 $R\times1$ k 挡,分别测量两个二极管的正向电阻和反向电阻,判断二极管的好坏及二极管的极性,将二极管的型号及测试结果填入表 1.1 中。

(3)查阅电子器件手册,查出给定的二极管的有关参数,填入表 1.1 中。

表 1.1 普通二极管的测试

二极管的正向电阻、反向电阻			二极管的质量	二极管的主要参数		
				I_{FM}	U_{RM}	I_{RM}
硅管	正向电阻					
	反向电阻					
锗管	正向电阻					
	反向电阻					

5. 注意事项

测量二极管时注意万用表欧姆挡的量程及表笔的极性。

〖问题思考〗——想一想

二极管的导通、截止状态与电路中的开关器件有何相似之处?有何区别?

子任务 2 特殊二极管的特性测试

〖器件认识〗——认一认

观察图 1.9 所示的特殊二极管的外形。

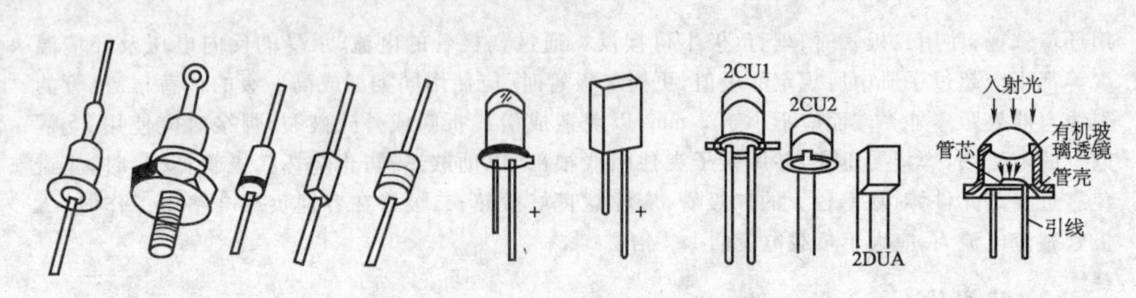

(a) 稳压二极管的外形　　(b) 发光二极管的外形　　(c) 光电二极管的外形

图 1.9　特殊二极管的外形

〖现象观察〗——看一看

(1)按图 1.10 所示电路连接线路,图中的 U_I由直流稳压电源(0~30 V)提供,稳压管 VD_Z的型号为 1N47,电阻 R 为 470 Ω/1 W。测量当输入电压 U_I分别为 20 V、25 V,负载电阻 R_L = 10 kΩ 不变时的输出电压 U_O的值;测量当输入电压 U_I = 20 V 不变,负载电阻 R_L分别为 10 kΩ、5 kΩ 时的输出电压 U_O的值。根据测量的结果,总结输出电压变化的情况。

(2)按图 1.11 所示电路连接线路,图中的电阻 R = 1 kΩ。接入电源电压 U,并使 U 由 0 V 逐渐增大,直至发光二极管开始发光,继续增大输入电压,观察发光二极管发光强度随输入电压增大而变化的情况;将发光二极管反接,观察此时发光二极管的发光情况。

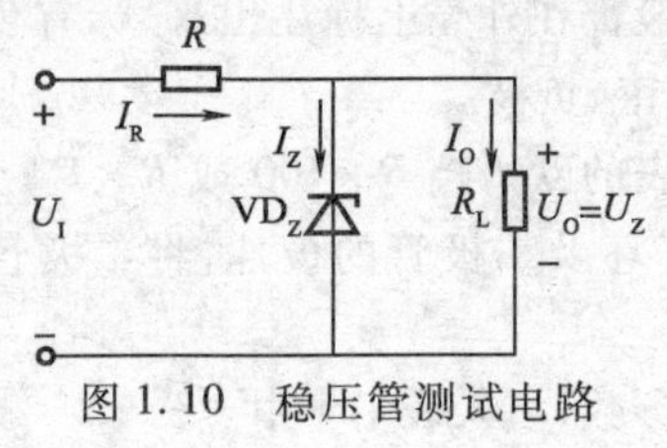

图 1.10　稳压管测试电路

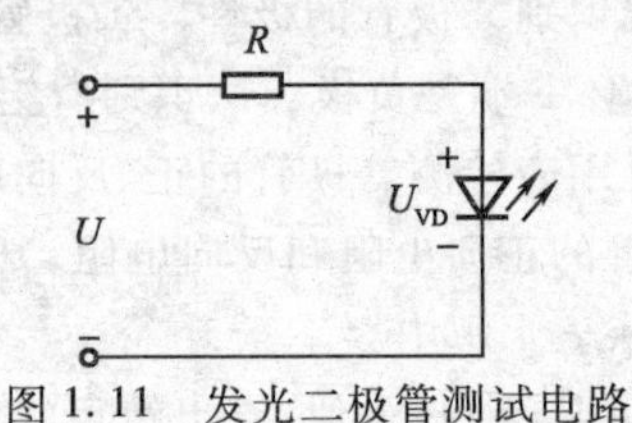

图 1.11　发光二极管测试电路

〖相关知识〗——学一学

除普通二极管外,还有一些特殊用途的二极管,如稳压二极管、发光二极管、光电二极管等。

1. 稳压二极管

稳压二极管是一种特殊的硅材料二极管,由于在一定的条件下能起到稳定电压的作用,故称为稳压二极管,常用于基准电压、保护、限幅和电平转换电路中。

稳压二极管的符号如图 1.12 所示。

(1)稳压二极管的工作特性。稳压二极管的制造工艺采取了一些特殊措施,使它能够得到很陡直的反向击穿特性,并能在击穿区内安全工作。硅稳压二极管的伏安特性曲线如图 1.13 所示,它是利用二极管反向击穿时电流在很大范围内变化,而二极管两端的电压几乎不变的特点,实现稳压的。因此,稳压二极管正常工作时,工作于反向击穿状态,此时的击穿电压称为稳定工作电压,用 U_Z表示。

(2)稳压二极管的主要参数:

稳定工作电压 U_Z:稳定工作电压 U_Z即反向击穿电压。由于击穿电压与制造工艺、环境温度及工作电流有关,因此在手册中只能给出某一型号稳压二极管的稳压范围,例如:2CW21A 的稳定工作电压 U_Z为 4~5.5 V;2CW55A 的稳定工作电压 U_Z为 6.2~7.5 V。但是,对于某一只具体的稳压二极管,U_Z是确定的值。

稳定工作电流 I_Z:稳定工作电流 I_Z是指稳压二极管工作在稳压状态时流过的电流。当稳压二极管反向电流小于最小稳定电流 I_{Zmin}时,没有稳压作用;当稳压二极管反向电流大于最大稳定电流 I_{Zmax}时,稳压二极管因过流而损坏。

最大耗散功率 P_{ZM}和最大工作电流 I_{ZM}:P_{ZM}和 I_{ZM}是为了保证稳压二极管不被热击穿而规定的极限参数,由稳压二极管允许的最高结温决定,$P_{ZM}=I_{ZM}U_Z$。

动态电阻 r_Z:动态电阻 r_Z是指稳压范围内电压变化量与相应的电流变化量之比,即 $r_Z=\Delta U_Z/\Delta I_Z$,如图 1.13 所示。$r_Z$值很小,约几欧到几十欧。$r_Z$越小越好,即反向击穿特性曲线越陡越好,也就是说,$r_Z$越小,稳压性能越好。

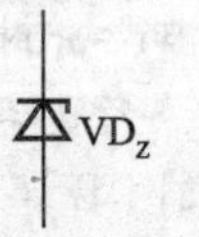

VD_Z

图 1.12　稳压二极管的符号

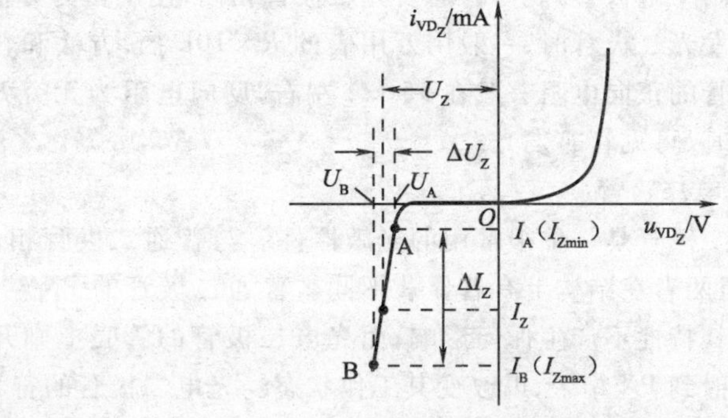

图 1.13　稳压二极管的伏安特性曲线

(3)稳压二极管的使用。稳压二极管的极性判断方法与普通二极管的判断方法相同。

稳压二极管使用时应注意以下几点:稳压二极管的正极要接低电位,负极接高电位,保证工作在反向击穿区(除非用正向特性稳压)。为了防止稳压二极管的工作电流超过最大稳定电流 I_{Zmax}而发热损坏,一般要串接一个限流电阻 R。稳压二极管不能并联使用,以免因稳压值的差异造成各稳压二极管电流不均,导致稳压二极管过电流而损坏。

2. 发光二极管

发光二极管,英文缩写为 LED。与普通二极管一样,也是由 PN 结构成的,同样具有单向导电特性,但在正向电流达到一定值时会发光,所以它是一种把电能转换成光能的半导体器件。它具有体积小、工作电压低、工作电流小、发光均匀稳定、响应速度快和寿命长等优点,其缺点是功耗较大。发光二极管常用作显示器件,如指示灯、七段显示器和矩阵显示器等。由于构成发光二极管的材料、封装形式、外形不同,因而它的类型很多,如单色发光二极管、变色发光二极管、闪烁发光二极管、电压型发光二极管、红外发光二极管、激光发光二极管等。

单色发光二极管的发光颜色有红、绿、黄、橙、蓝等,几乎所有设备的电源指示灯、手机背景灯、七段数码显示器件都是使用的单色发光二极管。单色发光二极管的符号如图 1.14 所示。单色发光二极管的两根引脚中,长引脚是正极,短引脚是负极。

发光二极管的正向工作电压为 2 ~ 3 V,工作电流为 5 ~ 20 mA,一般 $I_{VD}=1$ mA 时启辉。随着 I_{VD}的增加,亮度不断增加。当 $I_{VD}\geqslant 5$ mA 以后,亮度并不显著增加。当流过发光二极管的电流超过极限值时,会导致发光二极管损坏。因此,发光二极管在使用时,必须在电路中串接限流电阻,如图 1.15(a)所示。用交流电源驱动时,电路如图 1.15(b)所示,二极管 VD 的作用是避免 LED 承受高的反向电压。

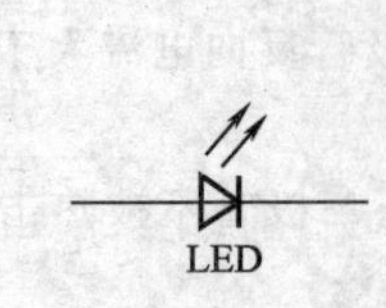

图 1.14　单色发光二极管的符号

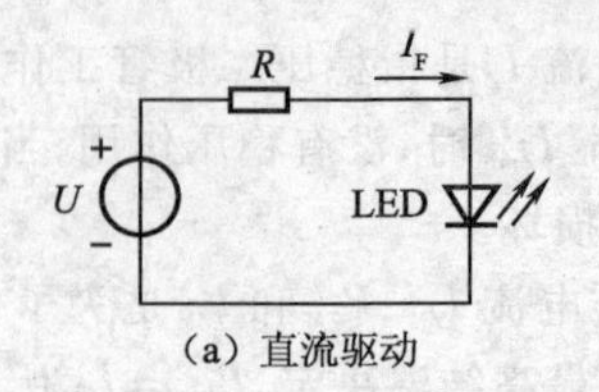

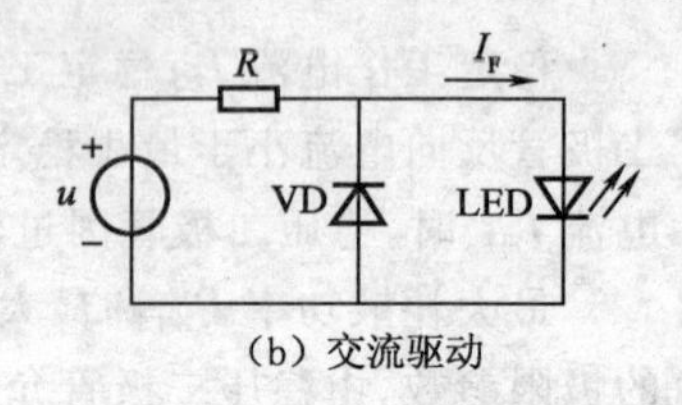

图 1.15　LED 的驱动电路

目前有一种 BTV 系列的电压型发光二极管，它将限流电阻集成在管壳内，与发光二极管串联后引出两个电极，外观与普通发光二极管相同，使用更为方便。

检测发光二极管时，一般用万用表的 $R\times10\text{k}$ 挡，方法和普通二极管的一样。正常情况下，发光二极管的正向电阻一般在 15 kΩ 左右，反向电阻为无穷大。灵敏度高的发光二极管，在测正向电阻时，可见管芯发光。

3. 光电二极管

光电二极管是一种很常用的光敏器件。与普通二极管相似，它也是具有一个 PN 结的半导体器件，但两者在结构上有着显著不同。普通二极管的 PN 结是被严密封装在管壳内的。光线的照射对其特性不产生任何影响；而光电二极管的管壳上则开有一个透明的窗口，光线能透过此窗口照射到 PN 结上，以改变其工作状态。光电二极管的符号如图 1.16 所示。

光电二极管工作在反偏状态，它的反向电流随光照强度的增加而上升，用于实现光电转换功能。光电二极管广泛用于遥控接收器、激光头中。当制成大面积的光电二极管时，能将光能直接转换成电能，也可当作一种能源器件，即光电池。

图 1.16　光电二极管的符号

光电二极管的检测方法是：将万用表的欧姆挡置于 $R\times1\text{k}$ 挡，用手捂住或用一黑纸片遮住光电二极管的窗口，用黑表笔接正极，红表笔接负极，测得的正向电阻值为 10 ~ 20 kΩ；交换表笔，指针不动，测得的反向电阻为无穷大。当受到光线照射时，反向电阻显著变化，正向电阻不变。在上述测量中，若正、反向电阻都很小或都很大，则说明光电二极管已经击穿或内部开路。

〖实践操作〗——做一做

1. 实践操作内容

特殊二极管的识别与检测。

2. 实践操作要求

(1) 学会用万用表判别稳压二极管的正、负极及质量；

(2) 学会用万用表判别发光二极管的正、负极及质量；

(3) 撰写检测报告。

3. 设备器材

(1) 模拟式万用表，1 块；

(2) 稳压二极管、发光二极管，各 1 只。

4. 操作步骤

(1) 稳压二极管的识别与检测。直观识别所给定的稳压二极管的正、负极。然后将万用表的欧姆挡置于 $R\times10\text{k}$ 挡，测量二极管的反向电阻，若此时的阻值变得较小，说明该二极管是稳压二极管，将结果填入表 1.2 中。

(2) 发光二极管的识别与检测。直观识别所给定的发光二极管的正、负极。然后将万用表

的欧姆挡置于 $R\times10k$ 挡，测量发光二极管的正、反向电阻，判断其正、负极。用万用表外接1节1.5 V的电池，万用表的量程置 $R\times10$ 或 $R\times100$ 挡，黑表笔接电池的负极，红表笔接发光二极管的负极，电池正极接发光二极管的正极，发光二极管若能正常发光则表示其质量合格。将结果填入表1.2中。

表1.2 稳压二极管、发光二极管的检测与参数

序号	标志符号	万用表量程	正向电阻值	反向电阻值	类型判别	质量判别
1						
2						
3						

〖问题思考〗——想一想

(1)稳压二极管正常工作时，其偏置是正偏还是反偏，或者两种情况都有可能？为什么？

(2)发光二极管正常工作时，其偏置是正偏还是反偏，或者两种情况都有可能？为什么？

(3)光电二极管正常工作时，其偏置是正偏还是反偏，或者两种情况都有可能？为什么？

任务1.2 二极管整流电路的分析与测试

任务引入

电子线路、电子设备和自动控制装置都需要稳定的直流电源供电。直流电源可以由直流发电机和各种电池提供，但比较经济实用的办法是，利用具有单向导电特性的电子器件将使用广泛的工频正弦交流电转换成直流电。直流稳压电源就实现了该功能，它一般由电源变压器、整流电路、滤波电路和稳压电路这4部分组成，其框图如图1.17所示。

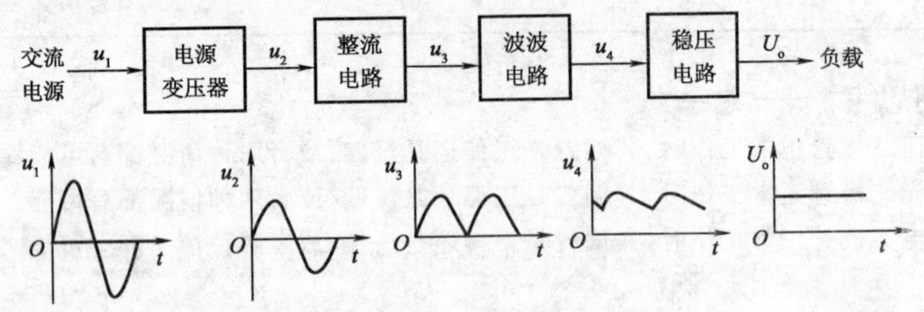

图1.17 直流稳压电源的组成框图

电源变压器的作用是为用电设备提供所需的交流电压；整流电路和滤波电路的作用是把交流电变换成平滑的直流电；稳压电路作用是克服电网电压、负载及温度变化所引起的输出电压的变化，提高输出电压的稳定性。

将交流电变换成单向脉动的直流电的过程称为整流。

任务目标

熟悉单相半波整流和桥式全波整流电路的组成；理解各种单相整流电路的工作原理；掌握各种单相整流电路的计算；能正确地安装各种单相整流电路与测试，并会选用元器件；能正确地记录测试结果并能对测试结果进行准确地描述。

子任务1 单相半波整流电路的分析与测试

【现象观察】——看一看

按图1.18连接电路，图中单相变压器为220 V/12 V、二极管型号为1N4001、电阻R为1 kΩ。用示波器观察u_2、u_L的波形。请思考：u_2、u_L的波形有什么不同？

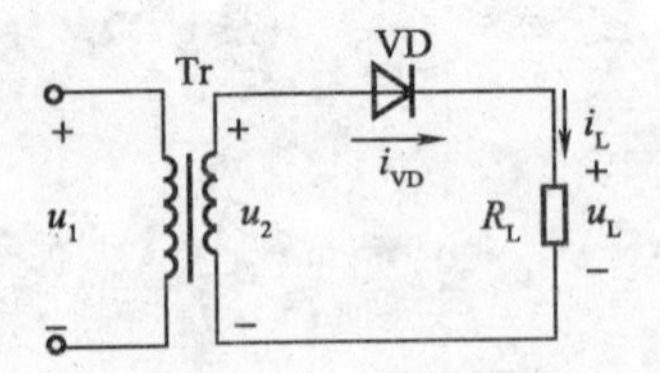

图1.18 单相半波整流电路

【相关知识】——学一学

1. 电路的结构

单相半波整流电路通常由降压电源变压器Tr、整流二极管VD和负载R_L组成，如图1.18所示。为简化分析，将二极管视为理想二极管，即二极管正向导通时，作短路处理；反向截止时，作开路处理。

2. 工作原理

设$u_2 = \sqrt{2} U_2 \sin\omega t$，其波形如图1.19(a)所示。

在 u_2 的正半周期间，变压器二次电压的瞬时极性是上端为正，下端为负。二极管 VD 因正向偏置而导通，电流自上而下流过负载电阻 R_L，则 $u_{VD}=0$，$u_L=u_2$。

在 u_2 的负半周期间，变压器二次电压的瞬时极性是上端为负，下端为正。二极管 VD 因反向偏置而截止，没有电流通过负载电阻 R_L，则 $u_L=0$，而 u_2 全部加在二极管 VD 两端，则 $u_{VD}=u_2$。负载电压和电流的波形和二极管两端电压波形如图 1.19(b)、(c)、(d)所示。可见，利用二极管的单向导电特性，将变压器二次的正弦交流电变换成了负载两端的单向脉动的直流电，达到了整流的目的。这种电路在交流电的半个周期里有电流流过负载，故称为半波整流电路。

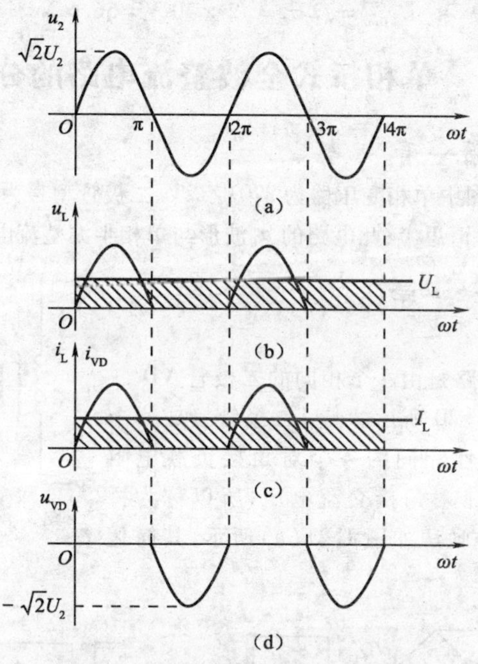

图 1.19 半波整流电路的波形图

3. 负载上的直流电压和直流电流

直流电压是指一个周期内脉动电压的平均值。对半波整流电路而言，直流电压为

$$U_L=\frac{1}{2\pi}\int_0^{2\pi}u_L\mathrm{d}\omega t=\frac{1}{2\pi}\int_0^{\pi}\sqrt{2}U_2\sin\omega t\mathrm{d}\omega t=\frac{\sqrt{2}U_2}{\pi}\approx0.45U_2 \tag{1.1}$$

流过负载 R_L 的电流平均值为

$$I_L=\frac{U_L}{R_L}=0.45\frac{U_2}{R_L} \tag{1.2}$$

4. 整流二极管的电压、电流与二极管的选择

流过二极管的直流电流与流过负载的直流电流相同，即

$$I_{VD}=I_L \tag{1.3}$$

二极管承受的最大反向电压为二极管截止时两端电压的最大值，即

$$U_{VDrm}=\sqrt{2}U_2 \tag{1.4}$$

可见为保证二极管安全工作，选用二极管时要求

$$I_{FM}\geqslant I_{VD}, U_{RM}\geqslant U_{VDrm}$$

半波整流电路结构简单，但输出电压低，脉动成分大，变压器利用率低，只适用于小电流、小

功率、对脉动要求不高的场合。

例 1.1 单相半波整流电路如图 1.18 所示。已知：负载电阻 $R_L = 600\ \Omega$，变压器二次电压的有效值 $U_2 = 40$ V。求：负载上电流和电压的平均值及二极管承受的最大反向电压。

解

$$U_L = 0.45U_2 = 0.45 \times 40\ \text{V} = 18\ \text{V}$$

$$I_L = \frac{U_L}{R_L} = \frac{18}{600}\ \text{A} = 0.03\ \text{A} = 30\ \text{mA}$$

$$U_{VDrm} = \sqrt{2}U_2 = \sqrt{2} \times 40\ \text{V} = 56.6\ \text{V}$$

子任务 2 单相桥式全波整流电路的分析与测试

〖现象观察〗——看一看

按图 1.20 连接电路，图中单相变压器为 220V/12V、二极管型号为 1N4001、电阻 R 为 1 kΩ。用示波器观察 u_2、u_L 的波形。请思考：此电路的 u_L 波形与单相半波整流电路的 u_L 波形有什么不同？

〖相关知识〗——学一学

1. 电路的结构

单相桥式全波整流电路是由 4 个相同的二极管 VD_1 ~ VD_4 和负载 R_L 组成，如图 1.20 所示。4 只二极管接成一个电桥形式，其中二极管极性相同的一个对角接负载电阻 R_L，二极管极性不同的一个对角接交流电压，所以称为桥式电路。电路图的另一种画法如图 1.21(a) 所示，其简化画法如图 1.21(b) 所示。

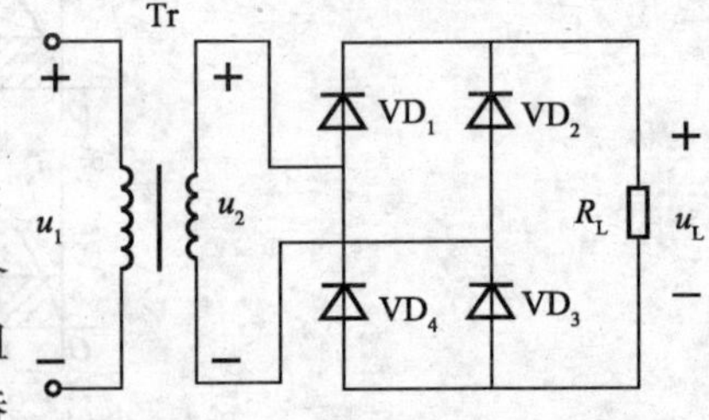

图 1.20 单相桥式全波整流电流

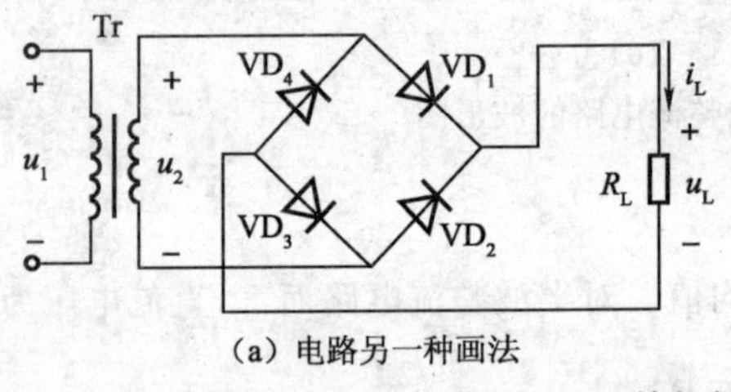

(a) 电路另一种画法

(b) 电路简化画法

图 1.21 单相桥式整流电路

2. 工作原理

设 $u_2 = \sqrt{2}U_2 \sin\omega t$，其波形如图 1.22(a) 所示。

在 u_2 的正半周时，变压器二次电压的瞬时极性是上端为正，下端为负。二极管 VD_1、VD_3 因正向偏置而导通，VD_2、VD_4 因反向偏置而截止，电流由变压器二次的上端流出，经 VD_1、R_L、VD_3 回到变压器二次的下端，自上而下流过 R_L，在 R_L 上得到上正下负的电压，如图 1.22(b) 中的 0 ~ π 段所示。

在 u_2 的负半周时，变压器二次电压的瞬时极性是上端为负，下端为正。二极管 VD_1、VD_3 因反向偏置而截止，VD_2、VD_4 因正向偏置而导通，电流由变压器二次的下端流出，经 VD_2、R_L、VD_4 回到变压器二次的上端，自上而下流过 R_L，在 R_L 上仍然得到上正下负的电压，如图 1.22(b) 中的 π ~ 2π 段所示。

以上分析可见：在 u_2 的一个周期里，由于 VD_1、VD_3 和 VD_2、VD_4 轮流导通，所以负载 R_L 得到的是单方向的全波脉动的直流电。

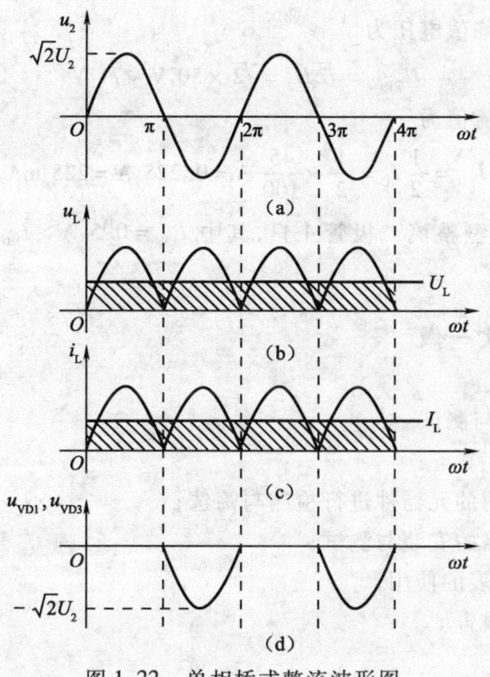

图 1.22　单相桥式整流波形图

3. 负载上的直流电压和直流电流

负载上直流电压

$$U_L = \frac{1}{2\pi}\int_0^{2\pi} u_L \mathrm{d}\omega t = \frac{1}{\pi}\int_0^{\pi}\sqrt{2}U_2\sin\omega t\mathrm{d}\omega t = \frac{2\sqrt{2}U_2}{\pi} \approx 0.9U_2 \tag{1.5}$$

流过负载 R_L 的电流平均值

$$I_L = \frac{U_L}{R_L} = 0.9\frac{U_2}{R_L} \tag{1.6}$$

4. 整流二极管的电压、电流与二极管的选择

在桥式整流电路中,因为二极管 VD_1、VD_3 和 VD_2、VD_4 在电源电压变化一周内是轮流导通的,所以流过每个二极管的电流都等于负载的电流的一半,即

$$I_{VD} = \frac{1}{2}I_L \tag{1.7}$$

每个二极管承受的最大反向电压为二极管截止时两端电压的最大值,即

$$U_{VDrm} = \sqrt{2}U_2 \tag{1.8}$$

选用二极管时要求

$$I_{FM} \geqslant I_{VD}, U_{RM} \geqslant U_{VDrm}$$

综上所述,单相桥式全波整流电路的直流输出电压较高,脉动较小,效率较高。因此,这种电路得到了广泛的应用。

例 1.2　已知:负载电阻 $R_L = 100\ \Omega$,负载工作电压 $U_L = 45\ V$。若采用桥式全波整流电路对其供电,试选择整流二极管的型号。

解　变压器的二次电压的有效值可由 $U_L = 0.9U_2$ 求得,即

$$U_2 = \frac{U_L}{0.9} = \frac{45}{0.9}\ V = 50V$$

加在二极管上的反向峰值电压为

$$U_{VDrm}=\sqrt{2}U_2=\sqrt{2}\times50\ V\approx71\ V$$

流过二极管的平均电流值为

$$I_{VD}=\frac{1}{2}I_L=\frac{1}{2}\times\frac{45}{100}\ A=0.225\ A=225\ mA$$

查手册,可选 2CZ54C 型整流二极管 4 只,其中 $I_{FM}=0.5\ A>I_{VD}=225\ mA$,$U_{RM}=100\ V>U_{VDrm}=71\ V$,满足要求。

〖实践操作〗——做一做

1. 实践操作内容

单相整流电路的安装与测试。

2. 实践操作要求

(1)学会对电路中使用的元器件进行检测与筛选;

(2)学会单相整流电路的安装与测试;

(3)学会示波器、万用表的使用;

(4)撰写安装与测试报告。

3. 设备器材

(1)变压器(220 V/12 V),1 台;

(2)二极管(1N4001),4 只;

(3)电阻器(1 kΩ,1/4 W),1 只;

(4)双踪示波器,1 台;

(5)万用表,1 块。

4. 实践操作步骤

(1)单相半波整流电路的安装与测试。按图 1.18 所示的电路原理图设计绘制装配草图,并对电路中使用的元器件进行检测与筛选。图中二极管选用 1N4001,电阻器选用 1 kΩ、1/4 W,变压器的输出电压为 12 V。

接好电路,经教师检查后接通电源,用万用表的交流电压挡测量输入电压 U_2、直流电压挡测量 R_L 两端电压 U_L、用示波器观察 u_2、u_L 的波形,记入表 1.3 中。

表 1.3　单相半波整流电路的测试

项　目	u_2	u_L	
电压	$U_2=$	U_L的测量值 =	U_L的计算值 =
波形			

(2)单相桥式全波整流电路的安装与测试。按图 1.20 所示的电路原理图设计绘制装配草图,并对电路中使用的元器件进行检测与筛选。图中的 4 只二极管均选用 1N4001,电阻器选用 1 kΩ、1/4 W,变压器的输出电压为 12 V。

接好电路,经教师检查后接通电源,用万用表的交流电压挡测量输入电压 U_2、直流电压挡测量 R_L 两端电压 U_L、用示波器观察 u_2、u_L 的波形,记入表 1.4 中。

表 1.4　单相桥式全波整流电路的测试

项　目	u_2	u_L	
电压	U_2 =	U_L的测量值 =	U_L的计算值 =
波形			

5. 注意事项

(1)变压器的一次侧接入工频 220 V 的交流电源。

(2)用万用表测量负载两端电压时,要注意正、负极。

〖问题思考〗——想一想

(1)总结单相半波整流电路、单相桥式全波整流电路的特点。

(2)在单相桥式全波整流电路中,如果其中一只二极管的极性接反了,试分析电路会出现什么情况?

任务1.3　滤波电路的分析与测试

整流电路输出的脉动电压是由直流分量和许多不同频率的交流谐波分量叠加而成的，这些谐波分量总称为纹波。单向脉动直流电压的脉动大，仅适用于对直流电压要求不高的场合，如电镀、电解等设备。而在有些设备中，如电子仪器、自动控制装置等，则要求直流电压非常稳定。为了获得平滑的直流电压，可采用滤波电路，滤除脉动直流电压中的交流成分，滤波电路常由电容器和电感器组成。

熟悉各种滤波电路的组成；理解电容滤波、电感滤波电路的工作原理；掌握各种滤波电路的计算；能正确地进行各种单相滤波电路的安装与测试，并学会选用二极管和电容器。

子任务1　电容滤波电路的分析与测试

〖现象观察〗——看一看

按图1.23连接电路，图中变压器（220 V/12 V），二极管型号为1N4001，电阻为1 kΩ，电容为330 μF/25 V。用示波器观察 u_2、u_L的波形。请思考：u_2、u_L的波形有什么不同？此电路输出电压 u_L波形与单相桥式全波整流电路输出电压 u_L的波形有什么不同？

〖相关知识〗——学一学

在小功率的整流滤波电路中最常用的是电容滤波电路，它是利用电容器两端的电压不能突变的特性，与负载并联，使负载得到较平滑的电压。图1.23所示的是单相桥式全波整流电容滤波电路。

1. 电容滤波电路的工作原理

设电容器初始电压为零，接通电源时，u_2由零开始上升，二极管 VD_1、VD_3正偏导通，VD_2、VD_4反偏截止，电源在向负载 R_L供电的同时，也向电容器 C 充电，此时 $u_C \approx u_2$。因变压器二次的直流电阻和二极管的正向电阻均很小，故充电时间常数很小，充电速度很快，$u_C = u_2$，达到峰值$\sqrt{2}U_2$后，u_2下降。当 $u_2 < u_C$时，VD_1、VD_3截止，电容器开始向 R_L放电，因其放电时间常数 R_LC 较大，u_C缓慢下降。直至 u_2的负半周出现$|u_2| > |u_C|$时，二极管 VD_2、VD_4正偏导通，电源又向电容器充电，如此周而复始地充、放电，得到图1.24所示的输出电压 u_L（即 u_C）的波形。显然此波形比没有滤波时平滑得多，即输出电压中的纹波大为减少，达到了滤波的目的。

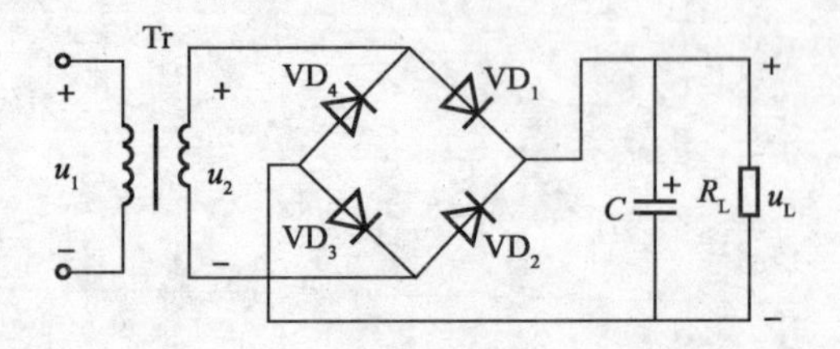

图1.23　单相桥式全波整流电容滤波电路

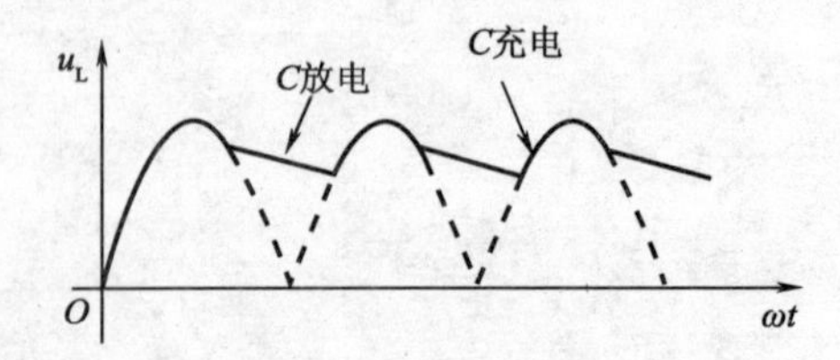

图1.24　单相桥式整流电容滤波的波形图

2. 滤波电容器和整流二极管的选择

(1)滤波电容器的选择与输出电压的估算。滤波电容器的大小取决于放电回路的时间常数。放电时间常数 R_LC 越大时,输出电压的脉动就越小,输出电压就越高。工程上一般取

$$C \geqslant (3 \sim 5)\frac{T}{2R_L} \tag{1.9}$$

式中,T 为电源电压 u_2 的周期。滤波电容器一般采用电解电容器或油浸密封纸质电容器,使用电解电容器时,应注意极性不能接反。此外,当负载断开时,电容器两端的电压最大值为 $\sqrt{2}U_2$,故电容器的耐压应大于此值,通常取 $(1.5 \sim 2)U_2$。

当电容器的容量满足式(1.9)时,输出的直流电压,可按式(1.10)估算,即

$$U_L = (1.1 \sim 1.2)U_2 \tag{1.10}$$

(2)整流二极管的选择。二极管的平均电流仍按负载电流的一半选取,即

$$I_{VD} = \frac{1}{2}I_L = \frac{U_L}{2R_L}$$

考虑到每个二极管的导通时间较短,会有较大的冲击电流,因此,二极管的最大整流电流一般按下式选取

$$I_{FM} = (2 \sim 3)I_{VD}$$

二极管承受的最高反向工作电压仍为二极管截止时两端电压的最大值,则选取

$$U_{RM} \geqslant \sqrt{2}U_2$$

电容滤波电路的优点是电路简单,输出电压较高,脉动小。它的缺点是负载电流增大时,输出电压迅速下降。因此,它适用于负载电流较小且变动不大的场合。

例 1.3 单相桥式整流电容滤波电路中,输入交流电压的频率为 50 Hz,若要求输出直流电压为 18 V、电流为 100 mA,试选择整流二极管和滤波电容器。

解 (1)选择整流二极管:流过二极管的电流平均值

$$I_{VD} = \frac{1}{2}I_L = \frac{1}{2} \times 100\ \text{mA} = 50\ \text{mA}$$

变压器二次电压的有效值

$$U_2 = \frac{U_L}{1.2} = \frac{18}{1.2}\ \text{V} = 15\ \text{V}$$

二极管承受的最高反向峰值电压

$$U_{VDrm} = \sqrt{2}U_2 = \sqrt{2} \times 15\ \text{V} \approx 21\ \text{V}$$

因此可选 4 只整流二极管 2CZ52B。它的最大整流电流 $I_F = 0.3$ A,最高反向工作电压 $U_{RM} = 50$ V。

(2)选择滤波电容器:根据式(1.9)可得

$$C = \frac{5T}{2R_L} = \frac{5 \times 0.02}{2 \times (18/0.1)}\ \text{F} \approx 2.78 \times 10^{-4}\ \text{F} = 278\ \mu\text{F}$$

电容器耐压为

$$(1.5 \sim 2)U_2 = (1.5 \sim 2) \times 15\ \text{V} = 22.5 \sim 30\ \text{V}$$

因而选用 330 μF/35 V 的电解电容器即可。

子任务 2　电感滤波电路的分析与测试

〖现象观察〗——看一看

按图 1.25 连接电路,图中变压器(220 V/12 V),二极管型号为 1N4001,电阻为 1 kΩ,电感为 4 H/25 V。用示波器观察 u_2、u_L的波形。请思考:此电路的输出电压 u_L的波形与桥式全波整流电路输出电压 u_L的波形有什么不同?与电容滤波电路输出电压 u_L波形又有什么不同?

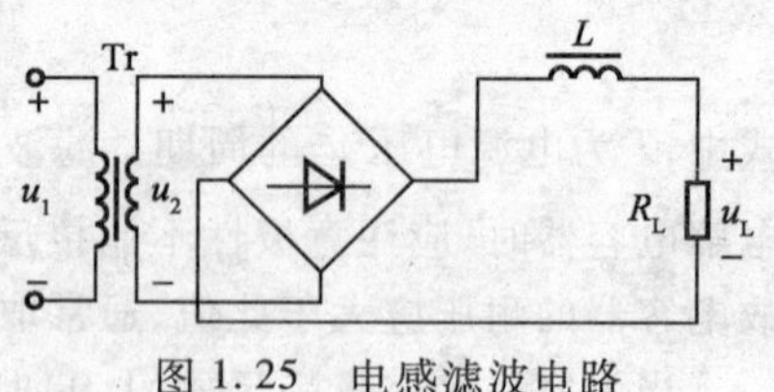

图 1.25　电感滤波电路

〖相关知识〗——学一学

1. 电感滤波电路的工作原理

电感滤波电路如图 1.25 所示,由于工频交流电的频率较低(50 Hz),所以电路中电感 L 一般取值较大,约几亨以上。

电感滤波是利用电感器的储能(电感器中电流不能突变)来减小输出电压的纹波的。当电感器中电流增大时,自感电动势的方向与原电流方向相反,阻碍电流的增加,同时将能量存储起来;反之当电感器中电流减小时,自感电动势的方向与原电流方向相同,其作用是阻碍电流的减小,同时释放能量。因此电感器中电流变化时,产生自感电动势,阻碍电流的变化,使电流变化减小,电压的纹波得到抑制。

由于整流滤波输出的电压,是由直流分量和交流分量叠加而成的,因电感器的直流电阻很小,交流电抗很大,故直流分量顺利通过,交流分量将全部降到电感器上,这样会在负载 R_L上得到比较平滑的直流电压,其波形如图 1.26 所示。

电感滤波电路输出的直流电压与变压器二次电压的有效值 U_2之间的关系为

$$U_L = 0.9U_2 \tag{1.11}$$

电感器的电感量越大,负载电阻越小,滤波效果越好,因此,电感滤波电路适用于负载电流较大且变动较大的场合。其缺点是电感量大、体积大、成本高。

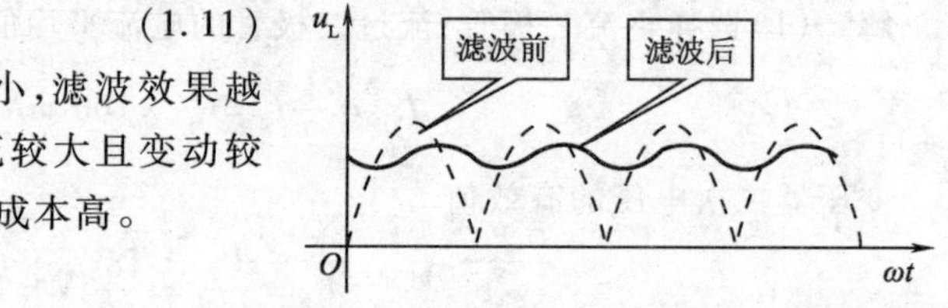

图 1.26　桥式整流电感滤波电路及波形

2. 其他滤波电路

表 1.5 列出了几种常用的滤波电路。

表 1.5　几种常用的滤波电路

类　型	电　　路	优　　点	缺　　点	使用场合
电容滤波	C + R_L	(1)输出电压高; (2)在小电流时滤波效果较好	(1)带负载能力差; (2)电源接通瞬间因充电电流很大,整流管要承受很大的正向浪涌电流	适用于负载电流较小的场合
电感滤波	L R_L	(1)负载能力较好; (2)对变动的负载滤波效果较好; (3)整流管不会受到浪涌电流的损害	(1)负载电流大时扼流圈铁心要很大才能有较好的滤波效果; (2)输出电压较低; (3)变动的电流在电感器上的反电势可能击穿半导体器件	适用于负载变动大,负载电流大的场合。在晶闸管整流电源中用得较多

续表

类　型	电　　路	优　　点	缺　　点	使用场合
Γ型 LC 滤波		(1)输出电流较大； (2)负载能力较好； (3)滤波效果好	电感线圈体积大，成本高	适用于负载变动大，负载电流较大的场合
Π型 LC 滤波		(1)输出电压高； (2)滤波效果好	(1)输出电流较小； (2)带负载能力差	适用于负载电流较小，要求稳定的场合
Π型 RC 滤波		(1)滤波效果较好； (2)结构简单； (3)能兼起降压、限流作用	(1)输出电流较小； (2)带负载能力差	适用于负载电流小的场合

〖实践操作〗——做一做

1. 实践操作内容

电容滤波电路的安装与测试。

2. 实践操作要求

(1)学会对电路中使用的元器件进行检测与筛选；

(2)学会单相桥式整流电容滤波电路的安装与测试；

(3)学会示波器、万用表的使用；

(4)撰写安装与测试报告。

3. 设备器材

(1)变压器(220 V/12 V)，1 台；

(2)二极管(1N4001)，4 只；

(3)电阻器[1 kΩ/(1/4) W，100 Ω/2 W]，各 1 只；

(4)电容器(330 μF/25 V)，2 只；

(5)双踪示波器，1 台；

(6)万用表，1 块；

(7)单刀开关，1 只；

(8)实验线路板，1 块。

4. 实践操作步骤

(1)图 1.27 所示为单相桥式全波整流电容滤波电路，按图 1.27 所示的电路原理图设计绘制装配草图，并对电路中使用的元器件进行检测与筛选。

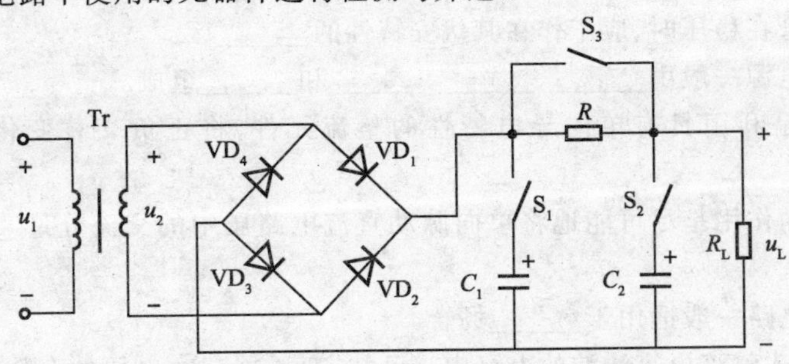

图 1.27　单相桥式全波整流电容滤波电路

(2)电容滤波电路的测试。闭合图1.27中的开关S_1、S_3,断开开关S_2,用万用表的交流电压挡测量输入电压U_2、直流电压挡测量R_L两端电压U_L、用示波器观察u_2、u_L的波形,记入表1.6中。

表1.6 单相桥式整流电容滤波电路的测试

项目	u_2	u_L	
电压	U_2 =	U_L的测量值 =	U_L的计算值 =
波形			

(3)Π型RC滤波电路的测试。闭合图1.27中的开关S_1、S_2,断开开关S_3,用万用表的交流电压挡测量输入电压U_2、直流电压挡测量R_L两端电压U_L、用示波器观察u_2、u_L的波形,记入表1.7中。

表1.7 Π型RC滤波电路的测试

项目	u_2	u_L	
电压	U_2 =	U_L的测量值 =	U_L的计算值 =
波形			

〖问题思考〗——想一想

(1)在带电容滤波的整流电路中,二极管的导通时间为什么变少了?

(2)滤波电容器的容量能否随意选取?为什么?

思考题与习题

1.1 填空题

(1)半导体中有两种载流子:一种是______;另一种是______。

(2)在N型半导体中,多数载流子是______;在P型半导体中,主要靠多数载流子______导电。

(3)PN结的单向导电特性表现为:外加正向电压时______;外加反向电压时______。

(4)二极管的反向电流随外界温度的升高而______;反向电流越小,说明二极管的单向导电特性______。一般硅二极管的反向电流比锗二极管的______很多,所以应用中一般多选用硅二极管。

(5)稳压二极管在稳压时,应工作在其伏安特性的______区。

(6)直流稳压电源一般由______、______、______和______组成。

(7)整流电路是利用具有单向导电特性的整流元件,将正负交替变化的交流电压变换成______。

(8)滤波电路的作用是尽可能地将单向脉动直流电路压中的交流分量______,使输出电压成为______。

(9)电容滤波电路一般适用于______场合。

(10)在单相桥式整流电容滤波的电路中。已知:变压器二次电压的有效值U_2 = 18 V,R_L =

50 Ω, C = 1 000 μF，现用直流电压表测量输出电压 U_L。①电路正常工作时，U_L = ______ V。②C 断开时，U_L = ______ V。③VD_1 断开时，U_L = ______ V。④VD_1 及 C 断开时，U_L = ______ V。⑤负载电阻 R_L 断开时，U_L = ______ V。

1.2　选择题

(1)半导体导电的载流子是(　　)，金属导电的载流子是(　　)。

a. 自由电子　　b. 空穴　　c. 自由电子和空穴

(2)本征半导体中，自由电子和空穴的数量是(　　)。

a. 相等　　b. 自由电子比空穴数量多

c. 自由电子比空穴数量少

(3)最常用的半导体材料是(　　)，它的热稳定性比(　　)好得多。

a. 硅　　b. 锗

(4)用来制作半导体器件的是(　　)，它的导电能力比(　　)强得多。

a. 本征半导体　　b. 杂质半导体

(5)PN 结的正向偏置是指 P 型区接(　　)电位，N 型区接(　　)电位，这时形成(　　)的正向电流。

a. 高　　b. 低　　c. 较大　　d. 较小

(6)二极管的正向电阻越(　　)，反向电阻越(　　)，说明二极管的单向电特性越好。

a. 大　　b. 小

(7)用万用表测量二极管的正向电阻，若用不同的电阻挡，测出的电阻值(　　)。

a. 相同　　b. 不相同

(8)硅二极管和锗二极管的死区电压分别是(　　)和(　　)，正向导通时的工作压降分别是(　　)和(　　)。

a. 0.1 V　　b. 0.3 V　　c. 0.5 V　　d. 0.7 V

(9)当温度升高时，二极管的正向压降(　　)，反向电流(　　)，反向击穿电压(　　)。

a. 增大　　b. 减小　　c. 基本不变

(10)整流滤波得到的电压在负载变化时，是(　　)的。

a. 稳定　　b. 不稳定　　c. 不一定稳定

1.3　判断题

(1)二极管只要工作在反向击穿区，一定会被击穿损坏。(　　)

(2)整流电路可将正弦波电压变为脉动的直流电压。(　　)

(3)电容滤波电路适用于小负载电流，而电感滤波电路适用于大负载电流。(　　)

(4)在单相桥式整流电容滤波电路中，若有一只整流管断开，则输出电压平均值变为原来的一半。(　　)

1.4　问答题

(1)什么是本征半导体、P 型半导体和 N 型半导体？它们在导电性能上各有何特点？

(2)空间电荷区是由电子、空穴还是由施主离子、受主离子构成？空间电荷区为什么又称耗尽区、阻挡层？何谓 PN 结的正向偏置和反向偏置？何谓 PN 结的单向导电特性？

(3)二极管的正向特性有何特点？温度对二极管的特性有哪些影响？使用二极管时应注意哪些问题？

(4)说明用模拟指针式万用表的电阻挡测量二极管正向电阻时，不同量程挡位下所测得正向电阻值不同的原因。

(5)稳压二极管有何特点？为使稳压管正常工作，其工作电压、电流应如何选择？

(6)发光二极管和光电二极管有何用处？使用中应注意哪些问题？

(7)在线路板上，用4只排列如图1.28所示的二极管组成桥式整流电路，试问图1.28(a)、(b)的端点如何接入交流电源和负载电阻 R_L？要求画出的接线图最简单。

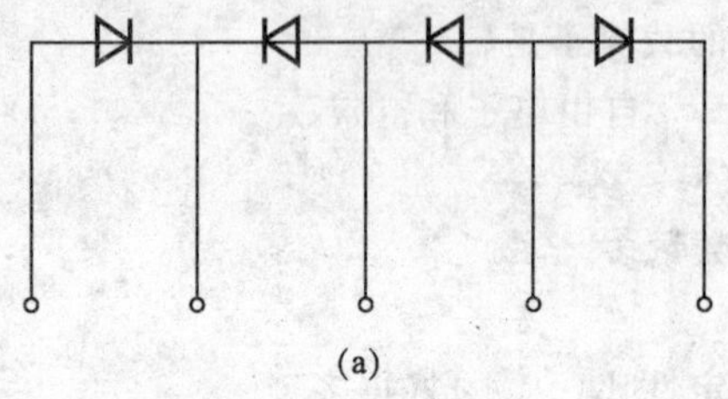

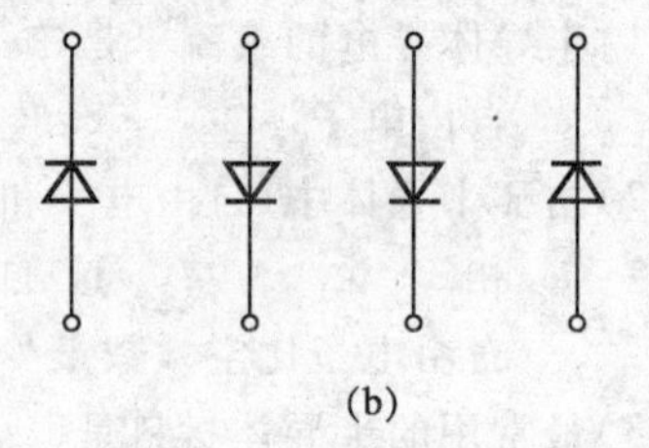

图 1.28

1.5 分析与计算题

(1)分析图1.29所示电路，各二极管是导通还是截止？并求输出电压 U_O（设所有二极管正偏时的工作压降为0.7 V，反偏时的电阻为∞）。

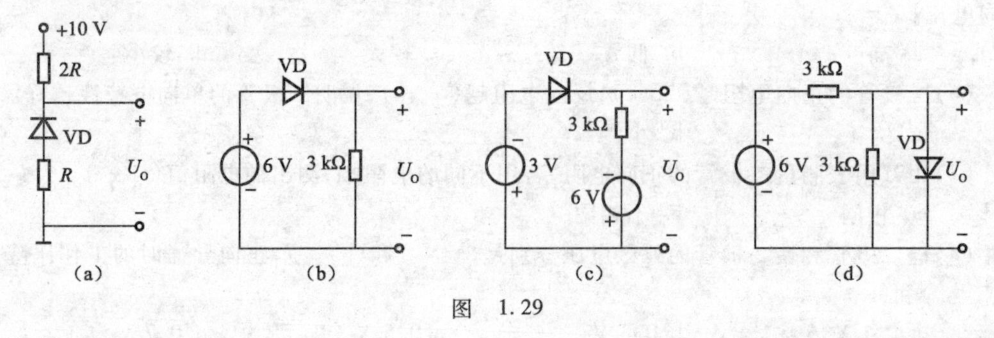

图 1.29

(2)图1.30所示电路中，$u_i = 10\sin\omega t$ V，$E = 5$ V，试画出输出电压 u_o 的波形（二极管按理想情况考虑）。

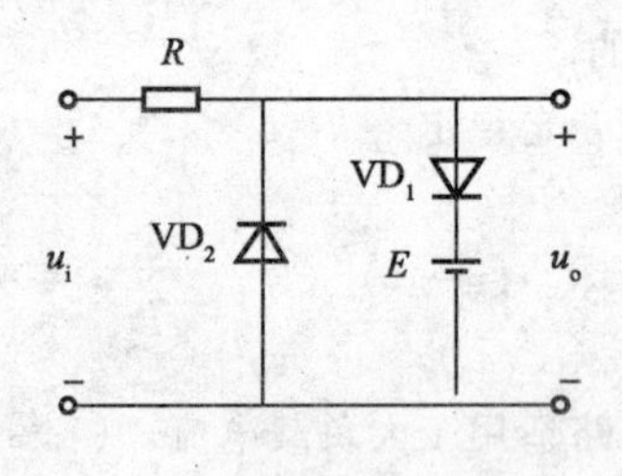

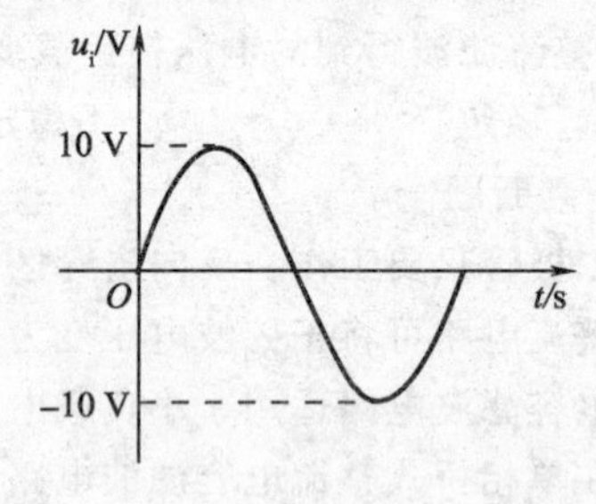

图 1.30

(3)在单相半波整流电路中，已知变压器二次电压有效值 $U_2 = 20$ V，负载电阻 $R_L = 10\ \Omega$，试问：①负载电阻 R_L 上的电压平均值和电流平均值各为多少？② 电网电压允许波动±10%，二极管承受的最大反向电压和流过的最大电流平均值各为多少？

(4)220 V、50 Hz的交流电压经降压变压器给桥式全波整流电容滤波电路供电，要求输出直流电压为24 V，电流为400 mA。试选择整流二极管的型号，变压器二次电压的有效值及滤波电容器的规格。

(5)单相桥式整流、电容滤波电路，电源频率 $f = 50$ Hz，负载电阻 $R_L = 120\ \Omega$，要求直流输出电压 $U_L = 30$ V。试选择整流二极管及滤波电容器。

信号放大电路的分析与测试

项目内容

- 三极管的结构、特性曲线、主要参数、使用常识与检测。
- 单管共射、共集放大电路的组成和静态、动态分析，单管放大电路的测试。
- 多级放大电路的组成、工作分析与测试。
- 反馈的概念、类型及判断方法，负反馈对放大电路性能的影响及测试。
- 集成运算放大器组成、主要性能指标、工作区的特征，集成运算放大器应用电路的分析与测试。
- 功率放大电路的简介。

知识目标

- 了解三极管的结构；理解三极管的电流放大作用和特性曲线；掌握三极管的符号、3个工作区的特点及主要参数。
- 熟悉基本放大电路的组成，各元器件的名称和作用；理解基本放大电路的工作原理，静态工作点的设置及稳定的过程；掌握各种放大电路的特点。
- 掌握放大电路的微变等效电路分析方法，并能够估算其性能指标。
- 理解反馈的概念，掌握反馈类型的判别方法、负反馈对放大电路性能的影响。
- 熟悉多级放大电路的耦合方式及性能指标。
- 了解集成运算放大器的组成、各部分的作用及主要性能指标；理解集成运算放大器的理想化条件；掌握“虚短”“虚断”的概念、集成运算放大器的线性应用电路；了解集成运算放大器的非线性应用电路。
- 了解功率放大电路的构成、集成功率放大器的应用；理解OTL、OCL电路的特点和工作原理。
- 了解放大电路的频率特性及通频带的概念。

能力目标

- 能识别、检测三极管。
- 会正确使用示波器、稳压电源、信号发生器和交流毫伏表调试和测量放大电路的波形和性能指标。
- 会识别集成运算放大器，并能描述集成运算放大器各引脚的功能。
- 能测试由集成运算放大器的线性应用电路。

任务 2.1　三极管的认识与测试

任务引入

三极管是放大电路中的关键器件，三极管的种类很多，应用十分广泛，识别三极管的种类，掌握其质量检测及选用方法是学习电子技术必须掌握的一项基本技能。

任务目标

了解三极管的结构；理解三极管的电流放大作用和特性曲线；掌握三极管的符号、3 个工作区的特点及主要参数；能识别与检测三极管。

子任务 1　三极管各极电流关系及特性曲线的测试

〖器件认识〗——认一认

观察图 2.1 所示三极管的外形、引脚分布及封装形式。

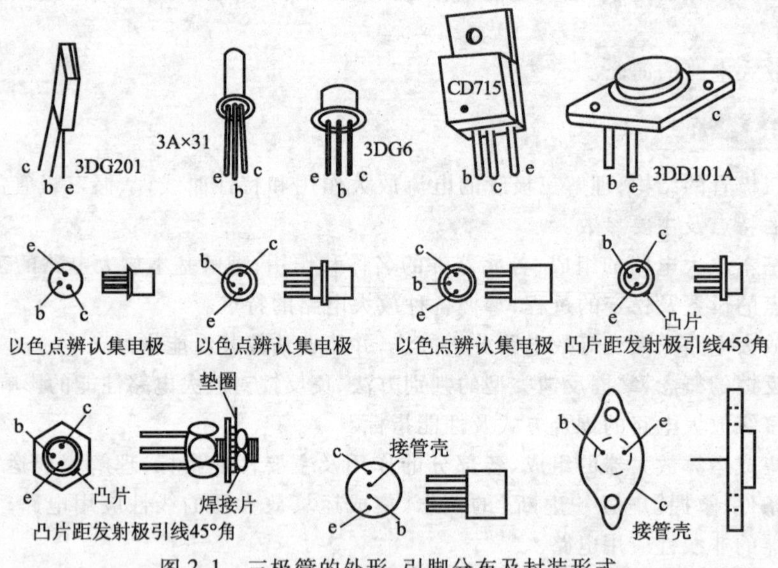

图 2.1　三极管的外形、引脚分布及封装形式

〖现象观察〗——看一看

按图 2.2 所示电路连接电路[图中 U_{BB}、U_{CC} 由双路直流稳压电源（0 ~ 30 V）提供，三极管选用 3DG6，电阻 $R_B = 100\ k\Omega$、$R_C = 2.4\ k\Omega$]。接入电源电压 $U_{BB} = 0\ V$，$U_{CC} = 12\ V$，观察三极管各电极电流的值；调节 U_{BB}，使 I_B 分别为 10 μA、20 μA、30 μA、40 μA 和 50 μA，观察 I_C 的变化情况。请思考：在实验过程中，三极管的基极电流 I_B 变化的结果引起了集电极电流 I_C 的变化，并且集电极电流 I_C 变化较大，为什么？

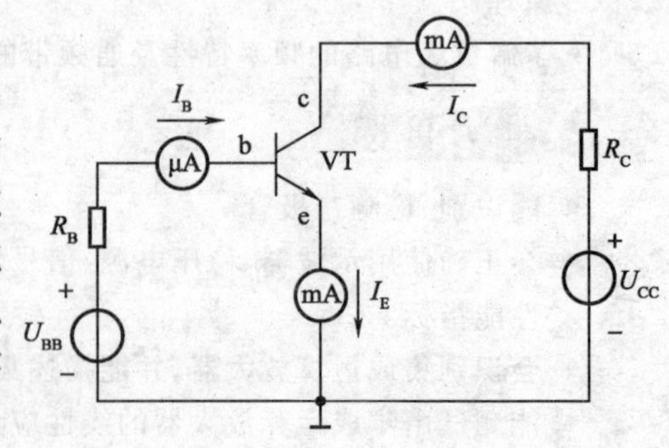

图 2.2　三极管各极电流关系的测试电路

〖相关知识〗——学一学

1. 三极管的结构

半导体三极管又称双极型三极管、晶体三极管，简称三极管或 BJT。由于三极管中两个 PN 结之间相互影响，使其表现出不同于二极管(单个 PN 结)的特性，具有电流放大作用。

三极管的结构示意图如图 2.3(a)所示，它是由 3 层不同性质的半导体组合而成的。按半导体的组合方式不同，可将其分为 NPN 型和 PNP 型。

无论是 NPN 型三极管还是 PNP 型三极管，它们内部都含有 3 个区：发射区、基区、集电区。这 3 个区的作用分别是：发射区是用来发射载流子，基区是用来控制载流子的传输，集电区是用来收集载流子。从 3 个区各引出一个金属电极，分别称为发射极(e)、基极(b)和集电极(c)；同时在 3 个区的两个交界处分别形成两个 PN 结，发射区与基区之间形成的 PN 结称为发射结，集电区与基区之间形成的 PN 结称为集电结。三极管的图形符号如图 2.3(b)所示，符号中箭头方向表示发射结正向偏置时的电流方向。

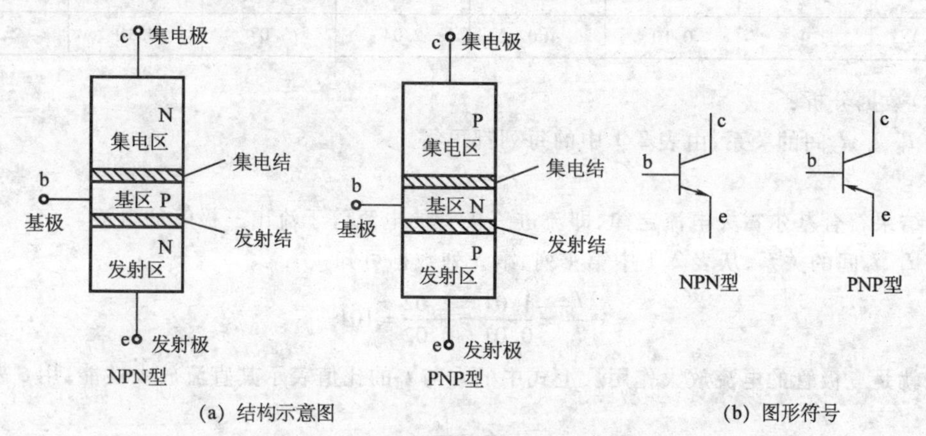

(a) 结构示意图　　(b) 图形符号

图 2.3　三极管结构示意图与图形符号

由于三极管 3 个区的作用不同，三极管在制作时，每个区的掺杂浓度及面积均不同。其内部结构的特点是：发射区的掺杂浓度较高；基区不但做得很薄，而且掺杂浓度很低，便于高掺杂浓度的发射区的多数载流子扩散过来；集电区面积较大，以便收集由发射区发射、途经基区，最终到达集电区的载流子，此外也利于集电结散热。以上特点是三极管实现放大作用的内部条件。在使用时，发射极和集电极不能互换。

2. 三极管的分类

三极管的种类很多，有以下几种常见的分类形式。按其结构类型可分为 NPN 型管和 PNP 型管；按其制作材料可分为硅管和锗管；按其工作频率可分为高频管和低频管；按其功率大小可分为大功率管、中功率管和小功率管；按其工作状态分可为放大管和开关管。

3. 三极管的放大偏置

要实现三极管的电流放大作用，除了须具备上述内部条件外，还必须具有一定的外部条件，这就是合适的偏置电压：给三极管的发射结加上正向偏置电压，集电结加上反向偏置电压。

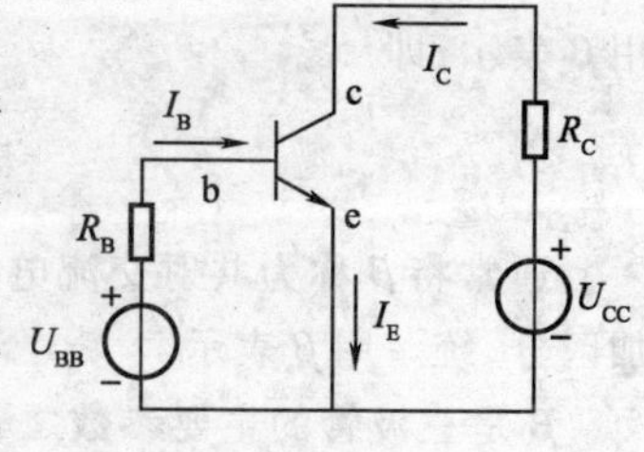

图 2.4　三极管的共射极楼法

对于 NPN 型三极管来说，把三极管接成图 2.4 所示电路，此种接法输入基极回路和输出集电回路的公共端为发射极(e)，故称为共发射极接法。直流电源 U_{BB} 经电阻器 R_B 接至三极管的基

极与发射极之间，U_{BB}的极性使发射结处于正向偏置状态（$V_B > V_E$）；电源 U_{CC}通过电阻器 R_C接至三极管的集电极与发射极之间，U_{CC}的极性和电路参数使 $V_C > V_B$，以保证集电结处于反向偏置状态。这样，3 个电极之间的电位关系为 $V_C > V_B > V_E$，实现了发射结的正向偏置，集电结的反向偏置。

对 PNP 型管，电源极性应与图 2.4 相反，具有放大作用的三个极的电位关系为 $V_C < V_B < V_E$。

4. 三极管的电流分配与放大作用

三极管中各电极电流分配关系可用图 2.2 所示的电路进行测试。

(1)测试数据。调节图 2.2 中的电源电压 U_{BB}，由电流表可测得相应的 I_B、I_C、I_E的数据，如表 2.1所示。

表 2.1　三极管各电流的测试数据

I_B/μA	−0.001	0	10	20	30	40	50
I_C/mA	0.001	0.10	1.01	2.02	3.04	4.06	5.06
I_E/mA	0	0.10	1.02	2.04	3.07	4.10	5.11

(2)数据分析：

① I_B、I_C、I_E间的关系，由表 2.1 中的每列都可得

$$I_B + I_C = I_E \tag{2.1}$$

此结果符合基尔霍夫电流定律，即流进三极管的电流等于流出三极管的电流。

② I_C、I_B间的关系，从表 2.1 中第 4 列、第 5 列数据可知

$$\frac{I_C}{I_B} = \frac{1.01}{0.01} = \frac{2.02}{0.02} = 101$$

这就是三极管的电流放大作用。上式中的 I_C与 I_B的比值表示其直流放大性能，用$\bar{\beta}$表示，即

$$\bar{\beta} = \frac{I_C}{I_B} \tag{2.2}$$

通常将 $\bar{\beta}$ 称为共射直流电流放大系数，由式(2.2)可得

$$I_C = \bar{\beta} I_B \tag{2.3}$$

将式(2.3)代入式(2.1)中，可得

$$I_E = (1 + \bar{\beta}) I_B \tag{2.4}$$

I_C、I_B间的电流变化关系，用表 2.1 中第 5 列的电流减去第 4 列对应的电流，即

$$\Delta I_B = (0.02 - 0.01)\ \text{mA} = 0.01\ \text{mA}$$

$$\Delta I_C = (2.02 - 1.01)\ \text{mA} = 1.01\ \text{mA}$$

$$\frac{\Delta I_C}{\Delta I_B} = \frac{1.01}{0.01} = 101$$

可以看出，集电极电流的变化要比基极电流变化大得多，这表明三极管具有交流放大性能。用β表示，即

$$\beta = \frac{\Delta I_C}{\Delta I_B} \tag{2.5}$$

通常将β称为共射交流电流放大系数。由上述数据分析可知：$\beta \approx \bar{\beta}$，为了表示方便，以后不加区分，统一用$\beta$表示。

β是三极管的主要参数之一。β的大小，除了由三极管材料的性质、三极管的结构和工艺决定外，还与三极管工作电流 I_C的大小有关，也就是说同样一只三极管在不同工作电流下β值是

不一样的。

由表 2.1 可得：

① 当 I_B有一微小变化时，就能引起 I_C较大的变化，这就是三极管实现放大作用的实质，即通过改变基极电流 I_B的大小，达到控制 I_C的目的。因此三极管是一种电流控制型器件。

② 当 $I_E=0$，即发射极开路时，$I_C=-I_B$。这是因为集电结加反偏电压，引起少子的定向运动，形成一个由集电区流向基区的电流，称为反向饱和电流，用 I_{CBO}表示（注意：表中 I_B的第一列为负值是因为规定 I_B的正方向是流入基极的）。

③ 当 $I_B=0$，即基极开路时，$I_C=I_E\neq0$，此电流称为集电极-发射极的穿透电流，用 I_{CEO}表示。

5. 三极管的特性曲线

三极管的特性曲线是指各电极间电压和电流之间的关系曲线，它能直观、全面地反映三极管各极电流与电压之间的关系。三极管特性曲线可以用三极管特性图示仪直观地显示出来，也可用测试电路逐点描绘。

(1)三极管的输入特性曲线。三极管的输入特性是指当集电极与发射极之间电压 u_{CE}一定时，输入回路中的基极电流 i_B与基极-发射极间电压 u_{BE}之间的关系曲线，用函数表示为

$$i_B=f(u_{BE})\big|_{u_{CE}=\text{常数}}$$

三极管共射极的输入特性曲线，如图 2.5 所示（图中以硅管为例）。由图 2.5 可见，输入特性曲线与二极管正向特性曲线形状一样，也有一段死区，只有当 u_{BE}大于死区电压时，输入回路才有电流 i_B产生。常温下硅管的死区电压约为 0.5 V，锗管约为 0.1 V。另外，当发射结完全导通时，三极管也具有恒压特性。常温下，对于小功率硅管的导通电压为 0.6～0.7 V，对于小功率锗管的导通电压为 0.2～0.3 V。

(2)三极管的输出特性曲线。它是指在每一个固定的 i_B值下，输出电流 i_C与输出电压 u_{CE}之间关系的曲线，即

$$i_C=f(u_{CE})\big|_{i_B=\text{常数}}$$

取不同的 i_B值，可以测出如图 2.6 所示的一组特性曲线。

根据三极管的不同工作状态，输出特性曲线可分为截止区、放大区和饱和区 3 个工作区。

① 截止区。当 $i_B=0$ 时，$i_C=I_{CEO}$，由于 I_{CEO}数值很小，所以三极管工作于截止状态。故将 $i_B=0$所对应的那条输出特性曲线以下的区域称为截止区。三极管工作于截止状态的外部电路的条件是：发射结反向偏置（或无偏置，又称零偏置），集电结反向偏置。这时 $u_{CE}\approx U_{CC}$，三极管的 c－e 极之间相当于开路状态，类似于开关断开。

② 放大区。当 $i_B>0$，且 $u_{CE}>1$ V 时，曲线比较平坦的区域称为放大区。此时，三极管的发射结正向偏置，集电结反向偏置。根据曲线特征，可总结放大区有如下重要特性：

受控特性：指 i_C随着 i_B的变化而变化，即 $i_C=\beta i_B$。

恒流特性：指当输入回路中有一个恒定的 i_B时，输出回路便对应一个基本不受 u_{CE}影响的恒定的 i_C。

各曲线间的间隔大小可体现 β 值的大小。

③ 饱和区。将 $u_{CE}\leq u_{BE}$时的区域称为饱和区。此时，发射结和集电结均处于正向偏置。三极管失去了基极电流对集电极电流的控制作用。这时，i_C由外电路决定，而与 i_B无关。将此时所对应的 u_{CE}值称为饱和管压降，用 U_{CES}表示。一般情况下，小功率管的 U_{CES}小于 0.4 V（硅管约为 0.3 V，锗管约为 0.1 V），大功率管的 U_{CES}为 1～3 V。在理想条件下，$U_{CES}\approx0$，三极管 c－e 极之间相当于短路状态，类似于开关闭合。

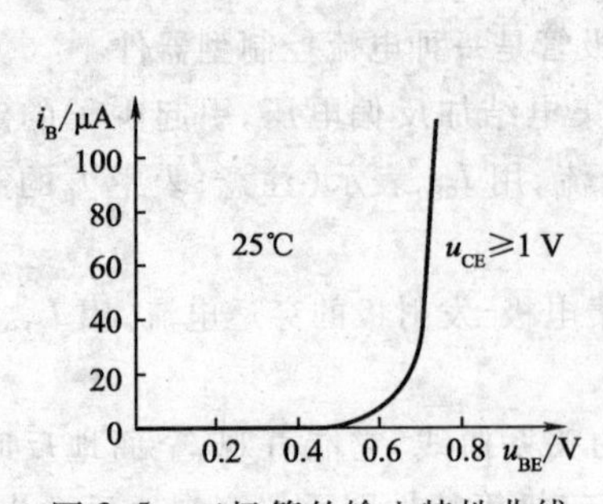

图 2.5　三极管的输入特性曲线

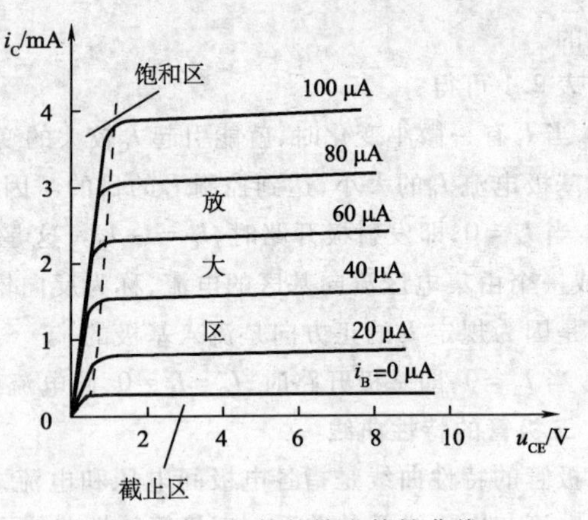

图 2.6　三极管的输出特性曲线

在实际分析中，常把以上 3 种不同的工作区域又称 3 种工作状态，即截止状态、放大状态及饱和状态。

由以上分析可知，三极管在电路中既可以作为放大器件使用，又可以作为开关器件使用。

〖实践操作〗——做一做

1. 实践操作内容

三极管共射输入、输出特性曲线的测绘。

2. 实践操作要求

(1) 按操作步骤要求完成三极管共射输入、输出特性曲线的测试，并绘制三极管共射输入、输出特性曲线；

(2) 撰写测绘报告。

3. 设备器材

(1) 实验线路板，1 板；

(2) 双路直流稳压电源(0～30V)，1 台；

(3) 毫安表、微安表，各 1 只；

(4) 三极管(3DG6)，1 只；

(5) 电阻器 R_B = 100 k Ω，1 只；

(6) 电阻器 R_C = 2.4 k Ω，1 只。

4. 实践操作步骤

(1) 三极管共射输入特性曲线的测试：

① 按图 2.7 连接电路。

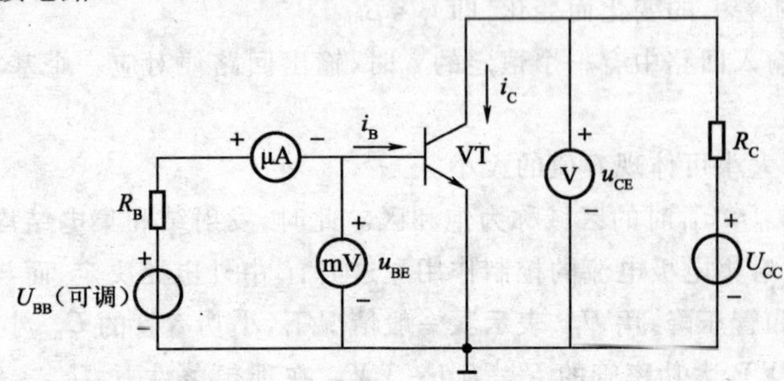

图 2.7　三极管共射输入特性曲线测试电路

② 接入电源 U_{CC}，将三极管 c－e 极间短路（相当于 $u_{CE}=0$ V），使 u_{BE}或 i_B为表 2.2 中所给的对应于 $u_{CE}=0$ V 时的各数值，并测出此时相应的 i_B或 u_{BE}，将结果填入表 2.2 中。

③ 去掉三极管 c－e 极间短路线，接入电源电压 $U_{CC}=12$ V（此时可保证 $u_{CE}>1$ V）。调节电源电压 U_{BB}，使 u_{BE}或 i_B为表 2.2 中所给的对应于 $u_{CE}>1$ V 时的各数值，并测出此时相应的 i_B或 u_{BE}，将结果填入表 2.2 中。

④ 根据测试结果，画出对应于每个 u_{CE}的三极管共射输入特性曲线。

表 2.2　共射输入特性的测试结果

$u_{CE}=0$ V	u_{BE}/V	0	0.2						
	i_B/ μA			10	20	40	60	80	100
$u_{CE}>1$ V	u_{BE}/V	0	0.5						
	i_B/ μA			10	20	40	60	80	100

（2）三极管共射输出特性曲线的测试：

① 在图 2.7 所示电路中，接入电源电压 $U_{BB}=0$ V，$U_{CC}=12$ V。调电源电压 U_{BB}，使 i_B为表 2.3中所给的各数值；对应于每一个 i_B，调节电压源电压 U_{CC}，使 U_{CE}为表中所给的各数值，测出此时相应 i_C的值，将结果填入表 2.3 中。

② 将测试结果，在同一个坐标系中画出对应于每一个 i_B的三极管共射输出特性曲线。

表 2.3　共射输出特性的测试结果

$i_B=80$ μA	u_{CE}/V	10	5	2	1	0.5	0.3	0.2	0.1	0
	i_C/mA									
$i_B=60$ μA	u_{CE}/V	10	5	2	1	0.5	0.3	0.2	0.1	0
	i_C/mA									
$i_B=40$ μA	u_{CE}/V	10	5	2	1	0.5	0.3	0.2	0.1	0
	i_C/mA									
$i_B=20$ μA	u_{CE}/V	10	5	2	1	0.5	0.3	0.2	0.1	0
	i_C/mA									
$i_B=0$ μA	u_{CE}/V	10	5	2	1	0.5	0.3	0.2	0.1	0
	i_C/mA									

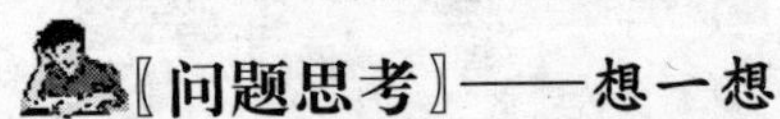

〖问题思考〗——想一想

（1）三极管的输入特性曲线与二极管的伏安特性曲线有什么异同点？

（2）三极管的输出特性曲线，为什么在不同的 i_B时，输出特性曲线位置不同？

子任务 2　三极管的主要参数、识别与检测

〖相关知识〗——学一学

1. 三极管的主要参数

三极管的参数是用来表征其性能和适用范围的，也是评价三极管质量以及选择三极管的依据。

（1）电流放大系数。三极管接成共射电路时，其电流放大系数用 β 表示。β 的表达式在上

述内容中已介绍，这里不再重复。

在选择三极管时，如果 β 值太小，则电流放大能力差；若 β 值太大，则会使工作稳定性差。低频管的 β 值一般选 20~100，而高频管的 β 值只要大于 10 即可。

β 的数值可以直接从曲线上求取，也可以用三极管特性图示仪测试。实际上，由于三极管特性的离散性，同型号、同一批三极管的 β 值也有所差异。

(2) 极间反向电流。

① 集电极-基极间反向饱和电流 I_{CBO}：是指发射极开路，集电结在反向电压作用下，形成的反向饱和电流。因为该电流是由少子定向运动形成的，所以它受温度变化的影响很大。常温下，小功率硅管的 $I_{CBO} < 1\ \mu A$，锗管的 I_{CBO} 在 10 μA 左右。I_{CBO} 的大小反映了三极管的热稳定性，I_{CBO} 越小，说明其稳定性越好。因此，在温度变化范围大的工作环境中，尽可能地选择硅管。

② 集电极-发射极间反向饱和电流（穿透电流）I_{CEO}：是指基极开路，集电极-发射极间加上一定数值的反偏电压时，流过集电极和发射极之间的电流。

I_{CEO} 也受温度影响很大，温度升高，I_{CBO} 增大，I_{CEO} 增大。穿透电流 I_{CEO} 的大小是衡量三极管质量的重要参数，硅管的 I_{CEO} 比锗管的小。

(3) 极限参数。

① 集电极最大允许电流 I_{CM}：当集电极电流太大时，三极管的电流放大系数 β 值下降。把 i_C 增大到使 β 值下降到正常值的 2/3 时所对应的集电极电流，称为集电极最大允许电流。为了保证三极管的正常工作，在实际使用中，流过集电极的电流 I_C 必须满足 $I_C < I_{CM}$。

② 集电极-发射极间的击穿电压 $U_{(BR)CEO}$：$U_{(BR)CEO}$ 是指当基极开路时，集电极与发射极之间的反向击穿电压。当温度上升时，击穿电压 $U_{(BR)CEO}$ 要下降。在实际使用中，必须满足 $U_{CE} < U_{(BR)CEO}$。

③ 集电极最大耗散功率 P_{CM}：集电极最大耗散功率是指三极管正常工作时最大允许消耗的功率。三极管消耗的功率 $P_C = U_{CE}I_C$ 转化为热能损耗于管内，并主要表现为温度升高。所以，当三极管消耗的功率超过 P_{CM} 值时，将使三极管性能变差，甚至烧坏三极管。因此，在使用三极管时，P_C 必须小于 P_{CM} 才能保证三极管正常工作。功率管一般要另加散热装置，以满足此条件。

当三极管的 P_{CM} 已经确定后，可在其输出特性曲线上作一条虚线，这条曲线为允许功耗线。在输出特性曲线上，由 P_{CM}、$U_{(BR)CEO}$ 和 I_{CM} 所限定的区域为安全工作区，如图 2.8 所示。三极管工作时，应在图中虚线包围的安全工作区范围以内，此时工作较为安全可靠。

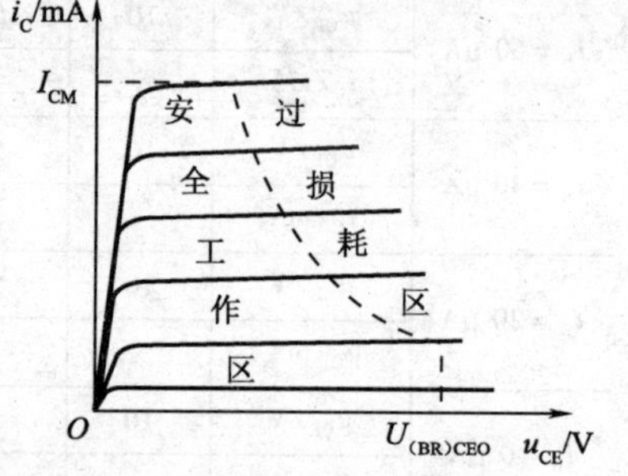

图 2.8　三极管的安全工作区

2. 温度对三极管的特性与参数的影响

温度对三极管特性的影响，主要体现在以下 3 个参数的变化上。

(1) 温度对 u_{BE} 的影响。三极管的输入特性曲线与二极管的正向特性曲线相似，温度升高，曲线左移，如图 2.9(a) 所示。在 i_B 相同的条件下，输入特性曲线随温度升高而左移，使 u_{BE} 减小。温度每升高 1 ℃，u_{BE} 就减小 2~2.5 mV。

(2) 温度对 I_{CBO} 的影响。三极管输出特性曲线随温度升高将向上移动，这是因为温度升高，本征激发产生的载流子浓度增大，少子增多，所以 I_{CBO} 增加，导致 I_{CEO} 增加，从而使输出特性曲线上移，如图 2.9(b) 虚线所示。温度每升高 10℃，I_{CBO}、I_{CEO} 就约增大 1 倍。

(3) 温度对 β 的影响。温度升高，输出特性各条曲线之间的间隔增大。这是因为温度升高，载流子运动加剧，载流子在基区渡越的时间缩短，从而在基区复合的数目减少，而被集电区收集的数目增多,使得 β 值增加。温度每升高 1 ℃,β 值就增加 0.5% ~1%。

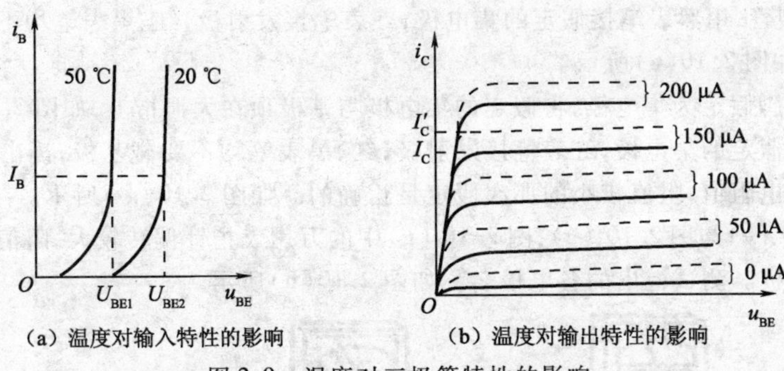

(a) 温度对输入特性的影响　　(b) 温度对输出特性的影响

图 2.9　温度对三极管特性的影响

u_{BE} 的减小、I_{CBO} 和 β 的增加,集中体现为三极管的集电极电流 i_C 增大,从而影响三极管的工作状态。所以,一般电路中应采取限制因温度变化而影响三极管性能变化的措施。

〖实践操作〗——做一做

1. 实践操作内容

三极管的识别与检测。

2. 实践操作要求

(1)认识和熟悉三极管的外观与型号;

(2)学会用万用表判别三极管的引脚、类型及其性能的好坏;

(3)撰写检测报告。

3. 设备器材

(1)双路直流稳压电源(0 ~30 V),1 台;

(2)万用表,1 块;

(3)三极管(NPN 型、PNP 型),各 3 只;

(4)电阻器(10 kΩ);1 只。

4. 实践操作步骤

(1)由三极管型号初判三极管类型。

(2)直观识别三极管的 3 个电极。三极管的 3 个电极分布有一定的规律性,常见三极管的封装形式的引脚分布图如图 2.1 所示。请识别给定三极管的 3 个电极。

(3)用万用表检测三极管的引脚和类型:

① 判断基极和管型。根据三极管 3 区 2 结的特点,可以利用 PN 结的单向导电特性,首先确定出三极管的基极和管型。测试方法如图 2.10(a)、(b)所示。

测试步骤如下:

将万用表的"功能开关"拨至"$R\times1k$"挡或"$R\times100$"挡;假设三极管中的任一电极为基极,并将黑(红)表笔始终接在假设的基极上;再将红(黑)表笔分别接触另外两个电极;轮流测试,直到测出的两个电阻值都很小为止,则假设的基极是正确的。这时,若黑表笔接基极,则该管为 NPN 型;若红表笔接基极,则为 PNP 型。图 2.10(a)、(b)两种测试中的阻值都很小,且黑表笔接在中间引脚不动,所以中间引脚为基极,且为 NPN 型,如图 2.10(c)所示。

② 判断集电极和发射极。其测试步骤如下:假定基极之外的两个引脚中的其中一个为集电极,在假定的集电极与基极之间接一个电阻器。图 2.10(d)中是用左手的大拇指做电阻器,此

时，集电极与基极不能碰在一起。

对于 NPN 型管，用黑表笔接假定的集电极，红表笔接发射极，红、黑表笔均不要碰基极，读出电阻值并记录，如图 2.10(e)所示。

将另一只引脚假定为集电极，将假定的集电极与基极顶在大拇指上，如图 2.10(f)所示。

用黑表笔接假定的集电极，红表笔接发射极，红、黑表笔均不要碰基极，读出电阻值并记录；比较两次测试的电阻值，阻值较小的那次假定是正确的。如图 2.10(g)所示。

比较图 2.10(e)与图 2.10(g)，图 2.10(g)中的万用表指针偏转较大，阻值较小，此图的黑表笔接的是集电极。测试得出的各电极名称如图 2.10(h)所示。

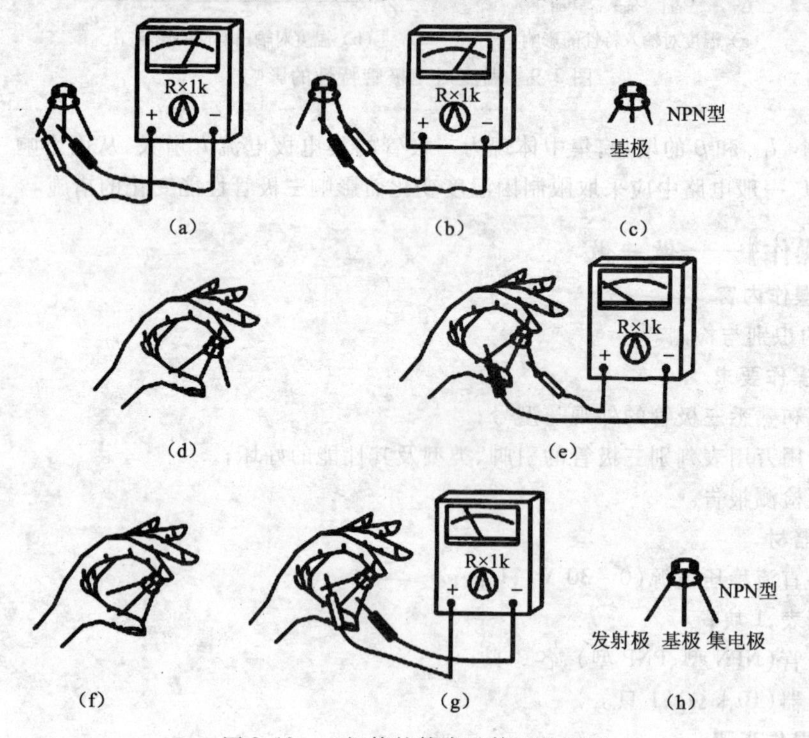

图 2.10　三极管的管脚及管型的测试

(4)由三极管发射结压降的区别判断三极管材料。根据硅管的发射结正向压降大于锗管的正向压降的特点，来判断其材料。一般常温下，锗管的正向压降为 0.2 ~ 0.3 V，硅管的正向压降为 0.6 ~ 0.7 V。根据图 2.11 电路进行测量，由电压表的读数大小确定是硅管还是锗管。

(5)三极管的质量粗判及代换方法：

① 判别三极管的质量好坏。根据三极管的基极与集电极、基极与发射极之间的内部结构为两个同向 PN 结的特点，用万用表分别测量其两个 PN 结(发射结、集电结)的正、反向电阻。若测得两个 PN 结的正向电阻均很小，反向电阻均很大，则三极管一般为正常，否则已损坏。

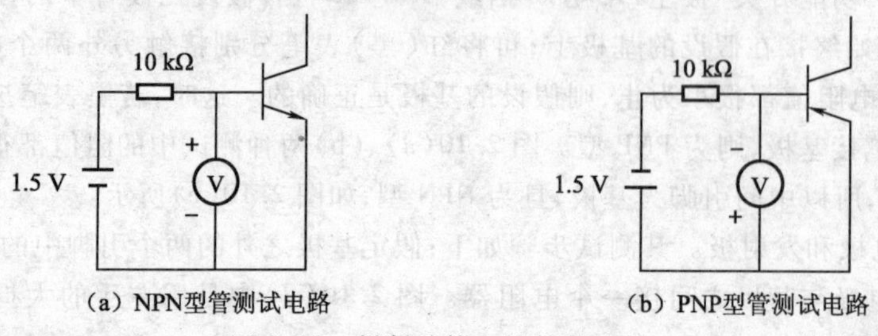

图 2.11　判断硅管和锗管的电路

② 三极管的代换方法。通过上述方法的判断，如果发现电路中的三极管已损坏，更换时一般应遵循下列原则：

更换时，尽量更换相同型号的三极管。

无相同型号更换时，新换三极管的极限参数应等于或大于原三极管的极限参数。

性能好的三极管可代替性能差的三极管。如穿透电流 I_{CEO} 小的三极管可代换 I_{CEO} 大的，电流放大系数 β 高的可代替 β 低的。

在集电极耗散功率允许的情况下，可用高频管代替低频管，如 3DG 型可代替 3DX 型。开关三极管可代替普通三极管，如 3DK 型可代替 3DG 型，3AK 型可代替 3AG 型。

将三极管的检测结果与查阅的主要参数填入表 2.4 中。

表 2.4　三极管的检测结果与查阅的主要参数

序号	标志符号	万用表量程	导电类型	放大能力	质量判别	I_{CM}	P_{CM}	$U_{BR(CEO)}$	f_T
1									
2									
3									
4									
5									
6									

5. 注意事项

(1) 测量三极管时注意万用表欧姆挡的量程。

(2) 正确使用万用表，测量时注意万用表的表笔的极性。

〖问题思考〗——想一想

(1) 能否将三极管的 c、e 两个电极交换使用？为什么？

(2) 如何理解三极管工作在放大区可等效为一电流源？

任务 2.2　单管放大电路的分析与测试

任务引入

将微弱变化的电信号放大之后去带动执行机构，对生产设备进行测量、控制或调节，完成这一任务的电路称为放大电路，又称放大器。在生产与科研中，经常需要将微弱的电信号放大，以便有效地进行观察、测量、控制或调节。例如，在工业测量仪表中，先要把反映温度、压力、流量等被调节量的微弱电信号经过放大器放大，然后送到显示单元进行指示或记录，同时又送到调节单元，实现自动调节。又如，在收音机和电视机中，也需要把天线收到的微弱信号放大，才足以推动扬声器和显像管工作。本任务学习由三极管构成的单管放大电路的分析与测试。

任务目标

熟悉基本放大电路的组成、各元器件的作用；理解基本放大电路的工作原理，静态工作点的设置及稳定的过程；掌握各种放大电路的特点，放大电路的微变等效电路分析方法，并能够估算其性能指标；会正确使用示波器、稳压电源、信号发生器和交流毫伏表调试和测量放大电路的波形和性能指标。

子任务 1　单管共射放大电路的分析与测试

〖现象观察〗——看一看

按图 2.12 所示的电路连接线路，图中三极管选用 3DG6 或 9011。接通直流电源前，先将 R_P 调至最大，信号发生器输出旋钮旋至零，接通 +12 V 电源、调节 R_P，使 $I_C = 2.0$ mA。在放大器输入端输入频率为 1 kHz 的正弦信号 u_s，调节信号发生器的输出旋钮使放大器输入电压 $U_i \approx$ 10 mV，用双踪示波器观察放大器的输入电压 u_i、输出电压 u_o的波形。请思考：测得的 u_i与 u_o的大小和相位有什么关系？

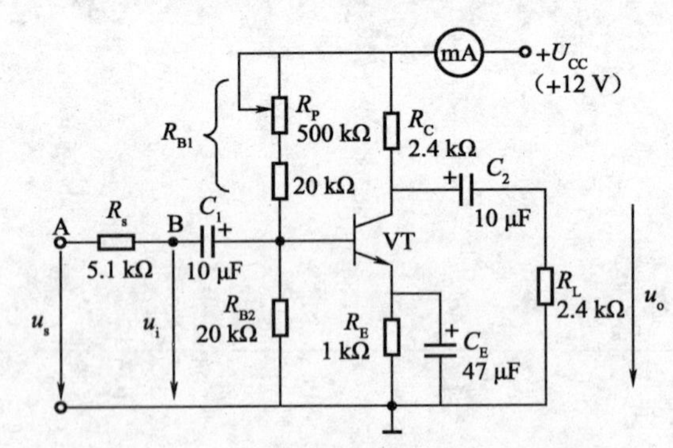

图 2.12　单管共射放大电路测试电路图

〖相关知识〗——学一学

1. 单管共射放大电路的组成及各元件作用

图 2.13 为单管共射放大电路。输入端接待放大的交流信号源 u_s（内阻为 R_s），输入信号电压为 u_i；输出端外接负载 R_L，输出交流电压为 u_o。电路中各个元器件的作用如下：

（1）三极管 VT。图中的三极管为 NPN 型，它是放大电路的核心元器件，为使其具备放大条件，电路的电源和有关电阻器的选择，应使 VT 的发射结处于正向偏置，集电结处于反向偏置状态。

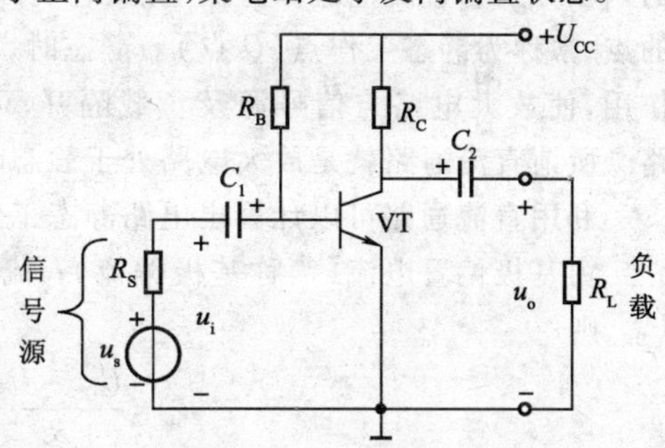

图 2.13　单管共射放大电路

(2)集电极电源 U_{CC}。集电极电源 U_{CC} 是放大电路的直流电源(能源)。此外，U_{CC} 经电阻器 R_C 向 VT 提供集电结反偏电压，并保证 $U_{CE} > U_{BE}$。

(3)基极偏置电阻 R_B。基极偏置电阻 R_B 的作用是给三极管基极回路提供合适的偏置电流 I_B。

(4)集电极电阻 R_C。集电极电阻 R_C 的作用是把经三极管放大了的集电极电流(变化量)，转换成三极管集电极与发射极之间管压降的变化量，从而得到放大后的交流信号输出电压 u_o。可以看出，若 $R_C = 0$，则三极管的管压降 U_{CE} 将恒等于直流电源电压 U_{CC}。输出交流电压 u_o 永远为零。

(5)耦合电容器 C_1 和 C_2。耦合电容器 C_1 和 C_2 的作用是：一方面利用电容器的隔直作用，切断信号源与放大电路之间、放大电路与负载之间的直流通路的相互影响；另一方面，C_1 和 C_2 又起着耦合交流信号的作用。只要 C_1、C_2 的容量足够大，对交流的电抗足够小，交流信号便可以无衰减地传输过去。总之 C_1、C_2 的作用可概括为“隔离直流传送交流”。

由图 2.13 可以看出：放大电路的输入电压 u_i 经 C_1 接至三极管的基极与发射极之间，输出电压 u_o 由三极管的集电极与发射极之间取出，u_i 与 u_o 的公共端为发射极，故称为共射极接法。公共端的“接地”符号，它并不表示真正接到大地电位上，而是表示整个电路的参考零电位，电路各点电压的变化以此为参考点。

在画电路原理图时，习惯上常常不画出直流电源的符号，而是用 $+U_{CC}$ 表示放大电路接到电源的正极，同时认为电源的负极接到符号“⊥”(地)上。对于 PNP 型管的电路，电源用 $-U_{CC}$ 表示，而电源的正极接“地”。

2. 单管共射放大电路的工作原理

对放大电路的工作过程分析，分为静态和动态两种情况讨论。

(1)放大电路中电压、电流的方向及符号规定。为了便于分析，规定电压的方向都以输入、输出回路的公共端为负，其他各点均为正；电流方向以三极管各电极电流的实际方向为正方向。

为了区分放大电路中电压、电流的静态值(直流分量)、信号值(交流分量)以及两者之和(叠加)，本书中约定按表 2.5 所列方式的表示，即静态值的变量符号及其下标都用大写字母；交流信号瞬时值的变量符号及下标都用小写字母；交流信号幅值或有效值的变量符号用大写字母而其下标用小写字母；总量(静态+信号)，瞬时值的变量符号用小写字母而其下标用大写字母。

表 2.5　放大电路中变量表示方式

变量类别		直流静态值	交流信号			总量(静态+信号)瞬时值
			瞬时值	幅值	有效值	
变量名称	基极电流	I_B	i_b	I_{bm}	I_b	i_B
	集电极电流	I_C	i_c	I_{cm}	I_c	i_C
	发射极电流	I_E	i_e	I_{em}	I_e	i_E
	集电极-发射极电压	U_{CE}	u_{ce}	U_{cem}	U_{ce}	u_{CE}
	基极-发射极电压	U_{BE}	u_{be}	U_{bem}	U_{be}	u_{BE}

(2)静态分析和直流通路。所谓静态是指放大电路在未加入交流输入信号时的工作状态。由于 $u_i = 0$，电路在直流电源 U_{CC} 作用下处于直流工作状态。三极管的电流以及三极管各极之间

的电压分别为直流电流和直流电压，它们在特性曲线坐标图上为一个特定的点，常称为静态工作点（Q 点）。静态时，由于耦合电容器 C_1 和 C_2 的隔直作用，使放大电路与信号源及负载隔开，可看作如图 2.14 所示的直流通路。所谓直流通路就是放大电路处于静态时的直流电流所流过的路径。

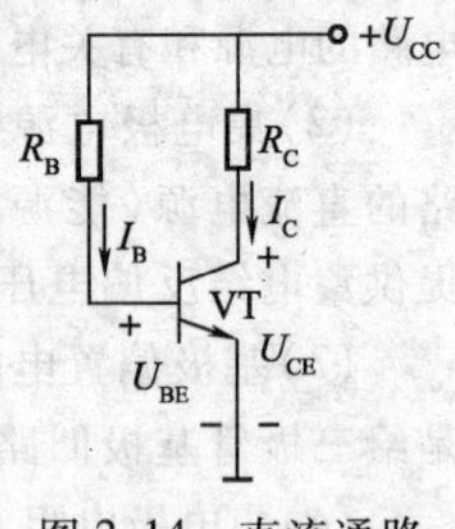

图 2.14　直流通路

利用直流通路可以计算出电路静态工作点处的电流和电压。

由基极偏置电流（简称基极偏流）I_B 流过的基极回路，得 $U_{CC}=I_BR_B+U_{BE}$，则

$$I_B=\frac{U_{CC}-U_{BE}}{R_B} \tag{2.6}$$

在图 2.14 中，当 U_{CC} 和 R_B 确定后，I_B 的数值几乎与三极管参数无关，所以又将图 2.13 所示的电路称为固定偏置放大电路。

再求得图 2.14 中的集电极静态工作点电流 I_C 为 $I_C=\beta I_B$。

由集电极电流 I_C 流过的集电极回路，得 $U_{CC}=I_CR_C+U_{CE}$，则集电极与发射极之间的电压为

$$U_{CE}=U_{CC}-I_CR_C \tag{2.7}$$

注意：在求得 U_{CE} 值之后，要检查其数值应大于发射结正向偏置电压，否则电路可能处于饱和状态，失去计算数值的合理性。

（3）动态分析和交流通路。放大电路的动态是指放大电路在接入交流信号（或变化信号）以后电路中各处电流、电压的变化情况，动态分析是为了了解放大电路的信号的传输过程和波形变化。分析时，通常在放大电路的输入端接入一个正弦交流电压信号 u_i，即 $u_i=U_{im}\sin\omega t$。

① 电路各处电流、电压的变化及其波形图。在图 2.13 中，u_i 经 C_1 耦合至三极管的发射结，使发射结的总瞬时电压在静态直流量 U_{BE} 的基础上叠加上一个交流分量 u_i，即

$$u_{BE}=U_{BE}+u_i$$

在 u_i 作用下，基极电流总瞬时值 i_B 随之变化。u_i 的正半周，i_B 增大；u_i 的负半周，i_B 减小（假设 u_i 的幅值小于 U_{BE}，三极管工作于输入特性接近直线的段）。因此，在正弦电压 u_i 的作用下，i_B 在 I_B 的基础上也叠加了一个与 u_i 相似的正弦交流分量 i_b，即

$$i_B=I_B+i_b=I_B+I_{bm}\sin\omega t$$

基极电流的变化被三极管放大为集电极电流的变化，因此集电极电流也是在静态电流 I_C 的基础上叠加一个正弦交流分量 i_c，即

$$\begin{aligned}i_C&=\beta i_B=\beta(I_B+I_{bm}\sin\omega t)=\beta I_B+\beta I_{bm}\sin\omega t\\&=I_C+I_{cm}\sin\omega t=I_C+i_c\end{aligned}$$

集电极电流的变化在电阻器 R_C 上引起压降 i_CR_C 的变化，以及管压降 u_{CE} 的变化，即

$$\begin{aligned}u_{CE}&=U_{CC}-i_CR_C=U_{CC}-(I_C+i_c)R_C\\&=(U_{CC}-I_CR_C)+(-i_cR_C)=U_{CE}+u_{ce}\end{aligned}$$

式中，$u_{ce}=u_o=-i_cR_C$，即叠加在静态直流电压 U_{CE} 基础上的交流输出电压。在图 2.13 中，就是通过 C_2 耦合到负载 R_L 两端的输出交流电压分量。

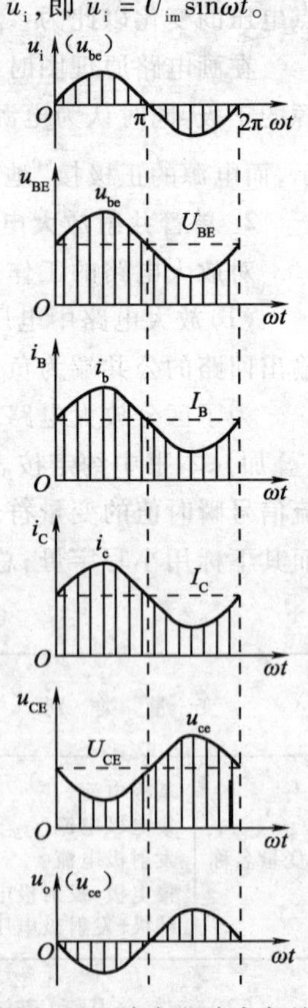

图 2.15　放大电路中各处电压、电流的波形

以上分析得到一个重要结论：在动态工作时，放大电路中各处电压、电流都是在静态（直流）工作点（U_{BE}、I_B、I_C、U_{CE}）的基础上叠加一个

正弦交流分量。电路中同时存在直流分量和交流分量（u_i、i_b、i_c、u_{ce}），这是放大电路的特点。放大电路中各处电压、电流的波形如图 2.15 所示。

② 交流通路和共射放大电路中 u_o与 u_i的倒相关系。直流分量和交流分量在放大电路中有不同的通路。前面分析了利用直流通路来求放大电路的静态工作点（I_B、I_C及 U_{CE}），现在讨论用交流通路来分析放大电路中各处电压、电流的交流分量之间的关系，如 u_o和 u_i之间的放大倍数和相位关系。

所谓放大电路的交流通路就是放大电路在输入信号作用下交流分量通过的路径。画交流通路的方法是：由于耦合电容器 C_1、C_2的容量选得较大，因此对于所放大的交流信号的频率来说，它的容抗很小（可近似为零），在画交流通路时可看作短路。由于电源 U_{CC}采用的是内阻很小的直流稳压电源或电池，所以其交流电压降也近似为零。在画交流通路时，U_{CC}也看作对“地”短路。

按以上规定，图 2.13 单管共射放大电路的交流通路如图 2.16 所示。在交流通路中，电压、电流均以交流符号表示，既可用瞬时值符号 u、i 表示。图中电压、电流的正方向均为习惯上采用的假定正方向（电流方向采用 NPN 型管的正常放大偏置方向）。

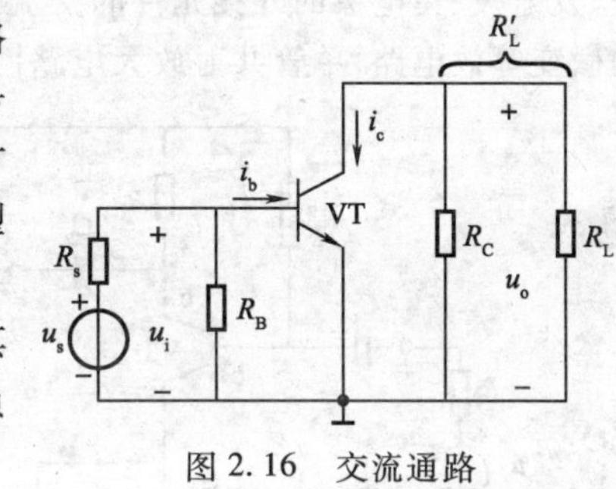

图 2.16　交流通路

由图 2.16 可以看出：在交流通路中，R_L与 R_C并联，其并联阻值用 R'_L等效，即 $R'_L = R_L // R_C$，R'_L称为集电极等效负载电阻。

由图 2.16 可得电路的输出电压

$$u_o = u_{ce} = -i_c R'_L \tag{2.8}$$

式中，负号表示 u_o与 u_i的相位相反。在分析共射放大电路的电压、电流动态变化波形的（见图 2.15）过程中，u_{be}与 i_b、i_c与 i_b均为同相，只有 u_o与 u_i反相（相位差 180°），这是单管共射放大电路的一个重要特点，称为“倒相”作用。

3. 用微变等效电路法分析放大电路

对于要求定量估算的小信号电路，广泛采用的是微变等效电路法。微变就是指小信号条件下，即三极管的电流、电压仅在其特性曲线上一个很小段内变化，这一微小的曲线段，完全可以用一段直线近似，从而获得变化量（电压、电流）间的线性关系。所谓微变等效电路法（简称等效电路法），就是在小信号条件下，把放大电路中的三极管等效为线性元件，放大电路就等效为线性电路，从而用分析线性电路的方法求解放大电路的各种动态性能指标。

（1）三极管的微变等效电路。三极管电路如图 2.17（a）所示，根据三极管的输入特性，当输入信号 u_i在很小范围内变化时，输入回路的电压 u_{be}、电流 i_b在 u_{ce}为常数时，可认为其随 u_i的变化线性变化，即三极管输入回路基极与发射极之间可用等效电阻 r_{be}代替。

三极管 b、e 极之间的等电阻 r_{be}为

$$r_{be} = r_{bb'} + (1+\beta)\frac{26(\text{mV})}{I_{EQ}(\text{mA})} \tag{2.9}$$

式中，$r_{bb'}$是基区体电阻，对于低频小功率管，$r_{bb'}$为 100～500 Ω，一般无特别说明时，可取 $r_{bb'}$ = 300 Ω；I_{EQ}为静态射极电流；r_{be}单位取 Ω。

当三极管工作于放大区时，i_c的大小只受 i_b的控制，而与 u_{ce}无关，即实现了三极管的受控恒流特性，$i_c = \beta i_b$。所以，当输入回路的 i_b给定时，三极管的集电极与发射极之间，可用一个大小为 βi_b的理想受控电流源来等效。将三极管的基极、发射极间等效电路与集电极、发射极间的等效

电路合并在一起，便可得到三极管的微变等效电路，如图 2.17(b)所示。

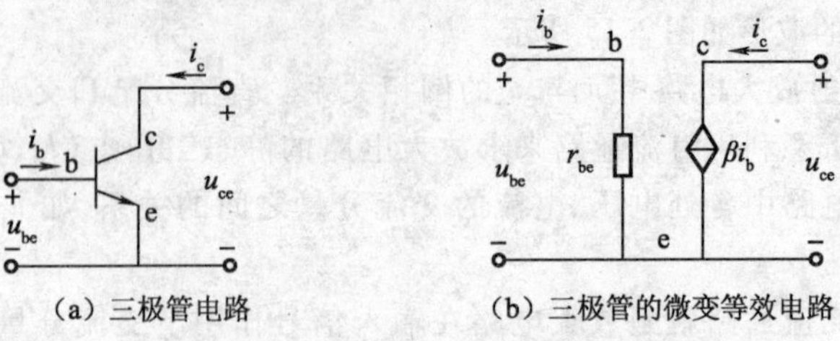

(a) 三极管电路　(b) 三极管的微变等效电路

图 2.17　三极管的微变等效电路

(2)由微变等效电路求放大电路的动态性能指标：

① 画放大电路的微变等效电路。先画出三极管的微变等效电路，然后分别画出三极管基极、发射极、集电极的外接元件的交流通路，最后加上信号源和负载，就可以得到整个放大电路的微变等效电路，单管共射放大电路[见图 2.18(a)]的微变等效电路如图 2.18(b)所示。

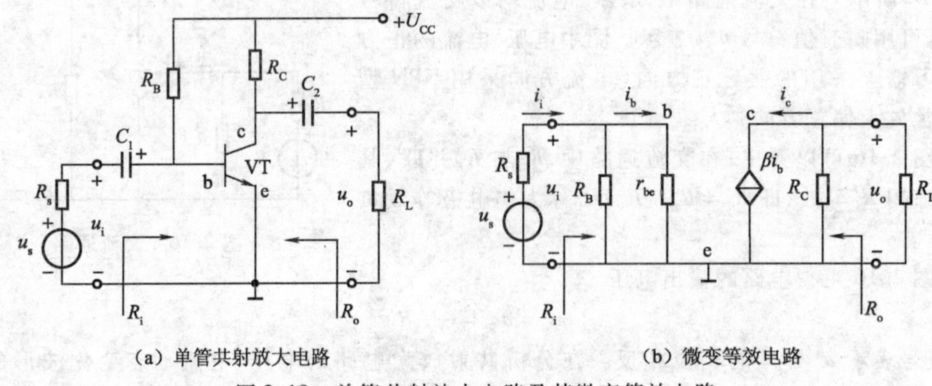

(a) 单管共射放大电路　(b) 微变等效电路

图 2.18　单管共射放大电路及其微变等效电路

② 求放大电路的电压放大倍数 A_u。放大电路的电压放大倍数是衡量放大电路放大能力的指标，它是输出电压与输入电压之比，即

$$A_u = \frac{u_o}{u_i} \tag{2.10}$$

由图 2.18(b)可得

$$u_i = i_b r_{be}$$
$$u_o = -i_c R_L' = -\beta i_b R_L'$$

式中，$R_L' = R_C // R_L$。

因此，放大电路的电压放大倍数为

$$A_u = \frac{u_o}{u_i} = \frac{-\beta i_b R_L'}{i_b r_{be}} = -\beta \frac{R_L'}{r_{be}} \tag{2.11}$$

式中，“-”表示输入信号与输出信号相位相反。

③ 求放大电路的输入电阻 R_i。所谓放大电路的输入电阻，就是从放大电路输入端，向电路内部看进去的等效电阻。如果把一个内阻为 R_s的信号源 u_s加到放大电路的输入端时，放大电路就相当于信号源的一个负载电阻，这个负载电阻就是放大电路的输入电阻 R_i，如图 2.18(a)所示，从电路的输入端看进去的等效输入电阻为

$$R_i = R_B // r_{be} \tag{2.12}$$

R_i是衡量放大电路对信号源影响程度的重要参数。R_i越大，放大电路从信号源取用的电流

I_i越少，R_S上的压降就越小，放大电路输入端所获得的信号电压就越大。

对于固定偏置放大电路，通常 $R_B \gg r_{be}$，因此，$R_i \approx r_{be}$，小功率管的 r_{be} 为 1 kΩ 左右，所以，共射放大电路的输入电阻 R_i较小。

④ 求放大电路的输出电阻 R_o。从放大电路输出端，向电路内部看进去的等效电阻，称为输出电阻。把 R_L除外的整个放大电路输出端，可看成如图 2.19 所示的一个等效电压 u_o'与一个等效内阻 R_o串联的电压源电路。这个等效电压源的内阻 R_o，就是放大电路的输出电阻。在图 2.18(b)中，从电路的输出端看进去的等效输出电阻近似为

$$R_o = R_C \tag{2.13}$$

R_C通常有几千欧，这表明共射放大电路的带负载能力不强。

输出电阻 R_o可用实验方法求得。如图 2.19 所示，在放大电路输入端加一适当输入电压 U_i，将输出端开关 S 断开，测得空载输出电压 U_o'。然后接上负载 R_L，闭合开关 S，由于内阻 R_o上电压降的影响，使输出电压下降，测得输出电压 U_o，由图 2.19 求得 R_o为

$$R_o = \left(\frac{U_o'}{U_o} - 1\right)R_L \tag{2.14}$$

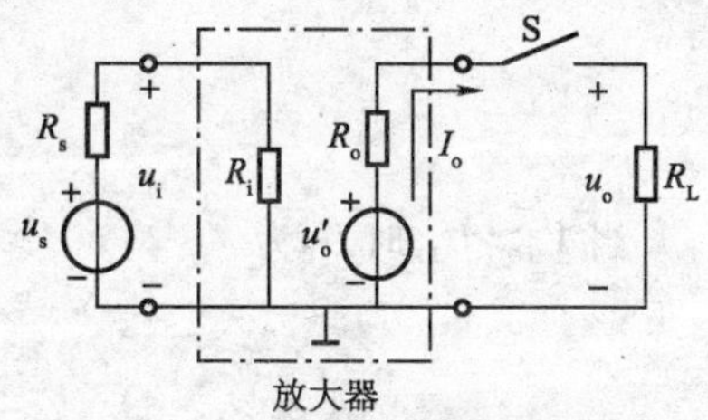

图 2.19　求输出电阻的实验方法

R_o越小，带上负载 R_L后的电压 U_o越接近于空载电压 U_o'，这就表明：u_o受负载电阻 R_L变化的影响小。因此，对负载 R_L来说，放大电路就是它的信号源，可以用这个等效电压源的内阻 R_o来衡量放大电路的带负载能力。所以 R_o越小，放大电路的带负载能力就越强。

例 2.1　单管共射放大电路如图 2.18(a)所示，已知：U_{CC} = 12 V，R_C = 4 kΩ，R_B = 300 kΩ，R_L = 4 kΩ，三极管的 β = 40。试求：(1)估算 Q 点；(2)电压放大倍数 A_u；(3)输入电阻 R_i；(4)输出电阻 R_o。

解　(1)估算 Q 点：

$$I_B \approx \frac{U_{CC}}{R_B} = \frac{12}{300}\ \text{mA} = 40\ \mu\text{A}$$

$$I_C = \beta I_B = 40 \times 40\ \mu\text{A} = 1.6\ \text{mA} \approx I_E$$

$$U_{CE} = U_{CC} - I_C R_C = (12 - 1.6 \times 4)\ \text{V} = 5.6\ \text{V}$$

(2)电压放大电倍数 A_u：

$$r_{be} = r_{bb'} + (1+\beta)\frac{26(\text{mV})}{I_E(\text{mA})} = \left[300 + (1+40) \times \frac{26}{1.6}\right]\ \Omega \approx 966\ \Omega = 0.966\ \text{k}\Omega$$

$$A_u = -\beta\frac{R_L'}{r_{be}} = -40 \times \frac{4 /\!/ 4}{0.966} \approx -83$$

(3)输入电阻 R_i：

$$R_i = R_B /\!/ r_{be} \approx r_{be} = 0.966\ \text{k}\Omega$$

(4)输出电阻 R_o：

$$R_o = R_C = 4\ \text{k}\Omega$$

4. 静态工作点的稳定电路

(1)温度对 Q 点的影响。共射固定偏置电路，由于三极管参数的温度稳定性差，对于同样的基极偏流，当温度升高时，输出特性曲线将上移，严重时，将使静态工作点进入饱和区，而失去放大能力；此外，还有其他因素的影响，如当更换 β 值不相同的三极管时，由于 I_B固定，则 I_C会随 β

的变化而变化，造成 Q 点偏离合理值。

为了稳定放大电路的性能，必须在电路结构上加以改进，使静态工作点保持稳定。最常见的是采用分压式偏置电路。

(2)分压式偏置电路的组成及稳定 Q 点的原理。如图 2.20(a)所示，基极直流偏置由电阻器 R_{B1} 和 R_{B2} 构成，利用它们的分压作用将基极电位 V_B 基本上稳定在某一数值。发射极串联一个偏置电阻器 R_E，实现直流负反馈来抑制静态电流 I_C 的变化。直流通路如图 2.20(b)所示。

要稳定 V_B 的值，选取 R_{B1}、R_{B2} 数值时，应保证 $I_1 \approx I_2 \gg I_B$，则

$$V_B = \frac{R_{B2}}{R_{B1} + R_{B2}} U_{CC} \tag{2.15}$$

得

$$I_C \approx I_E = \frac{V_B - U_{BE}}{R_E} \tag{2.16}$$

当 $V_B \gg U_{BE}$ 时，I_C 为

$$I_C \approx \frac{V_B}{R_E}$$

只要 V_B 稳定，I_C 就相当稳定，与温度关系不大。

由于 $I_C \approx I_E$，所以

$$U_{CE} = U_{CC} - I_C R_C - I_E R_E \approx U_{CC} - I_C (R_C + R_E)$$

$$I_B = \frac{I_C}{\beta} \tag{2.17}$$

利用以上公式就可以求出静态工作时的 I_C、I_B 及 U_{CE}。

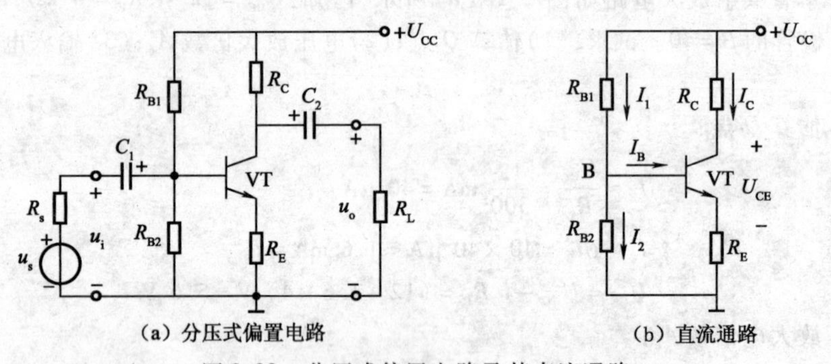

(a) 分压式偏置电路 (b) 直流通路

图 2.20 分压式偏置电路及其直流通路

为了使电路能较好地稳定 Q 点，设计该电路时，一般选取：

$$I_2 = (5 \sim 10) I_B (\text{硅管}), I_2 = (10 \sim 20) I_B (\text{锗管})$$

$$V_B = (3 \sim 5) U_{BE} (\text{硅管}), V_B = (5 \sim 10) U_{BE} (\text{锗管})$$

当温度升高时，因为三极管参数的变化使 I_C 和 I_E 增大，I_E 的增大导致 V_E 升高。由于 V_B 固定不变，因此 U_{BE} 将随之降低，使 I_B 减小，从而抑制了 I_C 和 I_E 因温度升高而增大的趋势，达到稳定静态工作点(Q 点)的目的。上述过程，是一种自动调节作用，可以写为

$$T(℃)\uparrow \rightarrow I_C(I_E)\uparrow \rightarrow V_E\uparrow \xrightarrow{V_B\text{不变}} U_{BE}\downarrow \rightarrow I_B\downarrow \rightarrow I_C\downarrow$$

R_E 的作用很重要，由于 R_E 的位置既处于集电极回路中，又处于基极回路中，它能把输出电流

(I_E)的变化反送到输入基极回路中来，以调节 I_B 达到稳定 $I_E(I_C)$ 的目的。这种把输出量引回输入回路以达到改善电路某些性能的措施，称为反馈（在任务 2.3 中将进行进一步讨论）。R_E 越大，反馈作用越强，稳定静态工作点的效果越好。

例 2.2 图 2.20(a)所示放大电路中，已知：$R_{B1}=50\ \text{k}\Omega$，$R_{B2}=20\ \text{k}\Omega$，$R_C=5\ \text{k}\Omega$，$R_E=2.7\ \text{k}\Omega$，$U_{CC}=12\ \text{V}$，三极管的 $\beta=50$，$U_{BE}=0.7\ \text{V}$。试求：①放大电路的静态工作点；②如果三极管的 β 增大 1 倍，那么放大电路的 Q 点将发生什么变化？

解 ①放大电路的静态工作点：

$$V_B=\frac{R_{B2}}{R_{B1}+R_{B2}}U_{CC}=\left(\frac{20}{50+20}\times 12\right)\ \text{V}=3.4\ \text{V}$$

$$I_C\approx I_E=\frac{V_B-U_{BE}}{R_E}=\frac{3.4-0.7}{2.7}\ \text{mA}=1\ \text{mA}$$

$$I_B=\frac{I_C}{\beta}=\frac{1\ \text{mA}}{50}=20\ \mu\text{A}$$

$$U_{CE}\approx U_{CC}-I_C(R_C+R_E)=[12-1\times(5+2.7)]\ \text{V}=4.3\ \text{V}$$

由于 $U_{CE}>1\ \text{V}$，故三极管工作在放大状态。

②在这种电路中，β 值增大 1 倍，V_B、I_C、I_E 及 U_{CE} 均可认为基本不变，电路仍然可以正常工作，这正是分压式偏置工作点稳定电路的优点，但此时，$I_B=I_C/\beta=1\ \text{mA}/100=10\ \mu\text{A}$，减小了。

(3)分压偏置电路的动态分析：图 2.20(a)所示的分压式偏置电路的微变等效电路如图 2.21 所示，利用此微变等效电路进行动态分析。

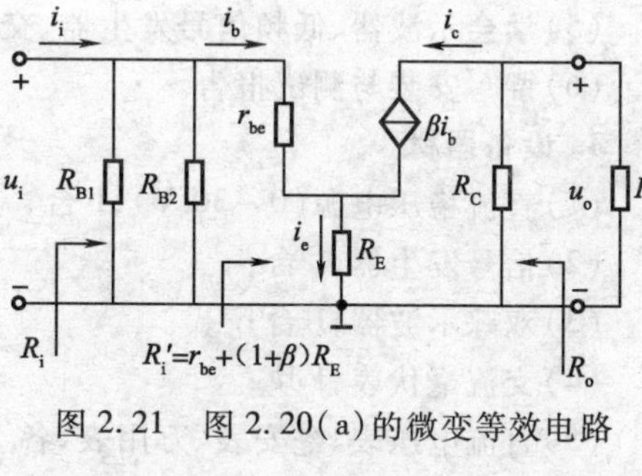

图 2.21　图 2.20(a)的微变等效电路

① 电压放大倍数 A_u。由图 2.21 可分别求得输入、输出电压。

输入电压 u_i 为

$$u_i=i_b r_{be}+i_e R_E=i_b[r_{be}+(1+\beta)R_E]$$

输出电压 u_o 为

$$u_o=-\beta i_b R_L'$$

则电压放大倍数为

$$A_u=\frac{u_o}{u_i}=\frac{-\beta i_b R_L'}{i_b[r_{be}+(1+\beta)R_E]}=-\beta\frac{R_L'}{r_{be}+(1+\beta)R_E} \tag{2.18}$$

② 输入电阻 R_i 和输出电阻 R_o。由图 2.21 所示的微变等效电路，求得输入、输出电阻分别为

$$R_i=R_{B1}/\!/R_{B2}/\!/[r_{be}+(1+\beta)R_E] \tag{2.19}$$

$$R_o=R_C \tag{2.20}$$

由式(2.18)可见：由于 R_E 的接入，虽然带来了稳定工作点的益处，但却使电压放大倍数下降了，且 R_E 越大，电压放大倍数下降得越多。如果在 R_E 上并联一个大容量电容器 C_E（低频电路取几十至几百微法），如图 2.22(a)所示，由于 C_E 对交流可看作短路，因此对交流而言，仍可看作发射极接地。所以，C_E 称为射极旁路电容器，这样仍可按没带射极电阻器 R_E 时计算电压放大倍数。根据电路需要，还可将 R_E 分成两部分（R_{E1}、R_{E2}），在交流的情况下 R_{E2} 被 C_E 短路，以兼顾静态工作点的稳定和电压放大倍数的不同要求，如图 2.22(b)所示。

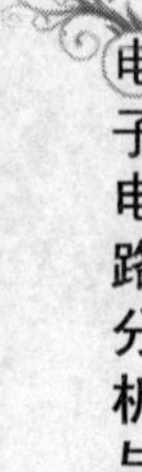

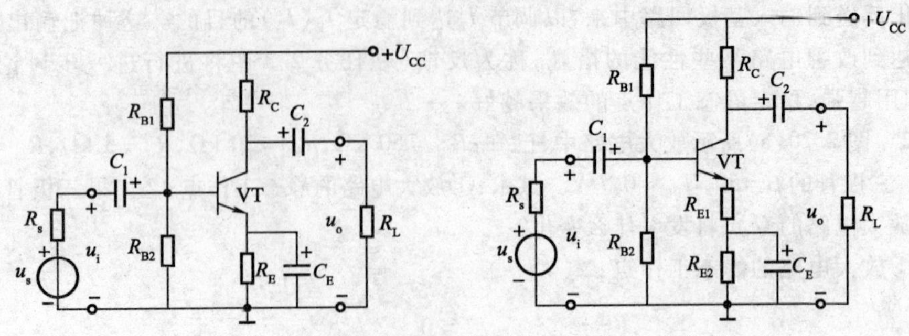

图 2.22　具有射极旁路电容器的共射分压式偏置放大电路

〖实践操作〗——做一做

1. 实践操作内容

单管共射放大电路的安装与测试。

2. 实践操作要求

(1)学会对电路中使用的元器件进行检测与筛选;

(2)学会单管共射放大电路的装配方法;

(3)学会放大电路静态工作点的调试方法,分析静态工作点对放大电路性能的影响;

(4)掌握放大电路电压放大倍数、输入电阻、输出电阻及最大不失真输出电压的测试方法;

(5)学会示波器、低频信号发生器、交流毫伏表的使用;

(6)撰写安装与测试报告。

3. 设备器材

(1)直流稳压电源(0~30 V),1 台;

(2)信号发生器,1 台;

(3)双踪示波器,1 台;

(4)交流毫伏表,1 块;

(5)直流电压表、毫安表、万用表,各 1 块;

(6)电阻器、电容器(参数如图 2.12 所示),若干;

(7)三极管 3DG6 或 9011,1 只;

(8)实验线路板,1 只。

4. 实践操作步骤

(1)按图 2.12 所示的电路原理图设计绘制装配草图,并对电路中使用的元器件进行检测与筛选。

(2)调试静态工作点。接通直流电源前,先将 R_P 调至最大,将信号发生器的输出旋钮旋至零。接通 +12 V 电源、调节 R_P,使 $I_C = 2.0$ mA(即 $U_E = 2.0$ V),用直流电压表分别测量 V_B、V_E、V_C及用万用表测量 R_{B1} 值,记入表 2.6 中。

表 2.6　放大电路静态工作点的测试($I_C = 2$ mA)

测量值				计算值		
V_B/V	V_E/V	V_C/V	R_{B1}/kΩ	U_{BE}/V	U_{CE}/V	I_C/mA

(3)测量电压放大倍数。在放大器输入端加入频率为 1 kHz 的正弦信号 u_s,调节信号发生

器的输出旋钮，使放大器输入电压 $U_i \approx 10$ mV，同时用示波器观察放大器输出电压 u_o 波形，在波形不失真的条件下用交流毫伏表测量下述 3 种情况下的 U_o 值，并用双踪示波器观察 u_o 和 u_i 的相位关系，记入表 2.7 中。

表 2.7　放大电路电压放大倍数测量（$I_c = 2.0$ mA，$U_i =$ 　mV）

R_C/kΩ	R_L/kΩ	U_o/V	A_u	观察记录一组 u_o 和 u_i 波形
2.4	∞			u_i — O — t ；u_o — O — t
2.4	2.4			

(4) 观察静态工作点对输出波形失真的影响。在 $u_i = 0$ V 时，调节 R_P 使 $I_C = 2.0$ mA，测出 U_{CE} 值，再逐步加大输入信号，使输出电压 u_o 足够大但不失真。然后保持输入信号不变，分别增大和减小 R_P，使波形出现失真，绘出 u_o 的波形，并测出失真情况下的 I_C 和 U_{CE} 值，记入表 2.8 中。每次测量 I_C 和 U_{CE} 值时都要将信号源的输出旋钮旋至零。

表 2.8　静态工作点对输出波形的影响（$R_C = 2.4$ kΩ，$R_L = \infty$，$U_i =$ 　mV）

I_C/mA	U_{CE}/V	u_o 波形	失真情况	三极管工作状态
		u_o — O — t		
2.0		u_o — O — t		
		u_o — O — t		

(5) 测量最大不失真输出电压。接入 $R_L = 2.4$ kΩ，按照实践操作步骤(4)中所述方法，同时调节输入信号的幅度和电位器 R_P，用示波器和交流毫伏表测量 $U_{o,P-P}$ 及 U_o 值，记入表 2.9 中。

表 2.9　最大不失真输出电压（$R_C = 2.4$ kΩ，$R_L = 2.4$ kΩ）

I_C/mA	U_{imax}/mV	$U_{o,P-P}$/V	U_{omax}/V

(6) 测量输入电阻和输出电阻。接入 $R_L = 2.4$ kΩ，调节 R_P 使 $I_C = 2.0$ mA。输入 $f = 1$ kHz 的正弦信号，在输出电压 u_o 不失真的情况下，用交流毫伏表测出 U_s、U_i 和 U_L 的值，记入表 2.10 中。保持 U_s 不变，断开 R_L，测量输出电压 U_o，记入表 2.10 中。

表 2.10　输入/输出电阻的测量（$I_c = 2$ mA，$R_C = 2.4$ kΩ，$R_L = 2.4$ kΩ）

U_s/mV	U_i/mV	R_i/kΩ		U_L/V	U_o/V	R_o/kΩ	
		测量值	计算值			测量值	计算值

5. 注意事项

(1) 在测量静态工作点时，为了减小误差，提高测量精度，应选用内阻较高的直流电压表。工作点"偏高"或"偏低"不是绝对的，应该是相对信号的幅度而言，如输入信号幅度很小，即使

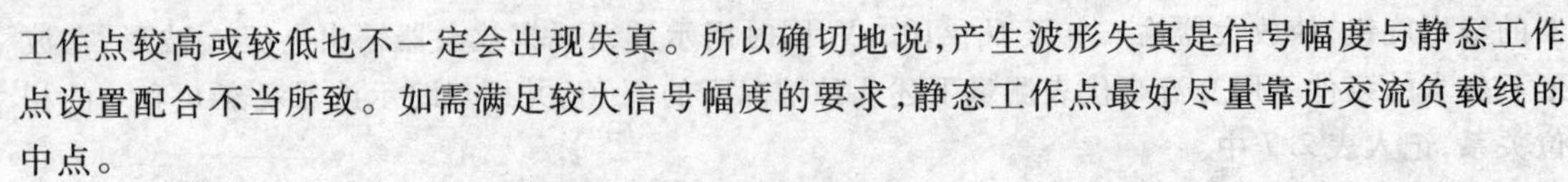

工作点较高或较低也不一定会出现失真。所以确切地说，产生波形失真是信号幅度与静态工作点设置配合不当所致。如需满足较大信号幅度的要求，静态工作点最好尽量靠近交流负载线的中点。

(2)测量输入电阻时应注意，由于电阻器 R 两端没有电路公共接地点，所以测量 R 两端电压 U_R 时必须分别测出 U_s 和 U_i，然后按 $U_R = U_s - U_i$ 求出 U_R 值。电阻器 R 的值不宜取得过大或过小，以免产生较大的测量误差，通常取 R 与 R_i 为同一数量级为好，可取 $R = 1 \sim 2\ \text{k}\Omega$。

(3)在测量输出电阻时，在测试中应注意，必须保持 R_L 接入前后输入信号的大小不变。

〖问题思考〗——想一想

(1)放大电路放大的是交流信号，电路中为什么还要加直流电源？

(2)总结 R_C，R_L 及静态工作点对放大电路电压放大倍数、输入电阻、输出电阻的影响。

子任务 2　单管共集放大电路的分析与测试

〖现象观察〗——看一看

按图 2.23 所示的电路图连接线路，接通 +12V 直流电源，在 B 点加入 $f = 1$ kHz 的正弦信号 u_i，接入负载 $R_L = 1\ \text{k}\Omega$，调节输入信号幅度，调节 R_P 在输出最大不失真情况下，用双踪示波器观察放大电路的输入电压 u_i、输出电压 u_o 的波形。请思考：测得的 u_i 与 u_o 的大小和相位有什么关系？

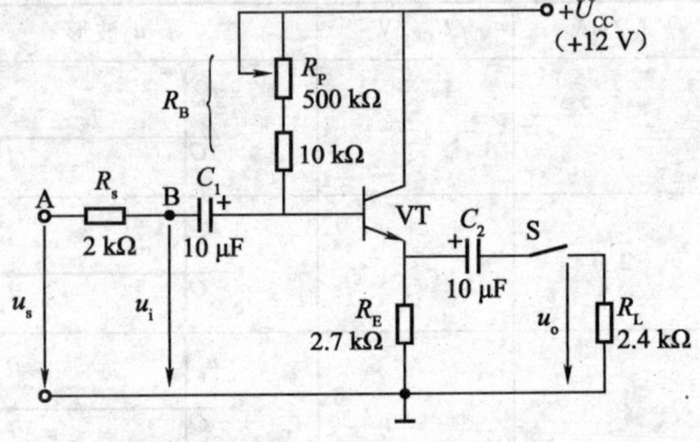

图 2.23　单管共集放大电路测试电路图

〖相关知识〗——学一学

1. 单管共集放大电路的组成与静态分析

单管共集放大电路如图 2.24(a)所示，它是由基极输入信号，发射极输出信号。它的直流通路如图 2.24(b)所示它的交流通路如图 2.24(c)所示。由交流通路可看出：集电极是输入回路与输出回路的公共端，故称为共集电极放大电路(简称共集放大电路)。又由于是从发射极输出信号，故又称射极输出器。射极输出器中的电阻器 R_E，具有稳定静态工作点的作用。

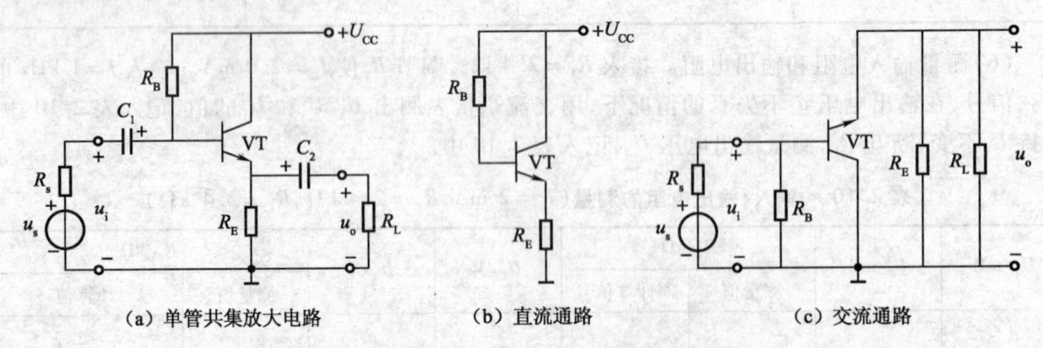

图 2.24　单管共集放大电路及其交流通路

由图 2.24(a)所对应的直流通路[见图 2.24(b)]，可求得：

$$I_B = \frac{U_{CC} - U_{BE}}{R_B + (1+\beta)R_E} \tag{2.21}$$

$$I_C = \beta I_B\ ,\ U_{CE} \approx U_{CC} - I_C R_E$$

2. 单管共集放大电路的动态指标和电路特点

(1)输出电压跟随输入电压变化,电压放大倍数接近于1。单管共集放大电路的微变等效电路可画成图2.25(a)的形式或图2.25(b)的形式。

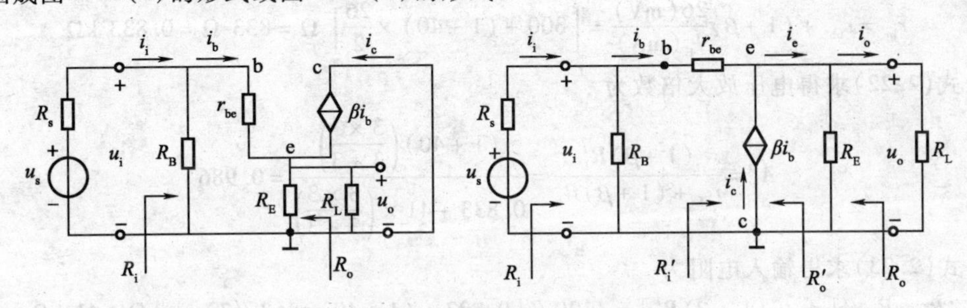

图 2.25 单管共集放大电路的微变等效电路

由微变等效电路可求得电压放大倍数为

$$A_u = \frac{u_o}{u_i} = \frac{(1+\beta)i_b R_L'}{i_b[r_{be} + (1+\beta)R_L']} = \frac{(1+\beta)R_L'}{r_{be} + (1+\beta)R_L'} \tag{2.22}$$

式中,$R_L' = R_E /\!/ R_L$。一般$(1+\beta)R_L' \gg r_{be}$,故A_u值近似为1,所以输出电压接近输入电压,两者的相位相同,故射极输出器又称射极跟随器。

射极输出器虽然没有电压放大作用,但仍然具有电流放大和功率放大作用。

(2)输入电阻高。由图2.25(b)可求得输入电阻为

$$R_i = R_B // R_i'$$

$$R_i' = \frac{U_i}{I_b} = \frac{I_b r_{be} + (1+\beta)I_b R_L'}{I_b} = r_{be} + (1+\beta)R_L'$$

则

$$R_i = R_B /\!/ [r_{be} + (1+\beta)R_L'] \tag{2.23}$$

可见,射极输出器的输入电阻是由偏置电阻器R_B与基极回路电阻$[r_{be} + (1+\beta)R_L']$并联而得,其中$(1+\beta)R_L'$可认为是射极的等效负载电阻R_L'折算到基极回路的电阻。射极输出器输入电阻通常为几十千欧到几百千欧。

(3)输出电阻低。由于$u_o \approx u_i$,当u_i一定时,输出电压u_o基本上保持不变,表明射极输出器具有恒压输出的特性,故其输出电阻较低。

由图2.25(b)可求得输出电阻为

$$R_o \approx R_E /\!/ \frac{r_{be} + (R_B /\!/ R_s)}{1+\beta} \approx \frac{r_{be}}{\beta} \tag{2.24}$$

式(2.24)表明:射极输出器的输出电阻是很低的,通常为几十欧。

例2.3 射极输出器如图2.24(a)所示,已知:$U_{CC} = 12$ V,$R_B = 120$ kΩ,$R_E = 3$ kΩ,$R_L = 3$ kΩ,$R_s = 0.5$ kΩ,三极管的$\beta = 40$,试求:电路的静态工作点和动态指标A_u、R_i、R_o。

解 (1)静态工作点:

由式(2.21)求得I_B为

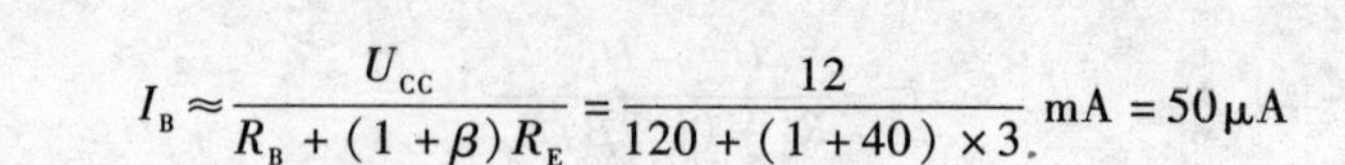

$$I_B \approx \frac{U_{CC}}{R_B+(1+\beta)R_E}=\frac{12}{120+(1+40)\times 3}\ \mathrm{mA}=50\ \mu\mathrm{A}$$

则

$$I_C=\beta I_B=40\times 0.05\ \mathrm{mA}=2\ \mathrm{mA}$$

$$U_{CE}=U_{CC}-I_CR_E=(12-2\times 3)\ \mathrm{V}=6\ \mathrm{V}$$

(2)动态指标：

$$r_{be}=r_{bb'}+(1+\beta)\frac{26(\mathrm{mV})}{I_E(\mathrm{mA})}=\left[300+(1+40)\times\frac{26}{2}\right]\ \Omega=833\ \Omega=0.833\ \mathrm{k\Omega}$$

由式(2.22)求得电压放大倍数为

$$A_u=\frac{(1+\beta)R_L'}{r_{be}+(1+\beta)R_L'}=\frac{(1+40)\left(\frac{3\times 3}{3+3}\right)}{0.833+41\times\left(\frac{3\times 3}{3+3}\right)}=0.986$$

由式(2.23)求得输入电阻为

$$R_i=R_B/\!/[r_{be}+(1+\beta)R_L']=\{120/\!/[0.833+(1+40)\times(3/\!/3)]\}\ \mathrm{k\Omega}\approx 41\ \mathrm{k\Omega}$$

由式(2.24)求得输出电阻为

$$R_o=R_E/\!/\frac{r_{be}+R_B/\!/R_s}{1+\beta}=\left[3/\!/\frac{0.833+120/\!/0.5}{1+40}\right]\ \mathrm{k\Omega}\approx 32\ \Omega$$

由于射极输出器的输入电阻很大，向信号源吸取的电流很小，所以常用作多级放大电路的输入级。由于它的输出电阻小，具有较强的带负载能力，且具有较大的电流放大能力，故常用作多级放大电路的输出级（功放电路）。此外，利用其 R_i 大、R_o 小的特点，还常常接于两个共射放大电路之间，作为缓冲（隔离）级，以减小后级电路对前级的影响。

〖实践操作〗——做一做

1. 实践操作内容

单管共集放大电路的安装与测试。

2. 实践操作要求

(1)学会对电路中使用的元器件进行检测与筛选；

(2)学会单管共集放大电路的装配方法；

(3)进一步的学习放大电路静态工作点的调试方法；

(4)掌握放大电路电压放大倍数、输入电阻、输出电阻及最大不失真输出电压的测试方法；

(5)学会示波器、低频信号发生器、交流毫伏表的使用；

(6)撰写安装与测试报告。

3. 设备器材

(1)直流稳压电源(0 ~ 30 V)，1 台；

(2)信号发生器，1 台；

(3)双踪示波器，1 台；

(4)交流毫伏表，1 块；

(5)直流电压表、毫安表、万用表，各 1 块；

(6)电阻器、电容器（参数如图 2.23 所示），若干；

(7)三极管 3DG6 或 9011，1 只；

(8)实验线路板，1 块。

4. 实践操作步骤

(1)按图2.23所示的电路,设计绘制装配草图,并对电路中使用的元器件进行检测与筛选。

(2)调试静态工作点。按图2.23连接线路,接通+12 V直流电源,在B点加入$f=1$ kHz正弦信号u_i,输出端用示波器观察输出波形,反复调整R_P及信号源的输出幅度,使在示波器的屏幕上得到一个最大不失真输出波形,然后使$u_i=0$(即断开输入信号),用万用表的直流电压挡测量三极管各电极对地电位,将测得数据记入表2.11中。

(3)测量电压放大倍数。断开开关,接入负载$R_L=2.4$ kΩ,在B点输入$f=1$ kHz正弦信号u_i,调节输入信号幅度,用示波器观察输出波形,在输出最大不失真情况下,用交流毫伏表测量U_i、U_o值。记入表2.11中。

表2.11 共集放大电路的静态工作点和电压放大倍数测量

测量值					计算值	
V_E/V	V_B/V	V_C/V	U_i/V	U_o/V	I_E/mA	A_u

(4)测量输入电阻。在图2.23的A点输入$f=1$ kHz的正弦信号u_s,用示波器观察输出波形,用交流毫伏表分别测出A、B点对地的电位U_s、U_i,记入表2.12中。(其中$R_i=\frac{U_i}{U_s-U_i}R$,$R_s=2$ kΩ是为测量R_i而加入的电阻)。

(5)测量输出电阻。接上负载$R_L=2.4$ kΩ,在B点输入$f=1$ kHz正弦信号u_i,用示波器观察输出波形,测量空载输出电压U'_o,带负载时输出电压U_o,记入表2.12中。$\left[\text{其中} R_o=\left(\frac{U'_o}{U_o}-1\right)R_L\right]$。

表2.12 共集放大电路的输入、输出电阻的测量

测量值				计算值	
U_s/V	U_i/V	U'_o/V	U_o/V	R_i	R_o

5. 注意事项

在静态工作点调整好以后,在测量过程中应保持R_B值不变(即保持静工作点I_E不变)。

〖问题思考〗——想一想

(1)如何识别共射、共集放大电路?

(2)共射、共集放大电路的动态性能指标有何差异?

任务2.3　多级放大电路和反馈放大电路的分析与测试

以上学习的基本放大电路,其电压放大倍数一般只能达到几十倍左右。在实际工作中,放大电路所得到的输入信号往往都是非常微弱的,要将其放大到能推动负载工作的程度,仅通过单级放大电路放大,达不到实际要求,所以必须通过多个单级放大电路连续多次放大,才可满足实际要求。另外负反馈是改善放大电路性能的重要手段,也是自动控制系统中的重要环节,在实际应用电路中几乎都要引入适当的负反馈。在任务2.2中稳定静态工作点的措施就是在电路中引入直流负反馈,大大提高了电路的稳定性。本任务学习多级放大电路和反馈放大电路的分析与测试。

熟悉多级放大电路的耦合方式及性能指标;理解反馈的概念、负反馈对放大电路性能的影响;掌握反馈类型的判别方法;了解放大电路的频率特性及通频带的概念。

子任务1　多级放大电路的分析与测试

〖相关知识〗——学一学

1. 多级放大电路及耦合方式

(1)多级放大电路的组成。多级放大电路的组成可用图2.26所示的框图来表示。其中,输入级与中间级的主要作用是实现电压放大,末前级和输出级的主要作用是实现功率放大,以推动负载工作。

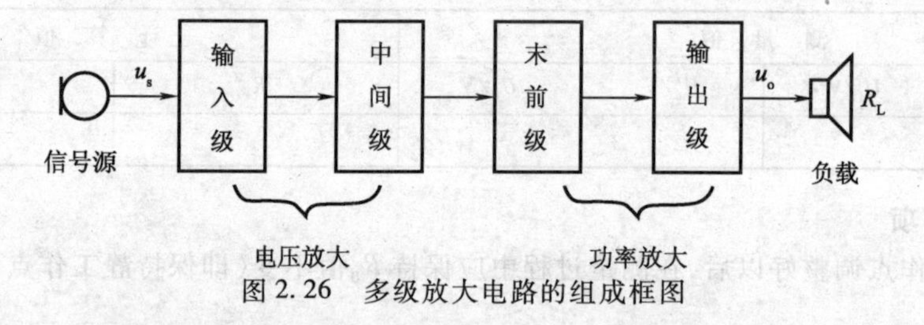

图2.26　多级放大电路的组成框图

(2)多级放大电路的级间耦合方式。多级放大电路是由两级或两级以上的单级放大电路连接而成的。在多级放大电路中,把级与级之间的连接方式称为耦合方式。在级与级之间耦合时,必须满足:耦合后,各级电路仍具有合适的静态工作点;保证信号在级与级之间能够顺利地传输;耦合后,多级放大电路的性能指标必须满足实际的要求。

为了满足上述要求,一般常用的耦合方式有:阻容耦合、变压器耦合、直接耦合及光电耦合等,下面以阻容耦合电路为例来进行分析。

2. 阻容耦合多级放大电路分析计算方法

(1)静态分析。图2.27所示为两级阻容耦合放大电路。两级之间用电容器C_2连接。由于电容器的隔直作用,切断了两级放大电路之间的直流通路。因此,各级的静态工作点互相独立、互不影响,使电路的设计、调试都很方便,这是阻容耦合方式的优点。

(2)动态分析。阻容耦合多级放大电路,若选用足够大容量的耦合电容器,则交流信号就能顺利传送到下一级。以图 2.27 所示的两级阻容耦合放大电路为例进行阻容耦合多级放大电路的动态分析。图 2.27 对应的微变等效电路如图 2.28 所示。

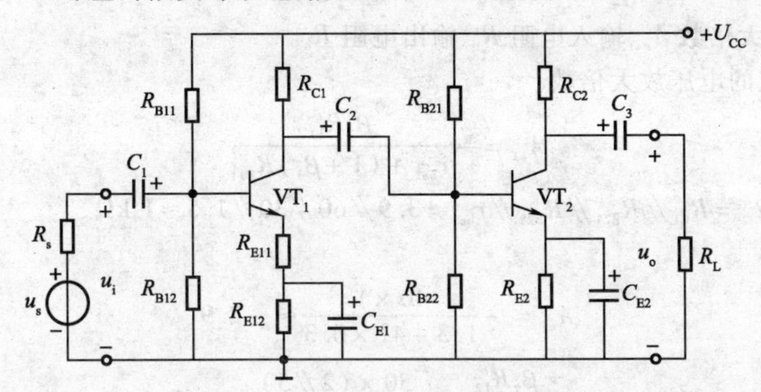

图 2.27　两级阻容耦合放大电路

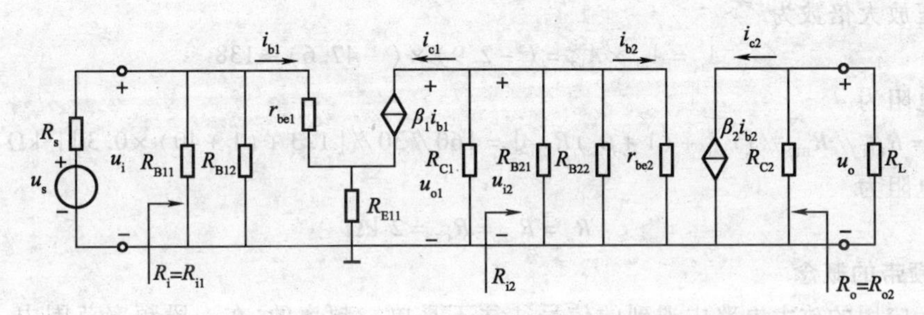

图 2.28　图 2.27 对应的微变等效电路

放大电路的相关概念:

(1)电压放大倍数。根据电压放大倍数的定义,两级放大电路的电压放大倍为

$$A_u = \frac{u_o}{u_i} = \frac{u_{o1}}{u_i} \cdot \frac{u_o}{u_{o1}} = \frac{u_{o1}}{u_i} \cdot \frac{u_{o2}}{u_{o1}} = A_{u1} \cdot A_{u2} \tag{2.25}$$

推广到 n 级多级放大电路的电压放大倍数为

$$A_u = A_{u1} \cdot A_{u2} \cdot \cdots \cdot A_{un} \tag{2.26}$$

计算电压放大倍数时应注意:在计算各级电路的电压放大倍数时,必须考虑后级电路的输入电阻对前级电路电压放大倍数的影响。

(2)输入电阻。多级放大电路的输入电阻,就是输入级的输入电阻,即 $R_i = R_{i1}$。

计算输入电阻时要注意:当输入级为共集放大电路时,要把第二级的输入电阻作为第一级的负载电阻。

(3)输出电阻。多级放大电路的输出电阻,就是输出级的输出电阻,即 $R_o = R_{on}$。

计算输出电阻时要注意:当输出级为共集电极电路时,把前级的输出电阻作为后级的信号源内阻。

在工程上为了简化计算过程,根据实际需要也常用分贝(dB)表示增益(放大倍数),电压增益:$A_u(\text{dB}) = 20\lg A_u$;电流增益:$A_i(\text{dB}) = 20\lg A_i$,功率增益:$A_p(\text{dB}) = 20\lg A_p$。

例如,某多级放大电路,$A_u = 1000$(倍),则 $A_u(\text{dB}) = 20\lg 10^3 = 60\text{dB}$。

当用分贝表示电压放大倍数时,根据对数运算法则,多级放大电路的总电压增益的分贝数为各个单级放大电路的增益的分贝数之和,即 $A_u(\text{dB}) = A_{u1}(\text{dB}) + A_{u2}(\text{dB}) + \cdots + A_{un}(\text{dB})$。

例 2.4　两级阻容耦合放大电路如图 2.27 所示。已知:电路参数 $U_{CC} = 9\text{ V}$,$R_{B11} = 60\text{ k}\Omega$,

$R_{B12}=30\ k\Omega, R_{C1}=3.9\ k\Omega, R_{E11}=300\ \Omega, R_{E12}=2\ k\Omega, \beta_1=40, r_{be1}=1.3\ k\Omega, R_{B21}=60\ k\Omega, R_{B22}=30\ k\Omega, R_{C2}=2\ k\Omega, R_L=5\ k\Omega, R_{E2}=2\ k\Omega, \beta_2=50, r_{be2}=1.5\ k\Omega, C_1=C_2=C_3=10\ \mu F, C_{E1}=C_{E2}=47\ \mu F$。试求：电压放大倍数 A_u、输入电阻 R_i、输出电阻 R_o。

解 计算各级的电压放大倍数

$$A_{u1}=-\frac{\beta_1 R'_{L1}}{r_{be1}+(1+\beta_1)R_{E11}}$$

式中，$R'_{L1}=R_{C1}/\!/R_{i2}=R_{C1}/\!/R_{B21}/\!/R_{B22}/\!/r_{be2}=3.9/\!/60/\!/30/\!/1.5\approx 1\ k\Omega$

代入上式得

$$A_{u1}=-\frac{40\times 1}{1.3+41\times 0.3}\approx -2.9$$

$$A_{u2}=-\frac{\beta_2 R'_{L2}}{r_{be2}}=-\frac{50\times(2/\!/5)}{1.5}=-47.6$$

总电压放大倍数为

$$A_u=A_{u1}\times A_{u2}=(-2.9)\times(-47.6)\approx 138$$

输入电阻为

$$R_i=R_{i1}=R_{B11}/\!/R_{B12}/\!/[r_{be1}+(1+\beta_1)R_{E11}]=\{60/\!/30/\!/[1.3+(1+40)\times 0.3]\}\ k\Omega=8\ k\Omega$$

输出电阻为

$$R_o=R_{o2}=R_{C2}=2\ k\Omega$$

3. 通频带的概念

在实际应用的放大电路中遇到的信号往往不是单一频率的，在一段频率范围内，变化范围可能在几千赫到上万赫间。而放大电路中都有电抗元件，如电容器等。在放大电路中除了有耦合电容器、旁路电容器外，还有被忽略的三极管极间电容等，它们对不同频率的信号的容抗值是不同的，就使它们对不同频率的信号放大的效果是不一样的。但在某一个频率范围内电压放大倍数基本保持不变，这个范围内的最低频率称为下限频率，用 f_L 表示；最高频率称为上限频率，用 f_H 表示。不管是低于下限频率 f_L 还是高于上限频率 f_H，电压放大倍数都会大幅下降。通常把电压放大倍数保持不变的范围称为放大器的通频带，用 f_{BW} 来表示，即 $f_{BW}=f_H-f_L$。一般情况下，通频带宽一些更好。

阻容耦合的主要缺点是低频特性较差。当信号频率降低时，耦合电容器的容抗增大，电容器两端产生电压降，使信号受到衰减，放大倍数下降。因此阻容耦合不适用于放大低频或缓慢变化的直流信号。此外，由于集成电路制造工艺的原因，不能在内部制成较大容量的电容器，所以阻容耦合不适用于集成电路。

〖实践操作〗——做一做

1. 实践操作内容

阻容耦合多级放大电路的安装与测试。

2. 实践操作要求

(1)学会对电路中使用的元器件进行检测、筛选及多级放大电路的装配方法；

(2)学会放大电路静态工作点的调试方法，掌握多级放大电路电压放大倍数的测试方法；

(3)进一步熟悉示波器、低频信号发生器、交流毫伏表的使用；

(4)撰写安装与测试报告。

3. 设备器材

(1)直流稳压电源(0～30 V)，1 台；

(2)信号发生器,1 台;

(3)双踪示波器,1 台;

(4)交流毫伏表,1 块;

(5)万用表,1 块;

(6)电阻器、电容器(参数如图 2.29 所示),若干;

(7)三极管 3DG6 或 9011,2 只;

(8)实验线路板,1 块。

4. 实践操作步骤

(1)按图 2.29 所示的电路原理图设计绘制装配草图,并对电路中使用的元器件进行检测与筛选。

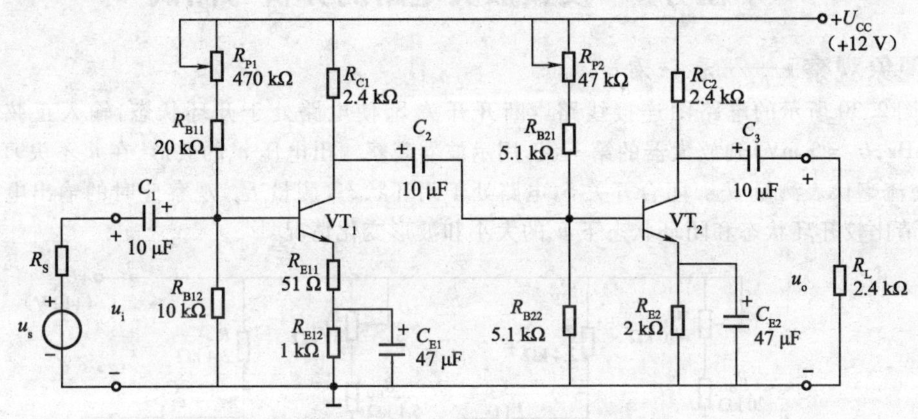

图 2.29 两级阻容耦合放大电路原理图

(2)调试放大电路的静态工作点。接通直流电源,输入正弦波信号($f=1$ kHz,$U_m=10$ mV)到放大电路的第一级,调节 R_{P1}、R_{P2},使输出波形不失真,要求第二级在输出不失真的前提下幅值尽可能大。然后使 $u_i=0$(即断开输入信号),测量各三极管的各极对地电位。用估算法计算各三极管的各极对地电位。将测量和计算结果填入表 2.13 中。

表 2.13 放大电路静态工作点的测试

各极对地电位	V_{B1}/V	V_{E1}/V	V_{C1}/V	V_{B2}/V	V_{E2}/V	V_{C2}/V
测量值						
计算值						

(3)测量电压放大倍数。在空载时,输入 $f=1$ kHz,$U_{im}=10$ mV 的正弦交流信号,在输出波形不失真的情况测量 U_i、U_{o1}、U_o,分别计算 A_{u1}、A_{u2} 及 A_u,将结果填入表 2.14 中。

接入负载 $R_L=2.4$ kΩ 后(输入信号不变),再测量 U_i、U_{o1}、U_o,分别计算 A_{u1}、A_{u2} 及 A_u,将结果填入表 2.14 中。

表 2.14 输入、输出电压和电压放大倍数的测试

	U_i/V	U_{o1}/V	U_o/V	A_{u2}	A_{u2}	A_u
$R_L=\infty$						
$R_L=2.4$ kΩ						

5. 注意事项

(1)在接线时注意接线尽可能短,以免引起电路的振荡。

(2)若在输入信号之后,用示波器观察输出波形有寄生振荡时,可采用下列措施解决:重新布线,尽可能使有关连线短一点;可在三极管的基极与发射极之间加几十皮法至几千皮法的电容器;信号源接到放大器的引线用屏蔽线。

〖问题思考〗——想一想

(1)多级放大电路的级间耦合电路应解决哪些问题?常采用的耦合方式有哪些,各有何特点?

(2)在分析多级放大电路时,为什么要考虑各级之间的相互影响?

子任务2　反馈放大电路的分析与测试

〖现象观察〗——看一看

按图2.30所示的电路图连接线路。断开开关S,使电路处于开环状态,输入正弦波信号($f=1$ kHz,$U_s=5$ mV)到放大器的第一级,用示波器观察输出电压u_o的波形,在u_o不失真的情况下,用交流毫伏表测量U_o。闭合开关S,电路处于闭环状态,测量U_o,观察此时的输出电压u_o的波形。请比较开环状态和闭环状态下u_o的大小和波形变化情况。

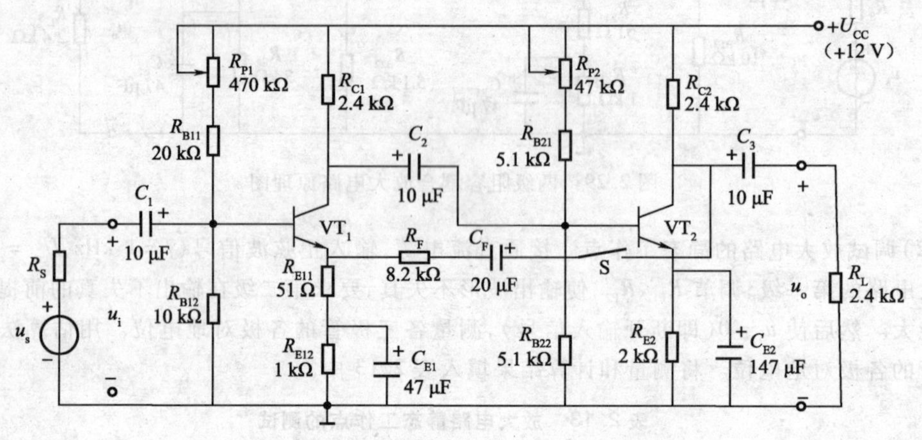

图2.30　反馈放大电路的测试电路图

〖相关知识〗——学一学

1. 反馈的基本概念

所谓反馈,就是把输出量的一部分或全部送回输入端。如果反馈量起到加强输入信号作用的反馈称为正反馈;如果反馈量起到减弱输入信号作用的反馈称为负反馈。反馈量正比于输出电压的反馈称为电压反馈;反馈量正比于输出电流的反馈称为电流反馈。

如图2.31所示电路的直流通路中,R_E上的压降反映了输出电流I_C的变化($I_E \approx I_C$),并且起着削弱输入电流I_B的作用,因此是电流负反馈。其目的是稳定电路的静态工作点。进一步分析可以看出:负反馈还能改善放大电路多方面的性能。因此,负反馈在电子技术中应用极广,实际上几乎所有放大电路中都含有负反馈环节。

实现反馈的那一部分电路称为反馈电路或反馈网络。具有反馈的放大器称为反馈放大器。

图2.32所示的框图表示了反馈的基本概念。反馈放大器主要由信号、放大、反馈、负载这4个环节组成,其中基本放大电路与反馈网络构成一个闭环。x_i、x_o、x_f分别表示输入、输出、反馈信号;x_{id}表示由x_i与x_f合成的净输入信号。

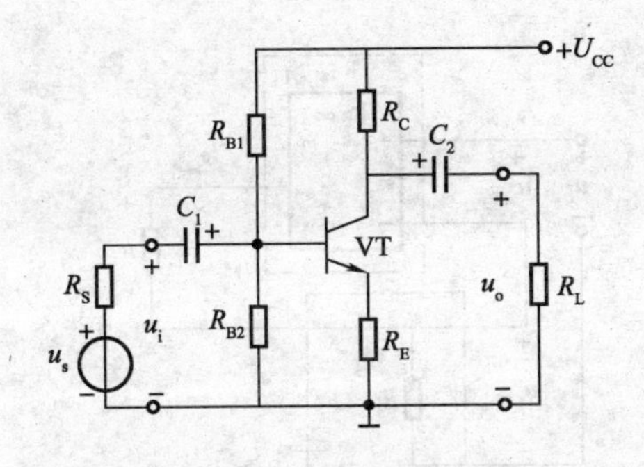

图 2.31　分压式偏置电路

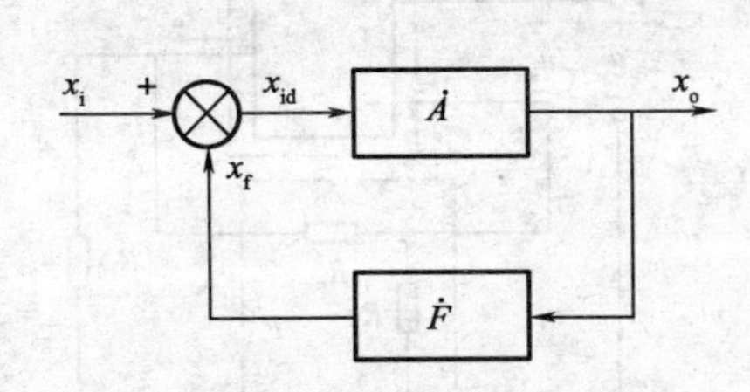

图 2.32　反馈放大器框图

2. 反馈的基本类型

(1)正反馈和负反馈。判断电路的反馈极性时常采用“瞬时极性法”。其方法是:先假定输入信号在某一瞬间对地的极性,如取正,用⊕标示。然后根据各级放大电路的输出信号与输入信号的相位关系,逐级推出电路其他各点的瞬时信号的瞬时极性,再经反馈支路得到反馈信号的极性,最后判断反馈信号对放大器净输入信号的影响是加强还是减弱,从而判断反馈的极性。

在图 2.33(a)中,假设输入电压信号对地瞬时极性为⊕,由于加在同相输入端,所以输出信号 u_o为⊕,反馈到反相输入端的反馈信号 u_f的极性也为⊕,因此该放大器的净输入信号 $u_{id}=u_i-u_f$减小了,则该放大器引入的是负反馈。

在图 2.33(b)中,假设输入电压信号对地瞬时极性为⊕,由于加在反相输入端,所以输出信号 u_o为⊖,反馈到同相输入端的反馈信号 u_f 的极性也为⊖,因此该放大器的净输入信号 $u_{id}=u_i-(-u_f)$增加了,则该放大器引入的是正反馈。

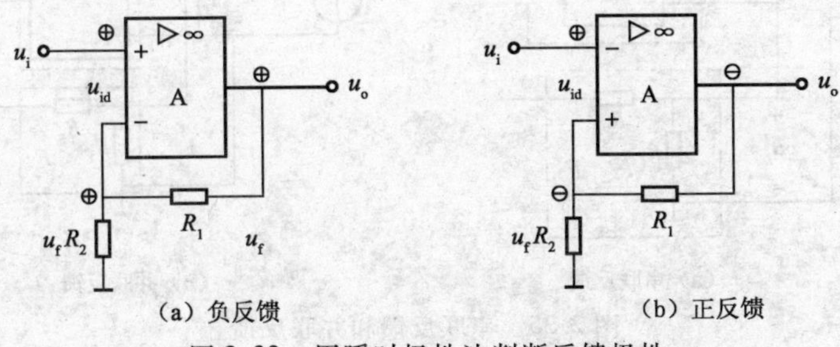

图 2.33　用瞬时极性法判断反馈极性

(2)电流反馈和电压反馈。根据反馈信号从放大电路输出端采样不同,可分电压反馈和电流反馈两种。反馈信号取自输出电压,称为电压反馈,如图 2.34(a)所示;反馈信号取自输出电流,称为电流反馈,如图 2.34(b)所示。

(3)直流反馈和交流反馈。放大电路中存在直流分量和交流分量。反馈信号也一样,若反馈回来的是直流信号,则对输入信号中的直流成分有影响,会影响电路的直流性能,如静态工作点,这种反馈称为直流反馈;若反馈回来的是交流信号,则对输入信号中的交流成分有影响,会影响电路的交流性能,如放大倍数、输入输出电阻等,这种反馈称为交流反馈;若反馈信号中既有直流分量又有交流分量,则反馈对电路的直流性能和交流性能都有影响。

判断是直流反馈还是交流反馈的方法是:画出电路的直流通路和交流通路,在直流通路中如有反馈存在,即为直流反馈;在交流通路中,如有反馈存在,即为交流反馈;如果在直流、交流通路中,反馈都存在,即为交、直流反馈。

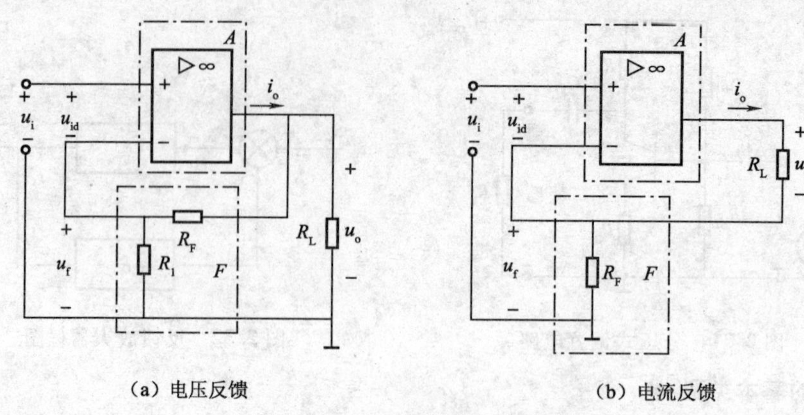

图 2.34　电压反馈和电流反馈

(4)串联反馈和并联反馈。根据反馈信号与放大电路输入信号连接方式的不同,可分为串联反馈和并联反馈。反馈信号与放大电路输入信号串联称为串联反馈,串联反馈信号以电压的形式出现,如图 2.35(a)所示;反馈信号与放大电路输入信号并联称为并联反馈,并联反馈信号以电流的形式出现,如图 2.35(b)所示。

归纳起来,负反馈的基本类型有 4 种形式:串联电流负反馈;串联电压负反馈;并联电流负反馈;并联电压负反馈。

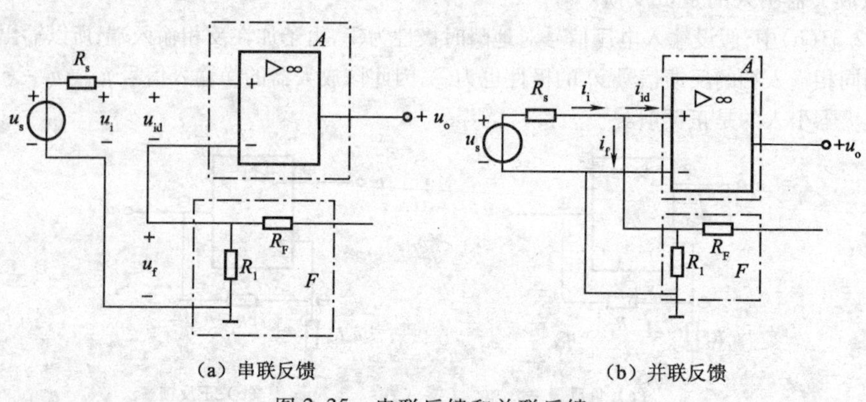

图 2.35　串联反馈和并联反馈

3. 反馈类型判断

判断反馈放大电路中反馈的类型,可以按以下步骤进行:

(1)找出反馈元件(或反馈电路)。即确定在放大电路输出和输入回路间起联系作用的元件,如有这样的元件存在,电路中才有反馈存在,否则就不存在反馈。

(2)判断是电压反馈还是电流反馈。可用输出端短路法判断是电压反馈还是电流反馈,即将负载 R_L短路,如反馈信号消失了,则为电压反馈;如反馈信号仍然存在,则为电流反馈。

(3)判断是串联反馈还是并联反馈。可用反馈节点对地短路法判断是串联反馈还是并联反馈,即将反馈节点对地短路,如果输入信号能加到基本放大电路上的,则是串联反馈,如输入信号不能加到基本放大电路上的,则是并联反馈。

(4)判断是正反馈还是负反馈。判断正、负反馈可采用瞬时极性法。瞬时极性是指交流信号某一瞬时的极性,一般利用交流通路进行判断。首先将反馈支路在适当的地方断开(一般在反馈支路与输入回路的连接处断开),再假定输入信号电压对地瞬时极性为正,然后根据中频段各级电路输入、输出相位关系（分立电路：共射反相，共集同相；集成运放：u_o与u_-反相，u_o与u_+同相，后续内容将进一步介绍。）依次推断出由瞬时输入信号所引起的各点电位对地的极性（瞬时极性），最终看反馈到输入端的信号极性。使净输入信号增强的为正反馈；削弱的为负反馈。

例 2.5 判断图 2.36 所示各电路中的反馈的类型。

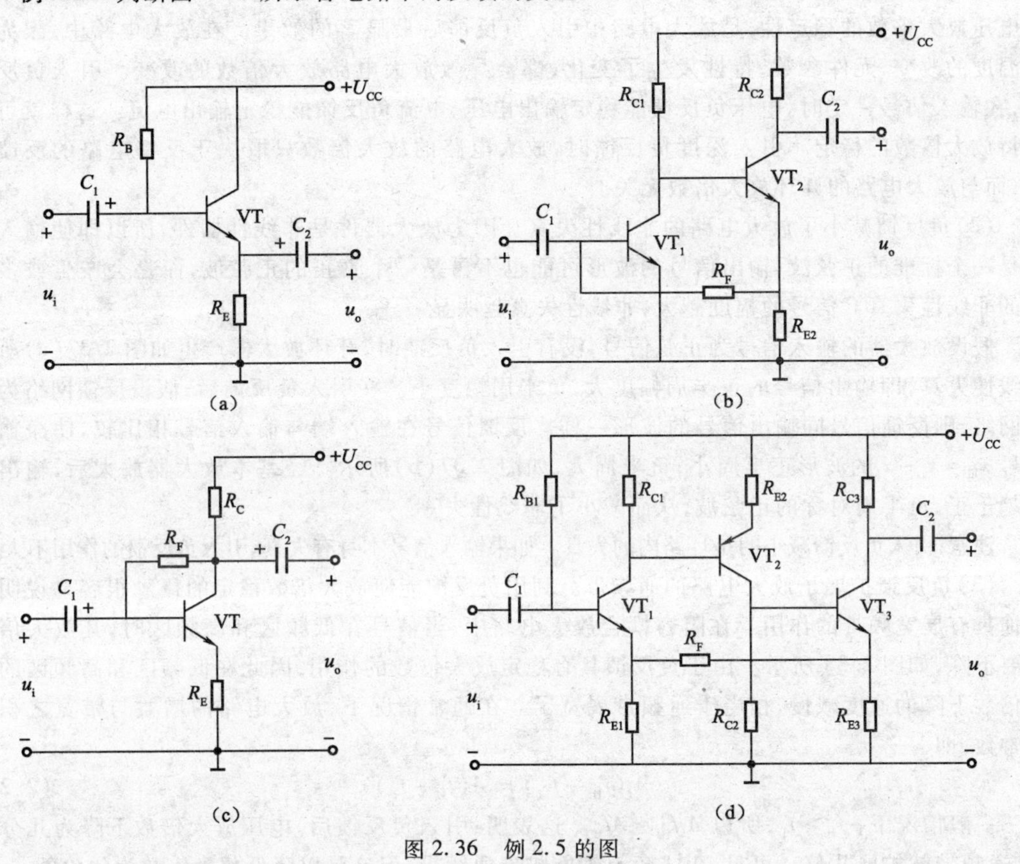

图 2.36 例 2.5 的图

解 如图 2.36(a)所示是射极输出电路。设输入电压的瞬时极性为正，则输出电压为⊕，三极管的发射结电压即净输入电压是输入和输出电压之差，反馈电压（输出电压）削弱了输入电压的作用，所以是负反馈。而反馈电压是取自放大电路的输出电压，而在输入回路中，输入信号和反馈信号是以电压的形式求和，所以是电压串联负反馈。

如图 2.36(b)所示是两级直接耦合放大电路。设输入电压的瞬时极性为正，通过两级放大后，u_f为⊖，反馈电流将由 VT_1 基极流向 VT_2 发射极，使流向 VT_1 基极电流减小，即净输入电流减小，是负反馈。因反馈信号取自输出回路的电流，而输入回路中，输入信号与反馈信号以电流的形式求和，所以是电流并联负反馈。

如图 2.36(c)所示是单管放大电路，三极管的集电极和基极之间通过 R_F 接入反馈支路。设输入电压的瞬时值极性为正，则输出电压为⊖，反馈电流将由 VT 的基极流向 VT 的集电极，使流向 VT 的净输入电流减小，是负反馈。因反馈信号取自输出电压，而输入回路中输入信号和反馈信号以电流的形式求和，所以是电压并联负反馈。

如图 2.36(d)所示是三极管的直接耦合放大电路，设输入电压的瞬时值极性为正，经过三级放大电路，u_f为⊕，反馈电压削弱了输入电压的作用，使加在 VT_1 上净输入电压减小，是负反馈。因反馈信号取自输出回路电流，而输入回路中输入信号和反馈信号以电压的形式求和，是电流串联负反馈。

4. 负反馈对放大电路性能的影响

在上述内容中已介绍了,负反馈能稳定放大电路的静态工作点。本节讨论负反馈对放大电路动态性能的影响。

(1)负反馈降低了放大电路的电压放大倍数,但提高了放大倍数的稳定性。负反馈能够提高电压放大倍数的稳定性,是放大电路中引入负反馈后最显著的效果。在放大电路中,因为环境温度的改变,元件参数、特性发生了变化,都会导致放大电路放大倍数的改变。引入负反馈后,在输入信号一定时,电压负反馈能稳定输出电压,电流负反馈能稳定输出电流。这样就可以维持放大倍数的稳定。引入深度负反馈时,放大电路的放大倍数只取决于反馈电路的反馈系数,而与放大电路的开环放大倍数无关。

(2)负反馈减小了放大电路的非线性失真。因为放大器件是非线性器件,所以即使输入信号是一个标准的正弦波,输出信号的波形可能也不再是一个真正的正弦波,而是会产生或多或少的非线性失真。信号的幅度越大,非线性失真越明显。

假设放大器的输入信号为正弦信号,没有引入负反馈时,开环放大器产生如图 2.37(a)所示非线性失真,即输出信号的正半周幅度大,负半周幅度小。在引入负反馈后,假设反馈网络为线性网络,则反馈信号同输出信号的波形一样。反馈信号在输入端与输入信号相比较,使净输入信号 $x_{id}=x_i-x_f$ 的波形正半周小,负半周大,如图 2.37(b)所示。经基本放大器放大后,输出信号趋于正、负半周对称的正弦波,从而减小了非线性失真。

注意:引入负反馈减小的是环路内的失真。如果输入信号本身有失真,引入负反馈的作用不大。

(3)负反馈扩展了放大电路的通频带。利用负反馈能使放大倍数稳定的概念很容易说明负反馈具有展宽频带的作用。在阻容耦合放大电路中,当信号在低频区和高频区时,其放大倍数均要下降,如图 2.38 所示。由于负反馈具有稳定放大倍数的作用,因此在低频区和高频区的放大倍数下降的速度减慢,相当于通频带展宽了。在通常情况下,放大电路的增益与带宽之积为一常数,即

$$A_f(f_{Hf}-f_{Lf})=A(f_H-f_L) \tag{2.27}$$

一般情况下,$f_H \gg f_L$,所以 $A_f f_{Hf} \approx A f_H$。这表明:引入负反馈后,电压放大倍数下降为几分之一,通频带就扩展几倍。可见,引入负反馈能扩展通频带,但这是以降低放大倍数为代价的。

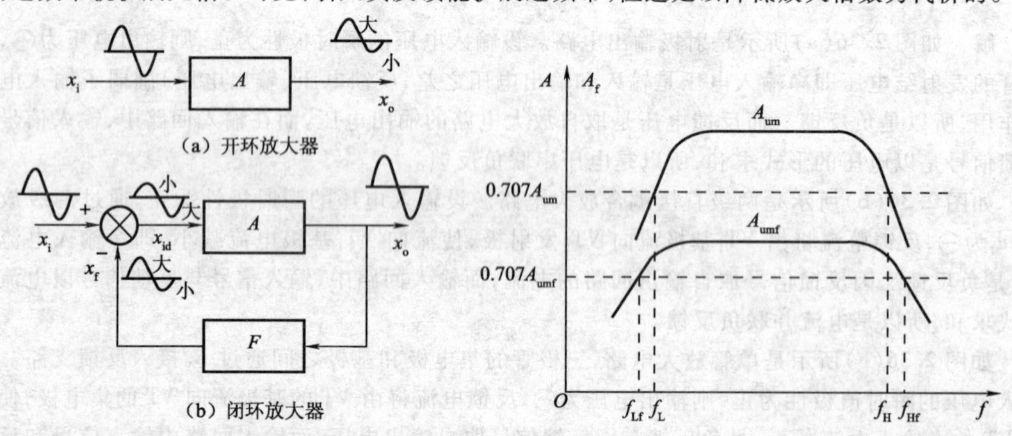

图 2.37 引入负反馈减小非线性失真　　图 2.38 开环与闭环的幅频特性

(4)负反馈改变了放大电路的输入电阻和输出电阻。一般来说,串联负反馈,因反馈信号与输入信号串联,故使输入电阻增大;并联负反馈,因反馈信号与输入信号并联,故使输入电阻减小。电压负反馈,因具有稳定输出电压的作用,使其接近于恒压源,故使输出电阻减小;电流负

反馈,因具有稳定输出电流的作用,使其接近于恒流源,故使输出电阻增大。

(5)抑制环路内的噪声和干扰。在反馈环内,放大电路本身产生的噪声和干扰信号,可以通过负反馈进行抑制,其原理与减小非线性失真的原理相同。但对反馈环外的噪声和干扰信号,引入负反馈是无能为力的。

5. 正反馈放大电路

(1)自激振荡:

① 自激振荡现象。日常生活中经常见到这样情况,当有人把扩音器的音量开得太大时,会引起一阵刺耳的啸叫声,这种现象就是通常所说的自激振荡。它是由扬声器靠近传声器(俗称话筒,下称话筒)时[见图 2.39(a)]来自扬声器的声波激励话筒,话筒感应电压并输入扩音机,然后扬声器又把放大了的声音再送回话筒,形成正反馈。如此反复循环,就形成了声电和电声的自激振荡啸叫声。显然,自激振荡是扩音系统所不希望的,它会将有用的广播信号"淹没"掉。这时,通过减低对话筒的输入,或者把扩音机的音量调小,或者移动话筒使之偏离声波的来向,如图 2.39(b)所示,就可以把啸叫声(即自激振荡现象)抑制掉。但许多有用的振荡电路,如正弦波振荡电路,正是利用正反馈自激振荡原理而工作的。

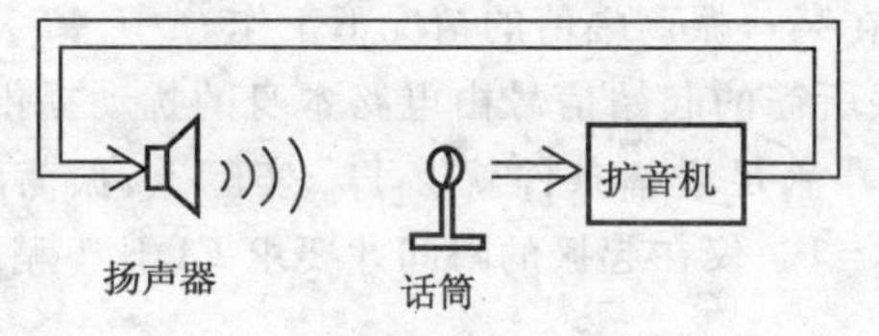

(a) 扬声器靠近话筒产生自激振荡　　(b) 话筒远离扬声器抑制自激振荡

图 2.39　扩音系统中的自激振荡

② 产生自激振荡的条件。正弦波振荡电路在不加任何输入信号的情况下,由电路自身产生一定频率、一定幅度的正弦波电压输出,因而称为"自激振荡"电路。在负反馈放大电路中,也会发生自激振荡,其原因是由于放大电路和反馈电路所产生的附加相移会使中频情况下的负反馈在高频或低频情况下变成正反馈。可见,正反馈是自激振荡的必要条件和重要标志,负反馈放大电路中的自激振荡是有害的,必须加以消除。

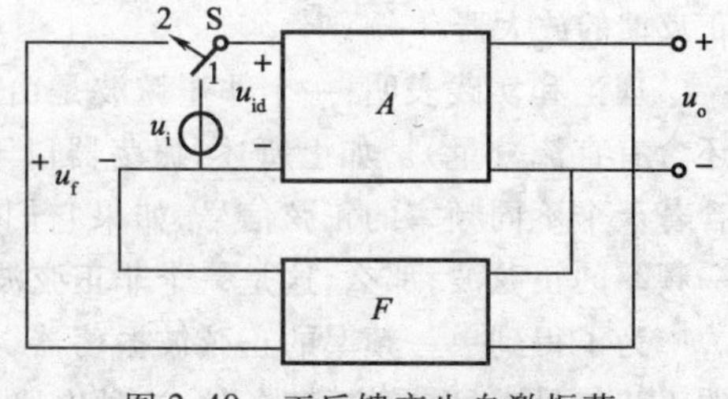

图 2.40　正反馈产生自激振荡

但对于正弦波振荡电路,其目的就是要产生一定频率和幅度的正弦波,因而在放大电路中有目的地引入正反馈,并创造条件,使之产生稳定可靠的振荡,如图 2.40 所示。

图 2.40 所示的框图中,当开关 S 扳到位置 1 时,放大电路的输入端与信号源连接,获得输入正弦信号 u_i,输出端得到放大的正弦波信号 u_o为 $u_o = Au_i$。此时是一个没有反馈的放大电路。

如果将开关 S 扳到位置 2,将反馈电路与输入端连接,即用反馈电路代替信号源,通过反馈电路形成的反馈电压为 $u_f = Fu_o$(其中 F 称为反馈系数)。

如果是正反馈,并适当调整放大电路和反馈电路的参数,则可使反馈电压等于输入电压,即 $u_f = u_i$。

这样,反馈电压 u_f恰好代替了输入电压 u_i,因而在没有信号源的情况下仍能保持输出电压 u_o的幅度不变。由于此时已撤除了信号源,所以放大电路处于自激振荡状态,这时的放大电路称为自激振荡电路,简称振荡器。

将 $u_o = Au_i$、$u_f = Fu_o$ 代入 $u_f = u_i$ 中,得

$$Fu_o = \frac{u_o}{A_0}$$

即

$$FA_0 = 1 \tag{2.28}$$

要满足 $FA_0 = 1$,才能使振荡器输出电压维持一定的幅值,即输出的是等幅振荡。如果 $FA_0 < 1$,即 $u_f < u_i$,反馈信号逐步减弱,即输入信号不断减弱,最后停振,因此是衰减(减幅)振荡。如果 $FA_0 > 1$,则振荡器增幅振荡。

以上讨论放大电路转变为振荡电路时,是假定输入端先接信号源的。实际上,振荡电路的起振并不需要外加电压信号,因为电路中不可避免地有干扰和噪声存在,如接通电源瞬间产生的扰动、某些电压或电流的微小波动等等。只要满足增幅条件($FA_0 > 1$),这些干扰经过放大和正反馈的多次循环,就会产生振荡。

在增幅条件下,振荡幅值会不会无限增大呢?不会的,由于三极管的非线性,当振荡电压增大到一定值时,三极管的工作状态进入非线性区(饱和或截止),这时电压放大倍数下降很多,从而限制了振荡幅值的继续增大,使振荡器稳定在某一振荡幅值的情况下工作。

以上分析的是振荡器的起振和稳幅。起振所需的起始信号由电路本身的扰动提供,稳幅则由三极管的非线性来实现。因此,只要求振荡器满足增幅条件就够了。实际上,振荡的幅值条件,一般按维持等幅振荡来考虑的,即要求 $FA_0 = 1$。仅在起振的瞬间才要求 FA_0 比 1 稍大一点就行了。

综上所述,产生自激振荡必须同时满足两个基本条件:幅值条件——$FA_0 = 1$,起振时 $FA_0 > 1$;相位条件——u_f 与 u_i 必须同相位,也就是要求有正反馈。所以,自激振荡器实质上是一个有足够强正反馈的放大器。

理论和实践表明:一个非正弦波是由若干个不同频率的正弦波组成的(有的除交流分量外还含有直流分量)。如上所述,振荡器以干扰作为起始信号;而这些干扰都是非正弦信号,它包含若干个不同频率的正弦信号,如果它们都满足上述自激振荡条件,得到的输出电压就不是单一频率的正弦波,那么,这是一个非正弦波振荡器。

为了得到单一频率的正弦波振荡器,必须使电路具有“选频特性”,即只使某一种特定频率的正弦信号满足自激振荡条件,这种电路称为选频电路。

(2)选频电路。正弦波振荡电路常以选频电路所用元件来命名,分别为 RC、LC 和石英晶体正弦波振荡电路。RC 正弦波振荡电路的输出波形较好,振荡频率较低,一般在几百千赫以下;LC 正弦波振荡电路的振荡频率较高,一般在几百千赫以上;石英晶体正弦波振荡电路的振荡频率极其稳定。

① LC 选频电路。LC 并联电路的固有频率为

$$f_0 = \frac{1}{2\pi\sqrt{LC}} \tag{2.29}$$

如果频率偏离 f_0,并联电路的等效阻抗的数值就要显著减小,而且呈现的阻抗性质也不同。$f > f_0$ 时,电路呈容性,即电压与总电流的相位差 $\varphi < 0$;$f < f_0$ 时,电路呈感性,即电压与总电流的相位差 $\varphi > 0$。

如果将一个 LC 并联电路接在交流放大器的集电极电路中,代替集电极负载电阻 R_C,如图 2.41所示。

由于电压放大倍数 A_u 与负载阻抗成正比,放大器的幅频特性,如图 2.42 所示。

由图 2.42 可见:对于 $f=f_0$ 的正弦信号,放大器具有最大的放大倍数,而对偏离 f_0 的信号,放大倍数急剧下降。因此,这种放大器具有选频特性。这种含有谐振电路的放大器称为谐振放大器。

如果把谐振放大器输出电压 u_o 的一部分按正反馈形式反馈到输入端(图 2.41 中虚线部分所示),并使它满足自激振荡条件,谐振放大器就变成正弦波振荡器了。

LC 振荡器的振荡频率范围一般为一兆赫至几百兆赫。频率过低时,*L* 或 *C* 值将很大,实际制作很困难,而且会使振荡器的体积和质量很大,损耗增加,回路的品质因数降低,选择性变差,不易起振或振荡较弱。因此,在 1 MHz 以下的正弦波振荡器多采用 *RC* 振荡器。

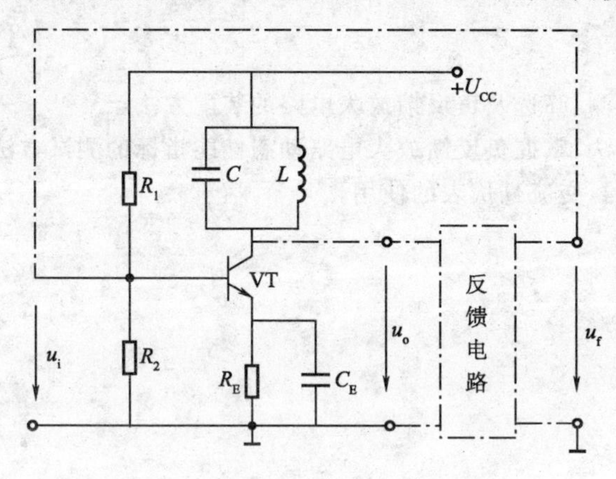

图 2.41 从谐振放大器到 *LC* 振荡器

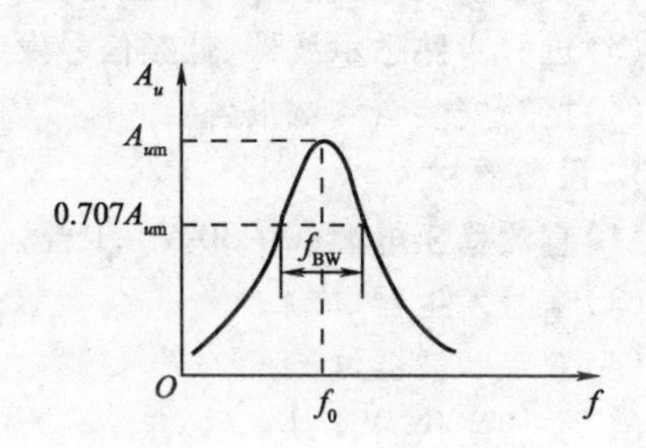

图 2.42 放大器的幅频特性

② *RC* 选频电路。*RC* 选频电路由 R_2 和 C_2 并联后与 R_1 和 C_1 串联组成,如图 2.43 所示。通常取 $R_1=R_2=R$,$C_1=C_2=C$。可以证明,*RC* 选频电路的谐振频率为

$$f_0=\frac{1}{2\pi RC} \tag{2.30}$$

RC 串并联网络的电压传输系数为:$F=u_o/u_i$,当 $f=f_0$ 时,电压传输系数的模为 1/3,u_o 与 u_i 同相,且电压传输系数的模最大。其幅频特性,如图 2.44 所示。

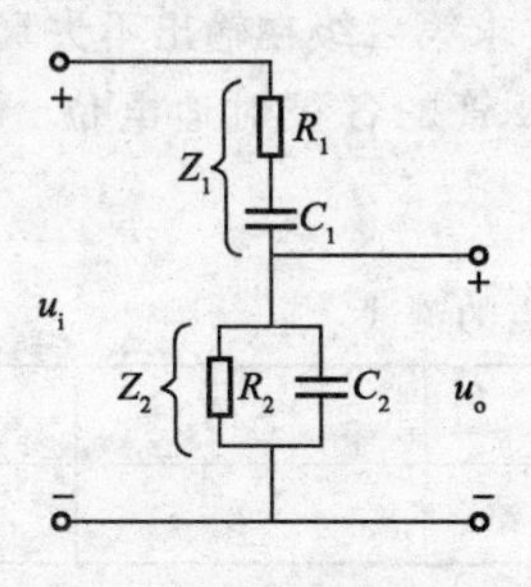

图 2.43 *RC* 选频电路

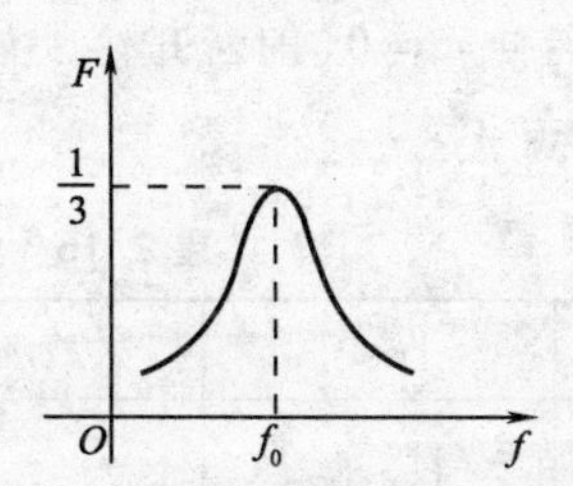

图 2.44 *RC* 串并联网络的频率特性

由 *RC* 串并联网络作为选频电路构成振荡电路时,要求放大电路的电压放大倍数 $A_u>3$,才能满足振荡电路的起振条件($FA_0>1$)。

由集成运算放大器构成的 *RC* 桥式振荡电路具有结构简单、易起振、调频方便、性能稳定等优点。其振荡频率由 *RC* 串并联正反馈选频网络的参数决定,但其振荡频率不高,一般只适用于 $f_0<1$ MHz 的低频场合。

由以上分析可知：正弦波振荡电路由电压放大电路（使 $f=f_0$ 的正弦输出信号能够从小逐渐增大，直到达到稳定幅值，并且把直流电源的能量转换为振荡信号的交流能量）、正反馈网络（它使电路满足相位平衡条件，否则就不可能产生正弦波振荡）、选频电路（它保证电路只产生单一频率的正弦波振荡。在多数的振荡电路中选频网络和正反馈网络合二为一）、稳幅环节（保证输出波形具有稳定的幅值）这4个部分组成。

〖实践操作〗——做一做

1. 实践操作内容

负反馈放大电路的安装与测试。

2. 实践操作要求

（1）学会对电路中使用的元器件进行检测、筛选及负反馈放大电路的装配方法；

（2）学会放大电路静态工作点的调试方法，掌握负反馈放大电路动态性能指标的测试方法；

（3）进一步熟悉示波器、低频信号发生器、交流毫伏表的使用；

（4）撰写安装与测试报告。

3. 设备器材

（1）直流稳压电源（0~30 V），1台；

（2）信号发生器，1台；

（3）双踪示波器，1台；

（4）交流毫伏表，1块；

（5）直流电压表、毫安表、万用表，各1块；

（6）电阻器、电容器（参数如图2.30所示），若干；

（7）三极管3DG6或9011，2只；

（8）实验线路板，1块。

4. 实践操作步骤

（1）按图2.30所示的电路原理图设计绘制装配草图，并对电路中使用的元器件进行检测与筛选。

（2）调试放大电路的静态工作点。接通直流电源，输入正弦波信号（$f=1$ kHz，$U_{im}=10$ mV）到放大电路的第一级，调节 R_{P1}、R_{P2}，使输出波形不失真，要求第二级在输出不失真的前提下幅值尽可能大。然后使 $u_i=0$（即断开输入信号），测量各三极管的各极对地电位。将测量值填入表2.15中。

表2.15　放大电路静态工作点的测试

V_{B1}/V	V_{E1}/V	V_{C1}/V	V_{B2}/V	V_{E2}/V	V_{C2}/V

（3）测量电压放大倍数。断开开关S，使电路处于开环状态，输入正弦波信号（$f=1$ kHz，$U_s=5$ mV）到放大电路的第一级，用示波器观察输出电压 u_o 的波形，在 u_o 不失真的情况下，用交流毫伏表分别测量 U_s、U_i、U_o，计算开环电压放大倍数，将测得的数据和计算的结果填入表2.16中。闭合开关S，电路处于闭环状态，测量 U_s、U_i、U_o，计算闭环电压放大倍数，将测得的数据和计算的结果填入表2.16中。

表 2.16　负反馈对电压放大倍数影响的测试

基本放大电路（开环状态）	U_s/mV	U_i/mV	U_o/mV	A_u
负反馈放大电路（闭环状态）	U_s/mV	U_i/mV	U_o/mV	A_u

（4）测量输入电阻。测试时，通过测试电阻 R（1 kΩ）前后两端对地电压 U_s 和 U_i，即可求得开环输入电阻 R_i 和闭环输入电阻 R_{if}，将测得的数据和计算的结果填入表 2.17 中。

表 2.17　输入电阻的测试（$R=1\ \text{k}\Omega$）

测试条件	测　试　值		计　算　值
	U_s/mV	U_i/mV	R_i 或 R_{if}
开环			
闭环			

（5）测量输出电阻。信号由 A 点输入，其幅值维持不变，分别测试负载 R_L 接入与断开时的输出电压 U'_o 和 U_o，即可求得开环输出电阻 R_o 和闭环输出电阻 R_{of}，将测得的数据和计算的结果填入表 2.18 中。

表 2.18　输出电阻的测试（$R_L=2.4\ \text{k}\Omega$）

测试条件	测　试　值		计　算　值
	U'_o/mV	U_o/mV	R_o 或 R_{of}
开环			
闭环			

（6）观察负反馈对非线性失真的改善：

① 断开开关 S，使电路处于开环状态，在输入端加入 $f=1$ kHz 的正弦信号，输出端接示波器，逐渐增大输入信号的幅度，使输出波形开始出现失真，记下此时的波形和输出电压的幅度。

② 闭合开关 S，使电路处于闭环状态，增大输入信号幅度，使输出电压幅度的大小与步骤①相同，比较有负反馈时，输出波形的变化。

5. 注意事项

（1）在接线时注意接线尽可能短，以免引起电路的振荡。

（2）若在输入信号之后，用示波器观察输出波形有寄生振荡时，可采用下列措施解决：重新布线，尽可能使有关的连线短一些；可在三极管的基极与发射极之间加几十皮法至几千皮法的电容器；信号源接到放大电路的引线用屏蔽线。

〖问题思考〗——想一想

（1）开环放大电路由于工作点选择不合适，产生极为严重的失真，采用负反馈的方法来减少非线性失真可行吗？

（2）为什么放大电路中不采用正反馈？

任务2.4 集成运算放大器应用电路的分析与测试

集成电路简称IC,是20世纪50年代后期发展起来的一种半导体器件,它是把整个电路的各个元器件,如二极管、三极管、小电阻器、电容器,及其连线都集成在一块半导体芯片上。具有体积小、质量小、引出线和焊接点少、寿命长、可靠性高、性能好等优点。同时成本低、便于大规模生产。集成电路按功能可分为模拟集成电路和数字集成电路。集成运算放大器作为最常用的一类模拟集成电路,广泛用于测量技术、计算机技术、自动控制、无线电通信等。本任务首先对集成运算放大器认识与检测,然后进行集成运算放大器应用电路的分析与测试。

了解集成运算放大器的组成、各部分的作用及主要性能指标;理解集成运算放大器的理想化条件;掌握"虚短""虚断"的概念、集成运算放大器的线性应用电路的分析与测试;了解集成运算放大器的非线性应用电路。会识别集成运算放大器,并能描述集成运算放大器各引脚的功能。

子任务1 集成运算放大器的认识与测试

〖器件认识〗——认一认

观察图2.45所示集成运放大器的外形、引脚分布及封装形式。

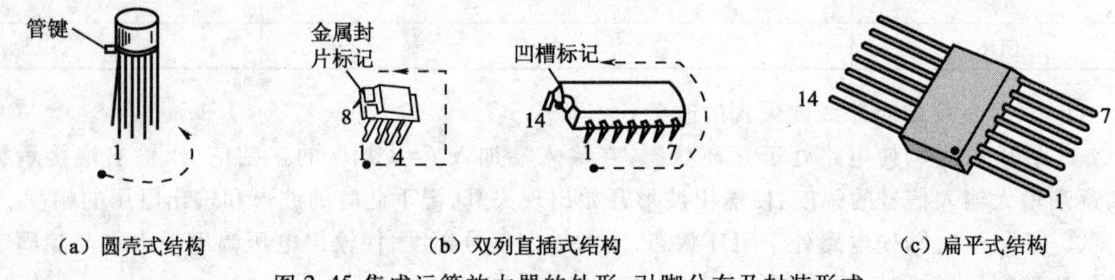

图2.45 集成运算放大器的外形、引脚分布及封装形式

〖相关知识〗——学一学

1. 集成运算放大器的组成及表示符号

在20世纪60年代初制成了第一块集成运算放大器,它把整个电路中的半导体器件、电阻器和连线等集中在一个小块固体片上,从而把电路器件做成一个整体,其体积只相当于一个小功率半导体管。它不仅体积小,而且使电路性能和可靠性大大提高,减少了电路的组装和调整工作,也远远超出了原来"运算放大"的范围,从而在工业自动控制和精密检测中得到了广泛应用。

集成运算放大器(简称集成运放)实质上是一个具有高放大倍数的直接耦合多级放大电路,它通常由输入级、中间级、输出级及偏置电路组成,如图2.46所示。输入级提供与输出端成同相或反相关系的输入信号,具有较大的输入电阻,能减小零点漂移和抑制干扰

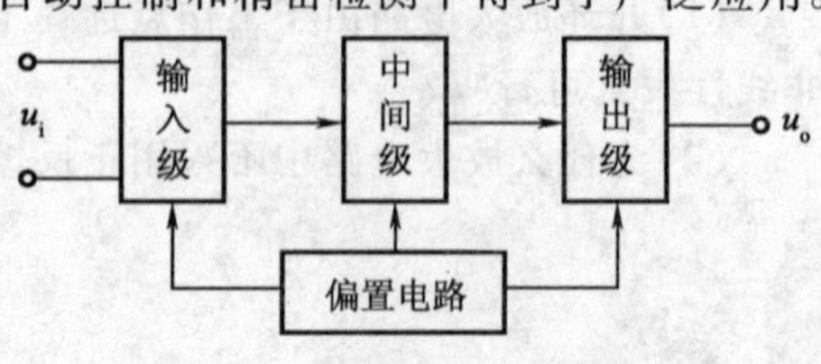

图2.46 集成运放组成的框图

信号,多采用差分放大电路;中间级提供足够的放大倍数,具有较大的输出电阻,多采用共射放大电路;输出级提供足够大的输出功率,具有较小的输出电阻,多采用互补对称电路;偏置电路是一个辅助环节,它为各级电路提供稳定和合适的偏置电流源,多采用各种恒流源电路。

集成运算放大器在一块约厚0.2~0.5 mm、面积约0.5~1.5 mm^2的P型小硅片上集成制作几十个甚至上百个元器件,这种硅片是集成电路的基片。与分立元件电路相比,集成运算放大器有以下特点:

(1)少用电容器,不用电感器和高阻值电阻器。因硅片的面积较小,所以只能制造一个约200 pF电容器或2 000 Ω左右的电阻器。如果超过这些值制造就比较困难了,所以在集成电路中采用直接耦合的方式来避免采用大容量电容器。必须使用大容量电容器的场合,也多采取外接的方式,并且电路设计时只采用小阻值电阻器,而电感器因为所占体积太大而不采用。

(2)输入级都采用差分放大电路。因集成电路的各个三极管通过同一工艺过程制作在同一硅片上,很容易获得特性相近的三极管和相同的温度特性,采用差分的方式可以减小零点漂移。

(3)大量使用三极管作为有源元件。三极管的制作工艺简单、占地面积小、成本低,所以在集成电路内部用得最多。三极管除了具有放大作用外,还可以将三极管接成恒流源代替大电阻,用三极管接成二极管或稳压管使用。

除了通用的集成运算放大器外,有时还需要在某一指标上使用有所侧重的专用型集成运算放大器。

在使用集成运算放大器时,不需关心它的内部结构,但要明确它的引脚的用途和放大器的主要参数。

常见的集成运算放大器有圆壳式、双列直插式和扁平式等,有8引脚、14引脚等,其引脚分布如图2.45所示。其引脚号排列顺序的标记,一般有色点、凹槽、管键及封装时压出的圆形标记等。

圆壳式结构以管键为参考标记,引脚向下,以键为起点,逆时针方向数,依次为1引脚、2引脚、3引脚……。

双列直插式结构引脚号的识别方法是:将集成块水平放置,引脚向下,从缺口或标记开始,按逆时针方向数,依次为1引脚、2引脚、3引脚……。

通用型集成运算放大器μA741的外引脚图如图2.47所示。

2引脚为反相输入端,由此端输入信号,则输出信号与输入信号是反相的;3引脚为同相输入端,由此端输入信号,则输出信号与输入信号是同相的;6引脚为输出端;4引脚为负电源端,接-3~-18 V电源;7引脚为正电源端,接+3~+18 V电源;1引脚和5引脚为外接调零电位器的两个端子,一般只需在这两个引脚上接入10 kΩ绕线式电位器R_p,即可调零。8引脚为空引脚。

集成运算放大器的图形符号如图2.48所示。它的输入级通常由差分放大电路组成,故一般具有两个输入端和一个输出端,两个输入端中一个为同相输入端,用"+"标示;另一个为反相输入端,用"-"标示。"∞"表示开环增益极大。

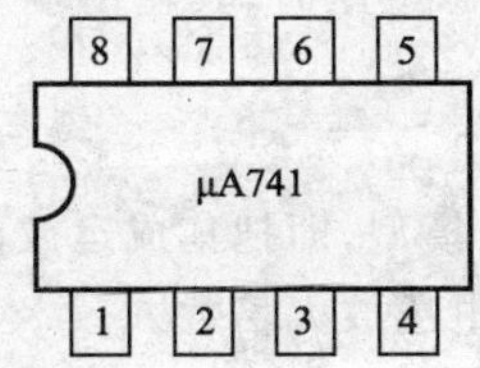

图2.47 通用型集成运算放大器μA741的外引脚图

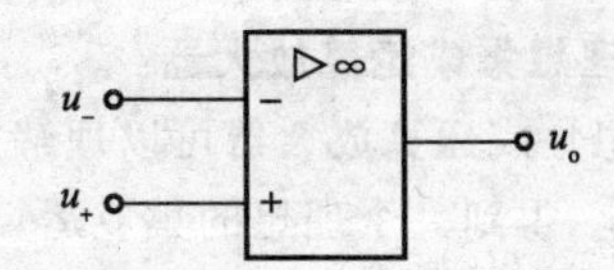

图2.48 集成运算放大器的图形符号

2. 集成运算放大器的两种输入信号

(1)差模输入信号u_{Id}:差模信号是指大小相等,极性相反的信号。

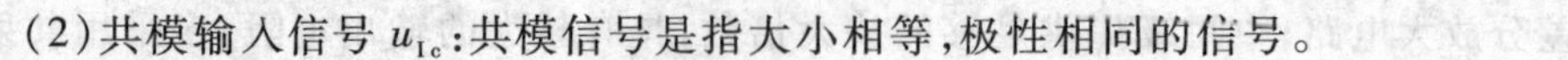

(2)共模输入信号 u_{Ic}:共模信号是指大小相等,极性相同的信号。

3. 集成运算放大器的主要性能指标

为了能够正确地选择使用集成运算放大器,需要了解它的性能参数。几项常用参数介绍如下:

(1)开环差模电压放大倍数 A_{od}。A_{od}是指集成运算放大器在开环(无外加反馈)的情况下的差模电压放大倍数。A_{od}是决定运算精度的重要因素,它越大越好,理想状况下希望它为无穷大。一般运算放大器的 A_{od}为 $10^4 \sim 10^7$。

(2)输入失调电压 U_{IO}。理想运算放大器,当输入电压 $u_- = u_+ = 0$(即把两输入端同时接地),输出电压 $u_{\mathrm{o}} = 0$。但实际上,当输入为零时,存在一定的输出电压,在室温(25 ℃)及标准大气压下,把这个输出电压折算到输入端就是输入失调电压。U_{IO}的大小反映了差放输入级的不对称程度,反映了温漂的大小,其值越小越好。一般运算放大器的 U_{IO}在 1 ~ 10 mV 之间。

(3)输入失调电流 I_{IO}。理想运算放大器两输入端电流应是完全相等的。但实际上,当集成运放的输出电压为零时,流入两输入端的电流不等,这两个输入端的静态电流之差 $I_{\mathrm{IO}} = |I_{\mathrm{B1}} - I_{\mathrm{B2}}|$为输入失调电流。由于信号源内阻的存在,$I_{\mathrm{IO}}$会在输入端产生一个输入电压,破坏放大器的平衡,使输出电压产生偏差。I_{IO}的大小反映了输入级电流参数的不对称程度,I_{IO}越小越好。一般运算放大器的 I_{IO}为几十纳安到几百纳安。

(4)输入偏置电流 I_{IB}。I_{IB}是指静态时输入级两差放管基极电流的平均值,即 $I_{\mathrm{IB}} = (I_{\mathrm{B1}} + I_{\mathrm{B2}})/2$。$I_{\mathrm{IB}}$的大小反映了集成运放输入端的性能。因为它越小,信号源内阻变化所引起的输出电压变化也越小。而它越大的话,那么输入失调电流也越大。所以希望输入偏置电流越小越好,一般在 100 nA ~ 10 μA 的范围内。

(5)差模输入电阻 R_{id}。R_{id}是指差模信号输入时,运算放大器的开环输入电阻。理想运放的 R_{id}为无穷大。它用来衡量集成运放向信号源索取电流的大小。一般运算放大器的 R_{id}在几十千欧,性能好的运算放大器 R_{id}可达几十兆欧。

(6)差模输出电阻 R_{od}。R_{od}是指从集成运放的输出端和地之间的等效交流电阻,它的大小反映了集成运放在小信号输出时的带负载能力,一般约为几十欧到几千欧。在闭环(有负反馈)工作后,容易达到深度负反馈要求,因此实际工作输出电阻是很小的。

(7)共模抑制比 K_{CMR}。K_{CMR}是指开环差模电压增益与开环共模增益之比,一般运算放大器的 K_{CMR}在 80 dB 以上,性能好的可达 160 dB。

(8)最大差模输入电压 $U_{\mathrm{id\,max}}$。$U_{\mathrm{id\,max}}$是指在集成运放的两个输入端之间允许加入的最大差模输入电压。

(9)最大共模输入电压 U_{icmax}。U_{icmax}是指允许加在集成运放的两个输入端的短接点与集成运放地线之间的最大电压。如果共模成分超过一定程度,则输入级将进入非线性区工作,就会造成失真,并会使输入端晶体管反向击穿。

(10)最大输出电压 U_{OM}。U_{OM}是指集成运放在标称电源电压时,其输出端所能提供的最大不失真峰值电压,其值一般不低于电源电压 2V。

4. 理想集成运算放大器

理想集成运算放大器可以理解为实际集成运放的理想模型,即把集成运放的各项技术指标都理想化,得到一个理想的集成运算放大器。即开环差模电压放大倍数 $A_{\mathrm{od}} = \infty$,差模输入电阻 $R_{\mathrm{id}} = \infty$,差模输出电阻 $R_{\mathrm{od}} = 0$,共模抑制比 $K_{\mathrm{CMR}} = \infty$,开环通频带 $f_{\mathrm{BW}} = \infty$,输入失调电压和失调电流及输入失调电压温漂和输入失调电流温漂都为 0,输入偏置电流 $I_{\mathrm{IB}} = 0$。

实际的集成运放由于受集成电路制造工艺水平的限制,各项技术指标不可能达到理想化条件,所以,将实际集成运放作为理想的集成运放分析计算是有误差的,但误差通常不大,在一般工程计算中是允许的。将集成运放视为理想的，将大大简化集成运放应用电路的分析。本书中如无特别说明，都是将集成运放作为理想运放来考虑的。

5. 集成运算放大器的两个工作区

(1)集成运放的传输特性。集成运放的传输特性如图2.49所示。在输入信号的很小范围内，集成运放工作于线性放大区；当输入信号增大后，电路很快进入非线性区，由于是双电源对称供电，内部输出级也是对称 PNP 和 NPN 管互补工作，所以非线性区又称正、负饱和区。最大输出电压 $\pm U_{OM}$ 受电源电压和输出管饱和管压降限制。

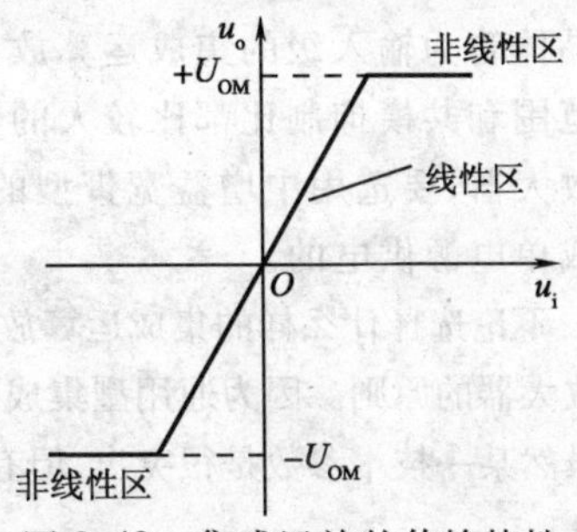

图 2.49　集成运放的传输特性

(2)理想集成运放工作在线性区的特点。当理想集成运放工作在线性区时，输出电压和两个输入电压之间存在线性放大关系，$u_o = A_{od}(u_+ - u_-)$。其中 u_o是集成运放的输出端电压，“u_+”表示同相输入端电压，“u_-”表示反相输入端电压，而 A_{od}是开环差模电压放大倍数。理想集成运放工作在线性区时有两个重要特点：

① 差模输入电压等于零。理想集成运放工作在线性区时，因理想集成运放的 $A_{od}=\infty$，故 $u_{Id} = u_+ - u_- = u_o/A_{od} \approx 0$，即 $u_+ \approx u_-$。

即理想集成运放的同相输入端和反相输入端的对地电压相等，看起来像是短路了一样，但实际上并未被真正短路，而是一种虚假的短路，这种现象称为“虚短”。在实际的集成运放中 $A_{od} \neq \infty$，所以同相输入端电压和反相输入端电压不可能完全相等。但如果 A_{od}足够大时，差模输入电压，即 $u_+ - u_-$的值很小，与电路中其他电压相比，可忽略不计。

② 输入电流等于零。因理想集成运放的差模输入电阻 $R_{id}=\infty$，故在两个输入端均没有电流，即 $i_+ = i_- \approx 0$。

此时同相输入端和反相输入端的电流都等于零，看起来像是断开了一样，但实际上并未断开，而是一种虚假的断路，这种现象称为“虚断”。

“虚短”和“虚断”是理想集成运放工作在线性区的重要结论，为分析和计算集成运放的线性应用电路提供了很大的方便。

(3)理想集成运放工作在非线性区的特点。当理想集成运放的工作信号超出了线性放大范围时，输出电压不再随着输入电压线性增长，而达到饱和。工作在非线性区时，也有两个重要特点：

① 理想集成运放的输出电压 u_o的值只有两种可能：当 $u_+ > u_-$时，$u_o = +U_{OM}$；当 $u_+ < u_-$时，$u_o = -U_{OM}$。即输出电压不是正向饱和电压 $+U_{OM}$就是负向饱和电压 $-U_{OM}$。在非线性区内，差模输入电压可能会很大，即 $u_+ \neq u_-$，即“虚短”现象不再存在。

② 理想集成运放的两输入端的输入电流等于零。非线性区内，虽然 $u_+ \neq u_-$，但因理想集成运放的 $R_{id}=\infty$，故仍认为输入电流为零，即 $i_+ = i_- \approx 0$。因集成运放的开环差模电压放大倍数通常很大，即使在输入端加入一个很小的电压，仍有可能使集成运放超出线性工作范围，即线性放大范围很小。为保证集成运放工作在线性区，一般需在电路中引入深度负反馈，以减小直接加在集成运放两输入端的净输入电压。

6. 集成运算放大器的选择

在实际使用集成运算放大器时，需要根据电路的技术要求来选择集成运算放大器。在前面集成运算放大器的参数中，已经说明了输入失调电压 U_{IO}的大小反映了差放输入级的不对称程度，反映了温漂的大小，其值越小越好，一般集成运算放大器的 U_{IO}在 1 ~ 10 mV 之间。输入失调电流 I_{IO}的大小反映了输入级电流参数的不对称程度，I_{IO}越小越好，一般集成运算放大器的 I_{IO}为几十纳安到几百纳安。输入偏置电流 I_{IB}越小越好，一般在 100 nA ~ 10 μA 的范围内。理想状态下希望 A_{od}为无穷大，一般运算放大器的 A_{od}为 $10^4 \sim 10^7$。理想集成运放的 R_{id}为无穷大，一般集成运算放大器的 R_{id}为几十千欧，故在使用时要有所选择。如信号源内阻较大的，可选用以场效应晶体管为输入级的集成运算放大器；输入信号中含有较大的共模成分时，要选用共模输入电压范围和共模抑制比都比较大的集成运算放大器；若电路的频带比较宽，则不宜选用高增益运算放大器，要选用中增益宽带型的；对电源电压低的电路，可选用电压适应性强的集成运算放大器或单电源供电的。

不论选择什么样的集成运算放大器，应遵循先考虑通用型集成运算放大器，再考虑专用型集成运算放大器的原则。因为通用型集成运算放大器的各项参数指标都比较均衡，而专用型集成运算放大器虽然某一技术参数是很突出，但有时其他参数难以兼顾到，如高精度型和高速型就有矛盾等。

〖实践操作〗——做一做

1. 实践操作内容

集成运算放大器的识读与检测。

2. 实践操作要求

(1)识别集成运算放大器；

(2)能用万用表检测集成运算放大器；

(3)撰写检测报告。

3. 设备器材

(1)集成运放 μA741、LM324，各 1 块；

(2)万用表，1 块；

(3)毫安表，1 块。

4. 实践操作步骤

(1)集成运算放大器的识别。根据所给的集成运算放大器，识别各引脚，写出各引脚的名称及功能。

集成运算放大器参数，请查阅电子手册，查阅给定的集成运算放大器的有关参数，填入表 2.19 中。

(2)集成运算放大器的检测：

① 用万用表欧姆挡检测。以 μA741 为例，用万用表欧姆挡测各引脚引线间有无短路现象。将检测结果填入表 2.20中。

② 用毫安表检测集成运算放大器的静态电流。测试电路如图 2.50 所示。测得结果有如下几种情况：

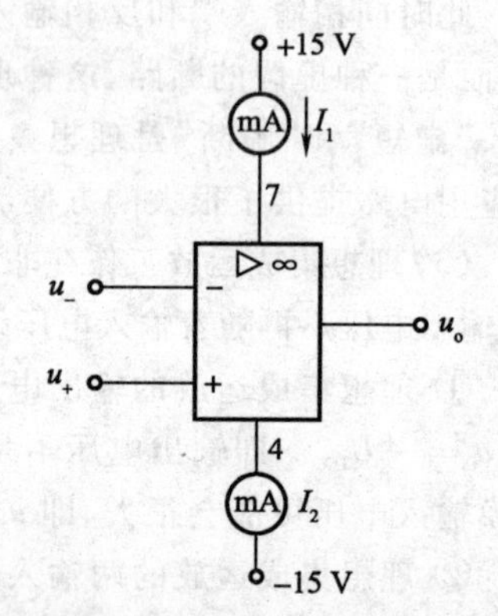

图 2.50　集成运算静态电流的测量

$I_1 = I_2$（一般为几毫安），说明是正常的。$I_1 \neq I_2$且差距很大，说明集成块已损坏；$I_1 = I_2$且电流很小，说明集成块已损坏。将测量结果填入表 2.21 中。

表 2.19　集成运算放大器的识读

型　号	引脚名称及作用													
	1	2	3	4	5	6	7	8	9	10	11	12	13	14
μA741														
LM324														

表 2.20　μA741 的检测

有短路的引脚				

表 2.21　μA741 的静态电流检测

I_1/mA	I_2/mA	结果判断

〖问题思考〗——想一想

(1)集成运放的引脚是如何排列的?

(2)集成运放符号框内各符号的含义是什么?

(3)A_{od}、R_{id}、R_{od}、K_{CMR}的物理意义是什么?

(4)如何选择所需要的集成运放?

子任务 2　集成运算放大器应用电路的分析与测试

〖相关知识〗——学一学

信号的运算是集成运放的一个重要而基本的应用。在各种运算电路中,要求输出和输入的模拟信号之间实现一定的数学运算关系,所以运算电路中的集成运放必须工作在线性区,即以“虚短”和“虚断”为基本出发点。

1. 比例运算电路

比例运算是指输出电压和输入电压之间存在比例关系。比例运算电路是最基本的运算电路,是其他各种电路的基础。按信号输入方式的不同,常用的比例运算电路有两种:反相输入比例运算电路、同相输入比例运算电路。

(1)反相输入比例运算电路,如图 2.51 所示。输入电压u_i经电阻器R_1加到集成运放的反相输入端,同相输入端经电阻器R_2接地,R_2为平衡电阻,主要是使同相输入端与反相输入端外接电阻平衡,即$R_2 = R_1 /\!/ R_F$,以保证集成运放处于平衡对称状态,从而消除输入偏置电流及其温漂的影响。输出电压u_o经R_F接回到反相输入端引入了负反馈。因为集成运放的开环差模电压放大倍数很高,所以容易满足深度负反馈的条件,可认为集成运放工作在线性区,即可以使用“虚短”和“虚断”来分析。

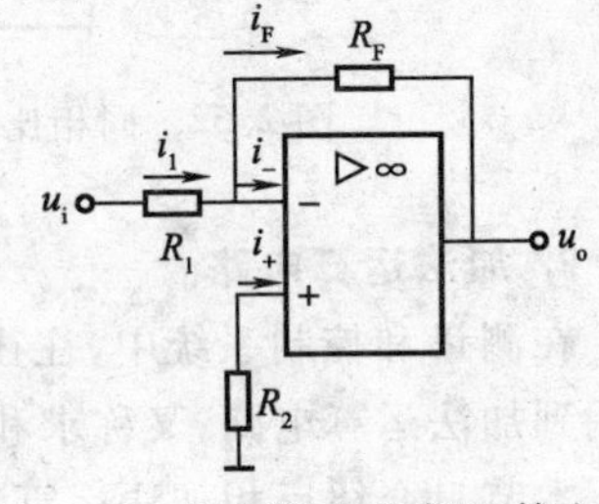

图 2.51　反相输入比例运算电路

由“虚断”可知$i_+ = i_- = 0$,即R_2上没有压降,则$u_+ = 0$。又因“虚短”,可得$u_- = u_+ = 0$。说明在反相输入比例运算电路中,集成运放的反相输入端与同相输入端两点的电位不仅相等,而且均为零,看起来像是两点接地一样,这种现象称为“虚地”。“虚地”是反相比例运算电路的一个重要特点。由于$i_- = 0$,所以$i_1 = i_F$,即

$$\frac{u_i - u_-}{R_1} = \frac{u_- - u_o}{R_F}$$

因上式中的$u_- = 0$,故可求得反相输入比例运算电路的电压放大倍数为

$$A_{uf} = \frac{u_o}{u_i} = -\frac{R_F}{R_1} \tag{2.31}$$

式(2.31)中,负号表示反相输入比例运算电路的输出与输入反相。若取 $R_1=R_F$,则 $u_o=-u_i$,此时图2.51电路就称为反相器或倒相器。由于电路通过 R_F 引入深度负反馈,A_{uf} 的大小仅与集成运放外电路的参数 R_F 与 R_1 有关,因此为了提高电路闭环增益的精度与稳定度,R_F 与 R_1 就应选取阻值稳定的电阻。通常 R_F 与 R_1 的取值为 1 kΩ ~ 1 MΩ,$R_F/R_1=0.1\sim100$。为减小信号源内阻 R_s 对运算精度的影响,要求 $R_1/R_s>50$。

(2)同相输入比例运算电路,如图2.52所示。输入电压 u_i 接在同相输入端,但为了保证工作在线性区,引入的是负反馈,输出电压 u_o 通过电阻器 R_F 仍接在反相输入端,同时,反相输入端通过电阻器 R_1 接地。可以判断同相输入比例运算电路是电压串联负反馈电路。工作在线性区,使用"虚断"和"虚短"可知 $i_+=i_-=0$,故 $u_-=\dfrac{R_1}{R_1+R_F}u_o$,且 $u_-=u_+=u_i$,则 $u_i=\dfrac{R_1}{R_1+R_F}u_o$,所以,输出电压为

$$u_o=\left(1+\frac{R_F}{R_1}\right)u_i \tag{2.32}$$

同相输入比例运算电路的电压放大倍数为

$$A_{uf}=\frac{u_o}{u_i}=1+\frac{R_F}{R_1} \tag{2.33}$$

式(2.33)中,正号表示同相比例运算电路输出与输入同相。若取 $R_1=\infty$(开路),则得 $u_o=u_i$,就组成了电压跟随器,如图2.53所示。由于 R_F 上无电压降,可令其短接,不影响跟随关系。电压放大倍数与集成运放参数无关。

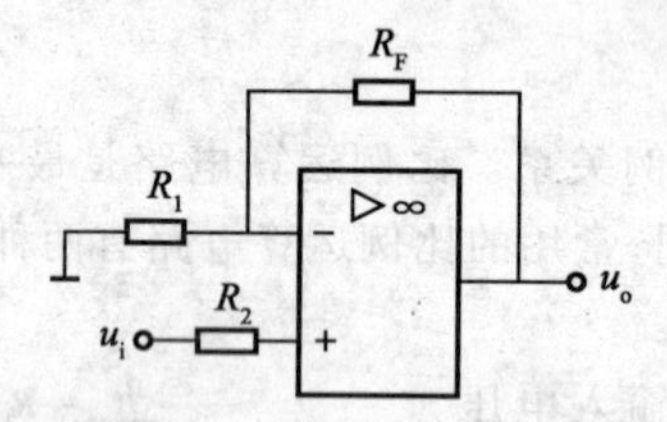

图2.52 同相比例运算电路

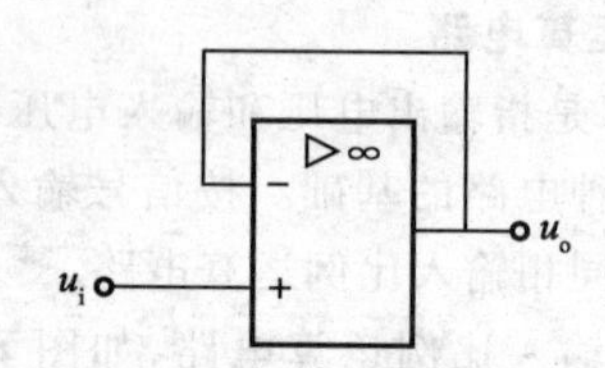

图2.53 电压跟随器

2. 加法运算电路

在测量和控制系统中,往往要将多个采样信号输入到放大电路中,按一定的比例组合起来,需用到加法运算电路,又称求和电路。加法运算电路有两种接法,反相输入接法和同相输入接法。本节只介绍反相加法运算电路。

如图2.54所示,是有3个输入端的反相加法运算电路,实际使用的过程中可根据需要增减输入端的数量。

为保证集成运放同相、反相两输入端的电阻平衡,同相输入端的电阻 $R'=R_1/\!/R_2/\!/R_3/\!/R_F$,图2.54中 R_1、R_2、R_3、R_F 的典型值为 10 ~ 25 kΩ。因为"虚断",$i_-=0$,所以 $i_F=i_1+i_2+i_3$。又因反相输入端"虚地",所以:

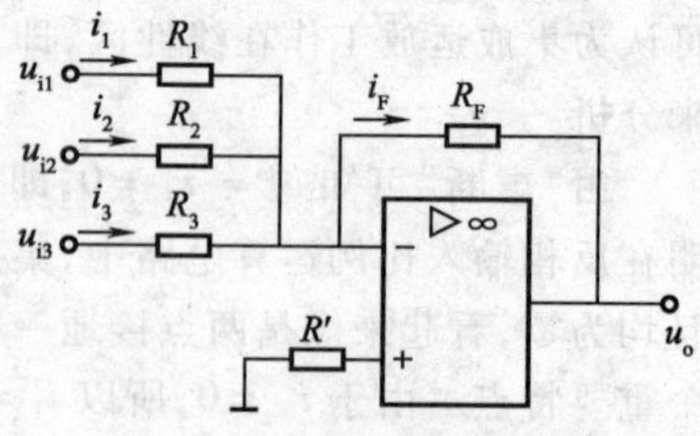

图2.54 反相加法运算电路

$$-\frac{u_o}{R_F}=\frac{u_{i1}}{R_1}+\frac{u_{i2}}{R_2}+\frac{u_{i3}}{R_3}$$

则输出电压为

$$u_o = -\left(\frac{R_F}{R_1}u_{i1} + \frac{R_F}{R_2}u_{i2} + \frac{R_F}{R_3}u_{i3}\right) \tag{2.34}$$

由式(2.34)可以看出:电路的输出电压 u_o是各输入电压 u_{i1}、u_{i2}、u_{i3}按一定比例相加所得的结果,实现的是一种求和运算。如果电路中电阻的阻值满足 $R_1 = R_2 = R_3 = R$,则

$$u_o = -\frac{R_F}{R}(u_{i1} + u_{i2} + u_{i3}) \tag{2.35}$$

这种反相输入接法的优点是:在改变某一路信号的输入电阻时,改变的仅仅是输出电压与该路输入电压之间的比例关系,对其他各路没有影响,即反相求和电路便于调节某一支路的比例成分。并且因为反相输入端是"虚地"的,所以加在集成运放输入端的共模电压很小。在实际应用中这种反相输入的接法较为常用。

例 2.6 在图 2.45 中,已知:$R_1 = R_2 = R_3 = 10\ \text{k}\Omega$,$R_F = 20\ \text{k}\Omega$,$U_{i1} = 10\ \text{mV}$,$U_{i2} = 20\ \text{mV}$,$U_{i3} = 30\ \text{mV}$,试求:输出电压 U_o为多少?

解 令 $R = R_1 = R_2 = R_3 = 10\ \text{k}\Omega$,则 $U_o = -\frac{R_F}{R}(U_{i1} + U_{i2} + U_{i3}) = -\frac{20}{10}(10 + 20 + 30)\ \text{mV} = -120\ \text{mV}$

3. 减法运算电路

减法运算电路如图 2.55 所示。图中的两个输入电压 u_{i1}、u_{i2}分别加在集成运放的反相输入端和同相输入端。从输出端通过反馈电阻 R_F接回到反相输入端。电路中输入和输出的关系,同样利用集成运放的"虚断"、"虚短"特点分析求得:

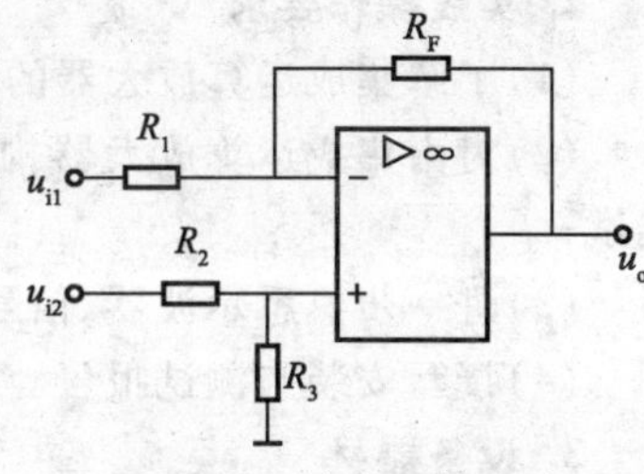

图 2.55 减法运算电路

$$u_o = \left(1 + \frac{R_F}{R_1}\right)\frac{R_3}{R_2 + R_3}u_{i2} - \frac{R_F}{R_1}u_{i1} \tag{2.36}$$

在实际应用时,为了实现电路的直流平衡,减小运算误差,通常都取 $R_1 = R_2$,$R_3 = R_F$,则

$$u_o = \frac{R_F}{R_1}(u_{i2} - u_{i1}) \tag{2.37}$$

式(2.36)和式(2.37)说明电路的输出电压和两输入电压的差值成正比,实现了减法运算。

4. 集成运放的非线性应用——电压比较器

电压比较器是一种常见的模拟信号处理电路,它将一个模拟输入电压与一个参考电压进行比较,并将比较的结果输出。比较器的输出只有两种可能的状态:高电平或低电平,为数字量;而输入信号是连续变化的模拟量,因此比较器可作为模拟电路和数字电路的"接口"。在自动控制及自动测量系统中,比较器可用于越限报警、模-数转换及各种非正弦波的产生和变换。

单门限电压比较器的基本电路如图 2.56(a)所示。集成运放处于开环状态,工作在非线性区,输入信号 u_i加在反相输入端,参考电压 U_{REF}接在同相输入端。

当 $u_i > U_{REF}$时,即 $u_- > u_+$时,$u_o = -U_{OM}$;当 $u_i < U_{REF}$时,即 $u_- < u_+$时,$u_o = +U_{OM}$。传输特性如图 2.56(b)所示。

如果输入电压过零时(即 $U_{REF} = 0$),输出电压发生跳变,就称为过零电压比较器,利用过零电压比较器可将正弦波转化为方波,图 2.57 所示为同相输入过零比较器的输入、输出波形。

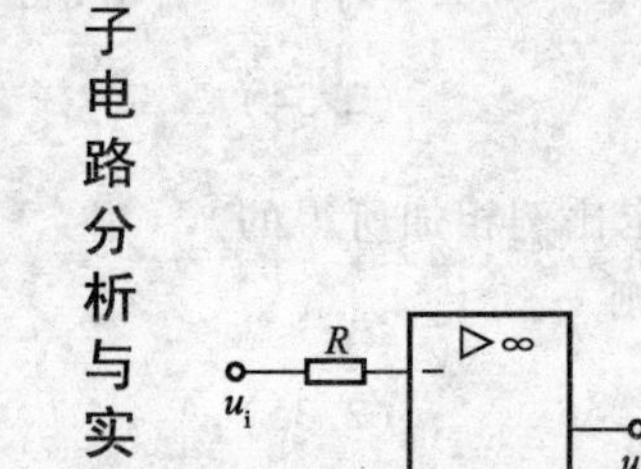

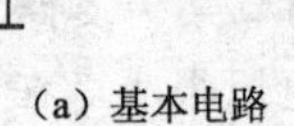

(a) 基本电路

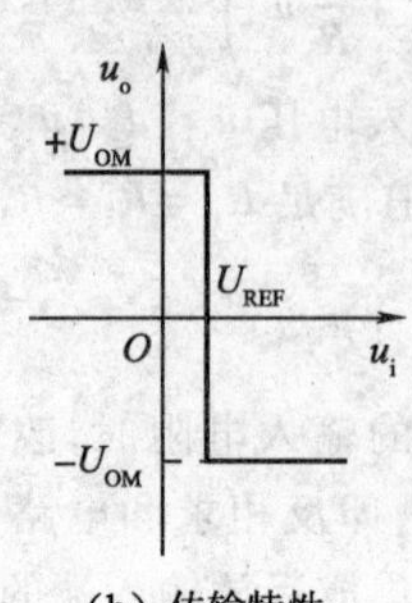

(b) 传输特性

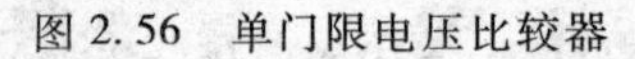

图 2.56 单门限电压比较器

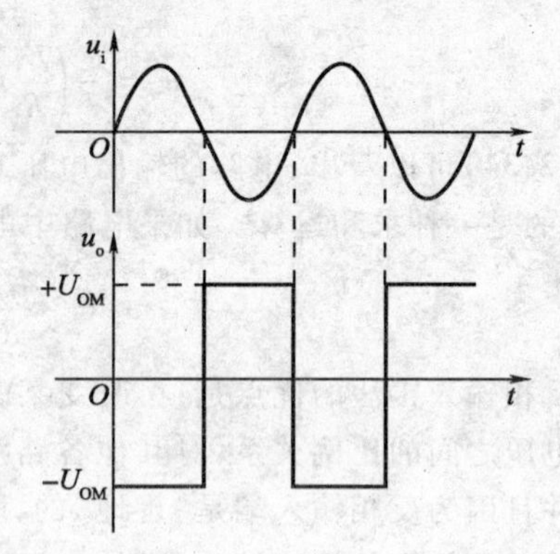

图 2.57 同相输入过零比较器的输入、输出波形

〖实践操作〗——做一做

1. 实践操作内容

集成运算放大器应用电路的安装与测试。

2. 实践操作要求

(1)了解集成运算放大器的使用常识,掌握集成运算放大器的使用方法;

(2)对由集成运算放大器构成的比例运算电路、反相加法运算电路,电压比较器电路进行测试;

(3)进一步熟悉示波器、信号发生器、交流毫伏表的使用;

(4)撰写安装与测试报告。

3. 设备器材

(1) ±12 V 直流电源,1 台;

(2)信号发生器,1 台;

(3)双踪示波器,1 台;

(4)交流毫伏表,1 块;

(5)电阻器,若干;

(6)万用电表,1 块;

(7)集成运算放大器(μA741),1 块;

(8)稳压管(2CW231),1 只。

4. 实践操作步骤

(1)反相比例运算电路的测量。连接图 2.58 所示的反相比例运算电路,为了减小输入级偏置电流引起的运算误差,在同相输入端应接入平衡电阻 $R_2 = R_1 /\!/ R_F$。接通 ±12 V 电源,输入端对地短路,进行调零和消振。输入 $f = 100$ Hz, $U_i = 0.5$ V 的正弦交流信号,测量相应的 u_o,并用示波器观察 u_o 和 u_i 的相位关系,记入表 2.22 中。

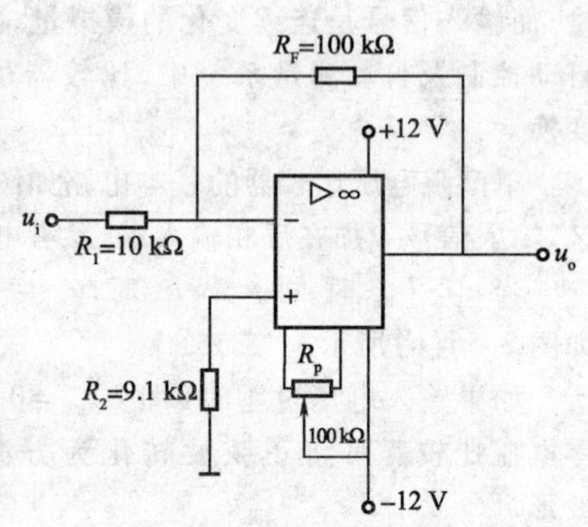

图 2.58 反相比例运算电路

(2)同相比例运算电路的测量。连接图 2.59 所示同相比例运算电路,接通 ±12 V 电源,输入端对地短路,进行调零和消振。输入 $f = 100$ Hz, $U_i = 0.5$ V 的正弦交流信号,测量相应的 u_o,并用示波器观察 u_o 和 u_i 的相位关系,记入表 2.23 中。

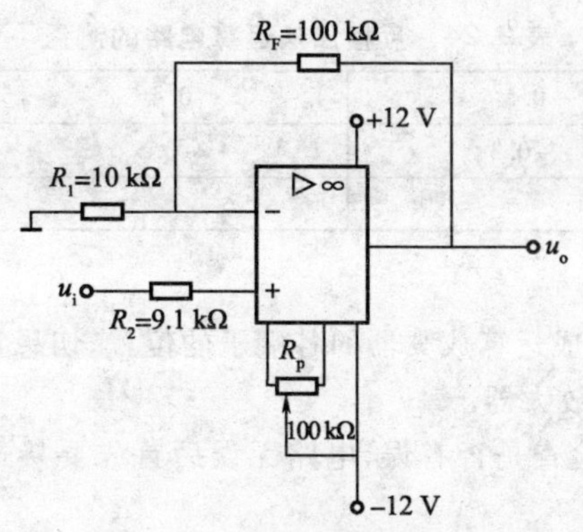

图 2.59　同相比例运算电路

表 2.22　反相比例运算电路的测量

U_i/V	U_o/V	u_i波形	u_o波形	A_u	
				实测值	计算值

表 2.23　同相比例运算电路的测量

U_i/V	U_o/V	u_i波形	u_o波形	A_u	
				实测值	计算值

(3)反相加法运算电路(加法器)的测量。连接图 2.60 所示的反相加法运算电路,接通 ±12 V电源,输入端对地短路,进行调零和消振。分别输入表 2.24 中的输入信号,测量相应的 U_o,记入表 2.24 中。

(4)电压比较器的测量。连接图 2.61 所示的过零比较器电路,接通 ±12 V 电源。测量 u_i悬空时的 U_0值。u_i输入 500 Hz、幅值为 2 V 的正弦信号,观察 u_i→u_o波形并记录。改变 u_i幅值,测量传输特性曲线。

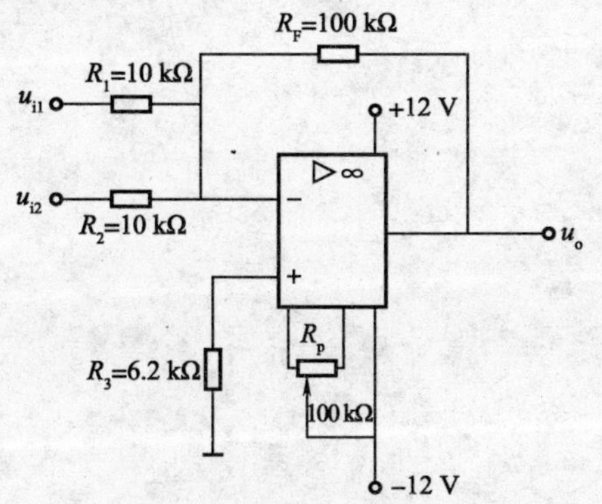

图 2.60　反相加法运算电路

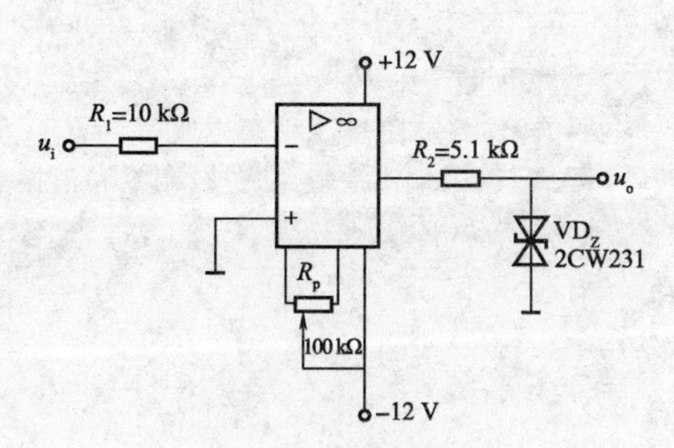

图 2.61　电压比较器电路

表 2.24　反相加法运算电路的测量

U_{i1}/V	0.5	0.4	0.2
U_{i2}/V	−0.3	−0.5	0.4
U_o/V			

5. 注意事项

(1)实验前一定要看清集成运算放大器的各端子的位置;切忌正、负电源极性接反或输出端短路,否则将会损坏集成运算放大器。

(2)接好电路后,要仔细检查是否有误,电路无误后首先要接通 ±12V 电源,输入端对地短路,进行调零和消振。

〖问题思考〗——想一想

(1)集成运放构成的基本运算电路主要有哪些?这些电路中集成运放应工作在什么状态?

(2)试比较反相、同相比例运算电路的结构和特点。

(3)有一参考电压 U_{REF} 接在集成运放的反相输入端的单门限电压比较器上,若输入为正弦信号,其幅度为 U_{im},试画出输出波形(设 $U_{REF} < U_{im}$)。

任务2.5　功率放大电路的分析与测试

任务引入

放大电路的输出级是带一定的负载的，为使负载能正常工作，输出级就必须输出足够大的功率，即输出级不但要输出足够高的电压，同时还要提供足够大的电流。这种用来放大功率的放大电路称为功率放大电路。功率放大电路与电压放大电路没有本质的区别，它们都是利用放大器件的控制作用，把直流电源供给的功率按输入信号的变化规律转换给负载，只是功率放大电路的主要任务是使负载得到尽可能大的不失真信号的功率。

本任务学习功率放大电路的主要特点、常用的OCL、OTL功率放大电路及集成功率放大电路。

任务目标

了解功率放大电路的构成、功率放大电路的特点和分类、集成功率放大器的应用；理解OTL、OCL功率放大电路的工作原理；了解功率放大电路的最大输出功率和效率的估算方法；能安装与测试功率放大电路。

子任务1　分立功率放大电路的分析与测试

〖相关知识〗——学一学

1. 功率放大电路的特点和基本要求

(1)功率放大电路的特点。功率放大电路在作为放大电路的输出级时，具有如下特点：

① 由于功率放大电路要向负载提供一定的功率，因而输出信号的电压和电流幅值都较大。

② 由于输出信号幅值较大，使三极管工作在饱和区与截止区的边沿，因此输出信号存在一定程度的失真。

③ 功率放大器在输出功率的同时，三极管消耗的能量亦较大，因此，必须考虑转换效率和管耗问题。电路性能指标以分析功率为主，包括输出功率 P_o、三极管消耗功率 P_{VT}、直流电源提供的功率 P_{DC} 和效率 η，以及三极管型号的选择等。

④ 功率放大电路的输入信号较大，微变等效电路不再适用，功率放大电路必须用图解法来分析。

(2)对功率放大电路的要求。根据功率放大器在电路中的作用及特点，首先要求它输出功率大、非线性失真小、效率高。其次，由于三极管工作在大信号状态，要求它的极限参数 I_{CM}、P_{CM}、$U_{(BR)CEO}$ 等应满足电路正常工作并留有一定裕量，同时还要考虑三极管有良好的散热功能，以降低结温，确保三极管安全工作。

(3)功率放大电路的类型。功率放大电路按电路中功率三极管的静态工作点所处的位置不同，可分为甲类功放、乙类功放和甲乙类功放3种类型。

甲类功放的工作点设置在放大区的中间，这种放大器的优点是在输入信号的整个周期内三极管都处于导通状态，输出信号失真较小(前面讨论的电压放大器都工作在这种状态)，缺点是三极管有较大的静态电流 I_C，这时管耗 P_{VT} 大，电路能量转换效率低。

乙类功放的工作点设置在截止区，这时，由于三极管的静态电流 $I_C=0$，所以能量转换效率高,它的缺点是只能对半个周期的输入信号进行放大,非线性失真大。

甲乙类功放的工作点设置在放大区但接近截止区,即三极管处于微导通状态,这样可以有效克服乙类功放的失真问题,且能量转换效率也较高,目前使用较广泛。

2. 互补对称式功率放大电路

(1)基本电路及工作原理。由于 PNP 型管和 NPN 型管在导电特性上完全相反。因此,可利用它们各自的特点,使 NPN 型管担任正半周的放大、PNP 型管担任负半周的放大,组成如图 2.62所示互补对称式功率放大电路。

图 2.62 所示是乙类双电源互补对称式功率放大电路,又称无输出电容的功率放大电路,简称 OCL(Output Capacitor Less)功率放大电路。图中 VT_1 为 NPN 管,VT_2 为 PNP 管,要求两管特性参数一致。两管的基极相连,作为输入端;两管的发射端相连,作为输出端;两管的集电极分别接正、负电源,从电路上看,每个三极管都组成共集放大电路,即射极跟随器。

① 静态分析。由于电路无偏置电压,故两管的静态参数 I_B、I_C、U_{BE} 均为零,即三极管工作在截止区,电路属于乙类工作状态。发射极电位为零,负载上无电流。

② 动态分析。设输入信号为正弦电压 u_i,如图 2.62 所示。在正半周时,VT_1 的发射结正偏导通,VT_2 发射结反偏截止。信号从 VT_1 的发射极输出,在负载 R_L 上获得正半周信号电压 $u_o \approx u_i$,在 u_i 的负半周,VT_1 发射结截止,VT_2 发射结导通,信号从 VT_2 的发射极输出,在负载 R_L 上获得负半周信号电压 $u_o \approx u_i$。如果忽略三极管的饱和压降及开启电压,在负载 R_L 上获得了几乎完整的正弦波信号 u_o。这种电路的结构对称,且两管在信号的两个半周内轮流导通,它们交替工作,一个"推",一个"挽",互相补充,故称为互补对称推挽电路。

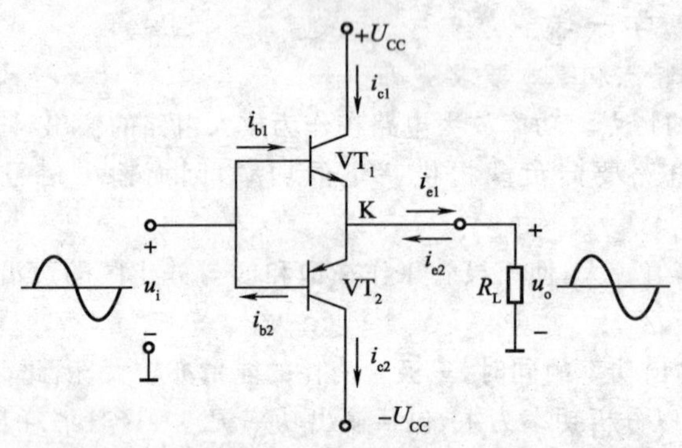

图 2.62　乙类双电源互补对称式功率放大电路

(2)功率和效率的估算。以下分析均以输入信号为正弦波,且忽略电路的失真。

① 输出功率 P_o。在输入正弦信号用下,忽略电路失真时,在输出端获得的电压和电流均为正弦信号,由功率定义可求得最大输出功率为

$$P_{omax} \approx \frac{U_{CC}^2}{2R_L} \tag{2.38}$$

② 直流电源提供的功率 P_{DC}。输出功率最大时,电源提供的功率也最大,直流电源提供的最大输出功率为

$$P_{DCmax} \approx \frac{2U_{CC}^2}{\pi R_L} \approx 1.27P_{omax} \tag{2.39}$$

③ 效率。输出功率与电源提供的功率之比称为电路的效率。在理想情况下,电路的最大效率为

$$\eta_{max}=\frac{P_{omax}}{P_{DCmax}}\times 100\% =\frac{\pi}{4}\times 100\% \approx 78.5\% \tag{2.40}$$

④ 管耗 P_{VT}。三极管消耗的最大功率为

$$P_{VTmax}=\frac{2U_{CC}^2}{\pi^2 R_L}=\frac{4}{\pi^2}P_{omax}\approx 0.4P_{omax}$$

每个三极管的最大功耗为

$$P_{VT1max}=P_{VT2max}=\frac{1}{2}P_{VTmax}\approx 0.2P_{omax} \tag{2.41}$$

注意:管耗最大时,电路的效率并不是78.5%,读者可自行分析效率最高时的管耗。

⑤ 功率管的选择。功率管的极限参数有 P_{CM}、I_{CM} 和 $U_{(BR)CEO}$,在选择功率时,应满足下列条件:

功率管集电极的最大允许功耗应大于单管的最大功耗,即:

$$P_{CM}\geqslant\frac{1}{2}P_{VTmax}=0.2P_{om} \tag{2.42}$$

功率管的最大耐压为

$$U_{(BR)CEO}\geqslant 2U_{CC} \tag{2.43}$$

这是由于一只三极管饱和导通时,另一只三极管承受的最大反向电压约为 $2U_{CC}$。

功率管的最大集电极电流为

$$I_{CM}\geqslant\frac{U_{CC}}{R_L} \tag{2.44}$$

例2.7 如图2.62所示的乙类双电源互补对称功率放大电路,已知:$\pm U_{CC}=\pm 20\ V$,$R_L=8\ \Omega$,设输入信号为正弦波。试求:最大输出功率;电源供给的最大功率和最大输出功率时的效率;每个三极管的最大管耗。

解 最大输出功率为

$$P_{omax}\approx\frac{U_{CC}^2}{2R_L}=\frac{1}{2}\times\frac{20^2}{8}\ W=25\ W$$

电源供给的最大功率和最大输出功率时的效率为

$$P_{DCmax}\approx\frac{2U_{CC}^2}{\pi R_L}=\frac{2}{\pi}\times\frac{20^2}{8}\ W=31.85\ W$$

$$\eta_{max}=\frac{P_{omax}}{P_{DCmax}}\times 100\% =\frac{25}{31.85}\times 100\% \approx 78.5\%$$

每个三极管的最大管耗为

$$P_{VT1max}=P_{VT2max}=0.2P_{omax}=0.2\times 25\ W=5\ W$$

(3)交越失真及其消除方法。在乙类互补对称功率放大电路中,因没有设置偏置电压,静态时 U_{BE} 和 I_C 均为零。由于三极管存在死区电压,对硅管而言,在信号电压 $|u_i|<0.5\ V$ 时,三极管不导通,输出电压 u_o 仍为零,因此在信号过零附近的正负半波交接处无输出信号,出现了失真,该失真称为交越失真。其波形如图2.63所示。

为了在 $|u_i|<0.5\ V$ 时仍有输出信号,从而消除交越失真,必须设置基极偏置电压,如图2.64所示。

图2.64中的 R_1、R_2、VD_1、VD_2 用来作为 VT_1、VT_2 的偏置电路,适当选择 R_1、R_2 的阻值,可使 VD_1、VD_2 连接点的静态电位为0,VT_1、VT_2 的发射极电位也为0,这样 VD_1 上的导通电压为 VT_1 提供了发射结正偏电压,VD_2 上的导通电压为 VT_2 提供了发射结正偏电压,使之工作在甲乙类状

态，保证了三极管对小于死区电压的小信号也能正常放大，从而克服了交越失真。

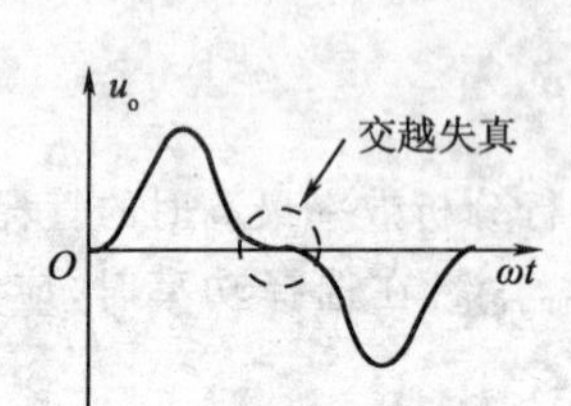

图 2.63 交越失真波形

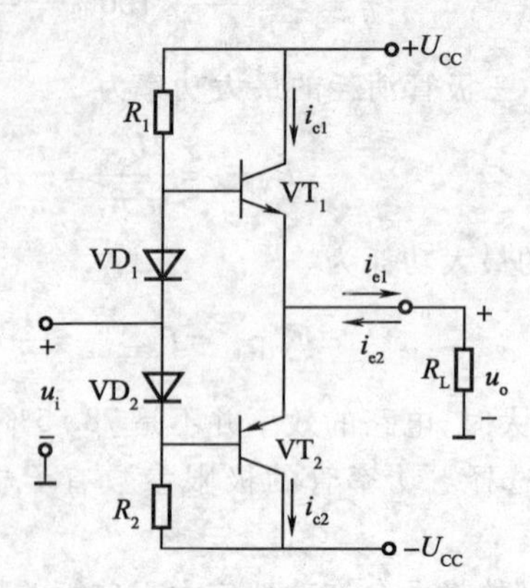

图 2.64 甲乙类互补对称功率放大电路

3. 单电源互补对称功率放大电路

双电源互补对称功率放大电路由于静态时输出端电位为零，负载可以直接连接，不需要耦合电容器，因而它具有低频响应好、输出功率大、便于集成等优点，但需要双电源供电，使用起来有时会感到不便，如果采用单电源供电，只需在两管发射极与负载之间接入一个大容量电容器 C_2 即可。这种电路通常又称无输出变压器的电路，简称 OTL(Output Transformer Less)功率放大电路，如图 2.65(a)所示。

图 2.65(a)所示电路中，VT_1 构成前置放大级，工作在甲类放大状态。VT_2 和 VT_3 两管的射极通过一个大容量电容器 C_2 接负载 R_L 上，二极管 VD_1、VD_2 及电阻器 R 用来消除交越失真，向 VT_2、VT_3 提供偏置电压，使其工作在甲乙类状态。静态时，调整电路使 VT_2、VT_3 的发射极节点电压为电源电压一半，即 $U_{CC}/2$，则电容器 C_2 两端直流电压为 $U_{CC}/2$。当输入信号时，由于 C_2 上的电压维持在 $U_{CC}/2$ 不变，可视为恒压源。这使得 VT_2 和 VT_3 的 c－e 回路的等效电源都是 $U_{CC}/2$，其等效电路如图 2.65(b)所示。由图 2.65(b)可以看出：OTL 功放的工作原理与 OCL 功放的相同。用 $U_{CC}/2$ 取代 OCL 功放有关公式中的 U_{CC}，就可以估算 OTL 功放的各项指标了。

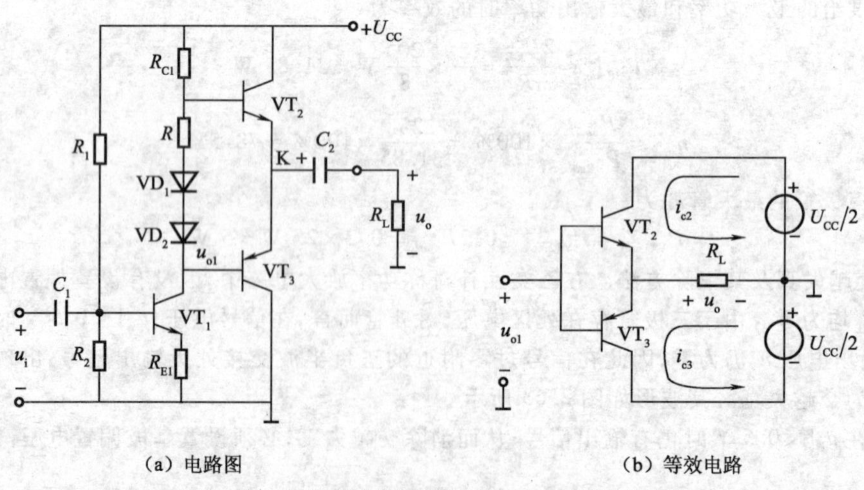

图 2.65 典型 OTL 甲乙类互补对称功率放大电路

电容器 C_2 的容量应选得足够大，使电容器 C_2 的充、放电时间常数远大于信号周期。

与 OCL 电路相比，OTL 电路少用了一个电源，但由于输出端的耦合电容器容量大，则电容器内铝箔卷绕圈数多,呈现的电感效应大,它对不同频率的信号会产生不同的相移,输出信号有附加失真,这是 OTL 电路的缺点。

〖实践操作〗——做一做

1. 实践操作内容

乙类互补对称式功率放大电路的测试。

2. 实践操作要求

(1)学会对电路中使用的元器件进行检测与筛选;

(2)学会分立功率放大电路的装配方法;

(3)学会功率放大电路静态工作点的调试方法;

(4)掌握通过测试功率放大电路的有关量,计算输出功率、效率和管耗的方法;

(5)进一步巩固使用示波器、低频信号发生器、交流毫伏表的使用;

(6)撰写安装与测试报告。

3. 设备器材

(1)直流稳压电源(0~30 V),1 台;

(2)信号发生器,1 台;

(3)双踪示波器,1 台;

(4)毫安表,2 块;

(5)万用表,1 块;

(6)三极管(8050、8550),各 1 只;

(7)电阻器(1 kΩ),1 只;

(8)实验线路板,1 块。

4. 实践操作步骤

(1)按图 2.62 连接电路。

(2)在 $u_i=0$ 时,在两三极管集电极串联毫安表,分别测量两管集电极静态工作电流,并计算电路的静态功耗,将数值填入表 2.25 中。

(3)改变 u_i,使其 $f=1$ kHz、$U_{im}=10$ V,用示波器同时观察 u_i,u_o的波形,u_o的波形是否失真?并测量 u_o的幅度 U_{om},计算输出功率 P_o,将结果填入表 2.25 中。

(4)用万用表测量电源提供的平均直流电流 I_0的值,计算直流电源提供的功率 P_{DC}、管耗 P_{VT}和效率 η,将结果填入表 2.25 中。

表 2.25　分立功率放大电路的测试

$u_i=0$			u_i为 $f=1$ kHz、$U_{im}=10$ V								
I_{C1}	I_{C2}	静态功耗	u_i波形	u_o波形	波形失真情况	U_{om}	P_o	I_0	P_{DC}	P_{VT}	η

注:有关计算公式分别为 $P_o\approx\frac{U_{om}^2}{2R_L}$,$P_{DC}=2U_{CC}I_0$,$P_{VT}=P_{DC}-P_o$,$\eta=\frac{P_o}{P_{DC}}\times100\%$。

〖问题思考〗——想一想

(1)对功率放大器和电压放大器的要求有何不同?

(2)在 OCL 电路中,R_L上信号波形是怎样得到的?为什么说这种电路的效率较高?

(3)交越失真是怎样产生的?如何消除?

(4) OTL电路和OCL电路各有什么优缺点?

(5)如何进行OTL电路的输出功率、效率、管耗计算?

子任务2 集成功率放大器的应用与测试

〖相关知识〗——学一学

集成功率放大器具有输出功率大、外围连接元件少、使用方便等优点,目前使用越来越广泛。它的品种很多,通常可以分为通用型和专用型两大类。通用型是指可以用于多种场合的电路,专用型指用于某种特定场合(如电视、音响专用功率放大集成电路等)的电路。下面以LM386通用型集成功率放大器和TDA2030专用型功率放大器为例加以介绍。

1. LM386通用型集成功率放大器

(1) LM386的简介。LM386是近年来应用很广的一种通用型集成功率放大器。它的主要特点是频带宽,典型值可达300 kHz,低功耗,额定输出功率为660 mW。电源电压适用范围为4~12 V。它可以用于收音机、对讲机、方波发生器、光控继电器等。

LM386的外引脚排列图如图2.66所示,封装形式为双列直插式。电路由单电源供电,故为OTL电路。引脚排列图中,2引脚为反相输入端,3引脚为同相输入端,5引脚为输出端,6引脚接电源$+U_{CC}$,4引脚接地,7引脚和地之间接一个旁路电解电容器组成直流电源去耦滤波电路,1引脚和8引脚之间外接一只电阻器和电容器,便可调节电压放大倍数。其中,1引脚和8引脚之间开路时,负反馈量最大,电压放大倍数最小,电压放大倍数为内置值20;若1引脚和8引脚之间接一个10 μF的电容器,则电压放大倍数可达200。

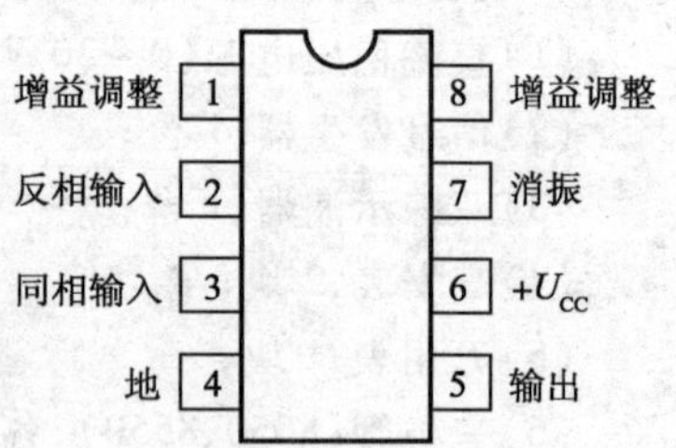

图2.66 LM386的外引脚排列图

(2)用LM386构成的OTL功率放大电路。电路如图2.67所示,是LM386集成功率放大器的典型应用电路,若$R=1.2\ \text{k}\Omega$,$C=10\ \mu\text{F}$,电压放大倍数为50;使用时,可通过改变R的大小来调节电压放大倍数的大小。

因为LM386为OTL电路,所以需要在LM386的输出端接一个大容量电容器,图2.67中外接一个220 μF的耦合电容器C_1。R_1、C_2组成容性负载,以抵消扬声器音圈电感器的部分感性,防止信号突变时,音圈的反电动势击穿输出管,在小功率输出时R_1、C_2也可不接。C_4与内部电阻器R_2组成电源去耦滤波电路。若电路的输出功率不大、电源的稳定性又好,则只需在输出端5引脚外接一个耦合电容器和在1引脚和8引脚之间外接电压增益调节电路就可使用。

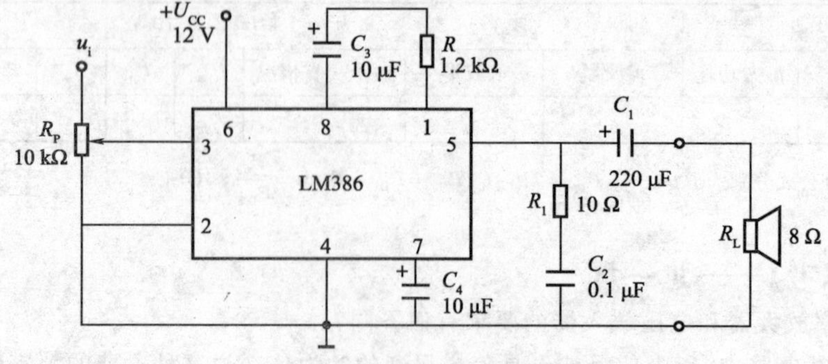

图2.67 LM386集成功率放大器的典型应用电路

2. TDA2030专用型集成功率放大器

(1)TDA2030的简介。TDA2030是当前音质较好的一种音频集成块,使用于收录机和有源音箱中,作音频功率放大器,也可作其他电子设备中的功率放大。因其内部采用的是直接耦合,亦可以作直流放大。与其他功放相比,它的引脚和外部元件都较少。

TDA2030的电气性能稳定,并在内部集成了过载和热切断保护电路,能适应长时间连续工作,由于其金属外壳与负电源引脚相连,因而在单电源使用时,金属外壳可直接固定在散热片上并与地线(金属机箱)相接,无需绝缘,使用很方便。

外引脚的排列如图2.68所示。其内部电路请查阅有关资料。

主要性能指标:电源电压 U_{CC} 为 ±6 ~ ±18 V;静态电流 I_{CC} <60 mA,典型值40 mA(测试条件:U_{CC} = ±18 V,R_L =4 Ω);输出功率 P_o >12 W,典型值14 W(测试条件:R_L =4 Ω,波形失真为0.5%);输出功率 P_o >8 W,典型值9 W(测试条件:R_L =8 Ω,波形失真为0.5%);输入阻抗 R_i > 0.5 MΩ,典型值5 MΩ(测试条件:开环,f=1 kHz);谐波失真为:<0.5%,典型值0.2%(测试条件:P_o =0.1 ~12 W,R_L =4 Ω);带宽 f_{BW} 为10 Hz ~140 kHz(测试条件:P_o =12 W,R_L =4 Ω);电压增益 A_u 为29.5 ~30.5 dB,典型值30 dB(测试条件:f=1 kHz);在电源为±15 V、负载电阻 R_L =4 Ω时,输出功率为14 W。

(2)用TDA2030构成的OCL功率放大电路。图2.69电路是双电源时TDA2030的典型应用电路。输入信号 u_i 由同相端输入,R_1、R_2、C_2 构成交流电压串联负反馈,因此,闭环电压放大倍数为

$$A_{uf} = 1 + \frac{R_1}{R_2} = 33$$

为了保持两输入端直流电阻平衡,使输入级偏置电流相等,选择 $R_3 = R_1$。VD_1、VD_2 起保护作用,用来泄放 R_L 产生的感生电压,将输出端的最大电压钳位在 $\pm(U_{CC} + 0.7\ V)$ 上。C_3、C_4 为去耦电容器,用于减少电源内阻对交流信号的影响。C_1、C_2 为耦合电容器。

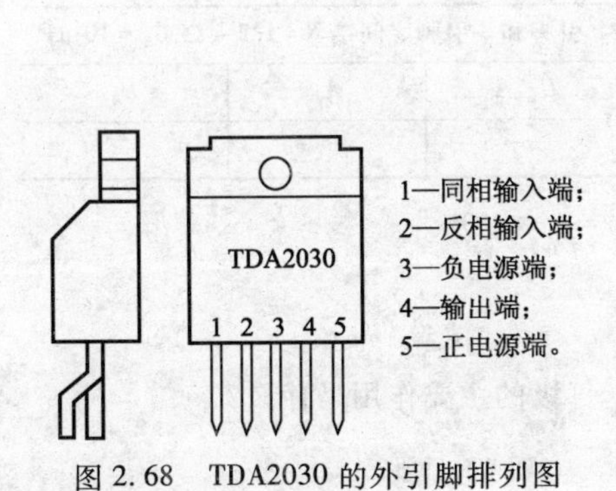

图2.68 TDA2030的外引脚排列图

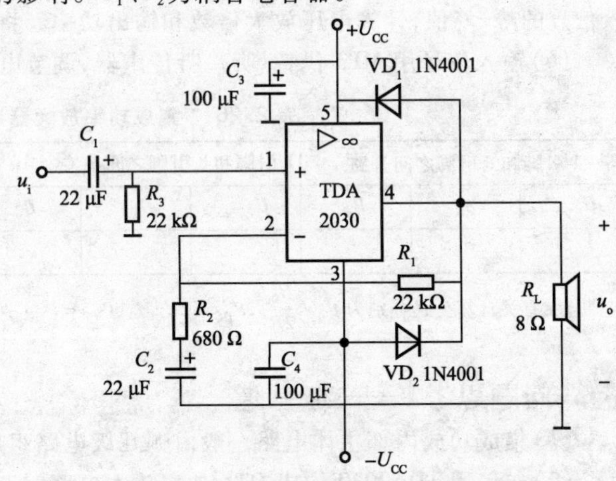

图2.69 由TDA2030构成的OCL电路

〖实践操作〗——做一做

1. 实践操作内容

集成功率放大器应用电路的测试。

2. 实践操作要求

(1)学会对电路中使用的元器件进行检测与筛选;

(2)学会集成功率放大器应用电路的装配方法;

(3)掌握通过测试功率放大电路的有关量,计算输出功率、效率和管耗的方法;

(4)撰写安装与测试报告。

3. 设备器材

(1)直流稳压电源(0~30 V),1 台;

(2)信号发生器,1 台;

(3)双踪示波器,1 台;

(4)耳机,1 个;

(5)万用表,1 块;

(6)集成功率放大器(LM386),1 块;

(7)电阻器、电容器(如图 2.67 中标注),若干;

(8)实验线路板,1 块。

4. 实践操作步骤

(1)按图 2.67 连接电路,接入 $+U_{CC}$ 为 +12 V 电源。

(2)接入 $u_i=0.1$ V、$f=1$ kHz 的正弦波信号。

(3)保持步骤(2),不接电阻器 R 和电容器 C_3,即 1 引脚和 8 引脚之间开路,将信号发生器的输出调到 1 kHz,输出幅度调到最小,接入 u_i。用示波器观察输出电压的波形。逐渐调大信号发生器的输出幅度,直至示波器上观察到峰-峰值为 4 V 左右的信号。测量输入信号的峰-峰值,计算电压放大倍数和输出功率。将数值填入表 2.26 中。

(4)保持步骤(2),1 引脚和 8 引脚之间接入 $C_3=10$ μF 的电容器,重复步骤(3),测量输入信号的峰-峰值,计算电压放大倍数和输出功率。将数值填入表 2.26 中。

(5)保持步骤(2),1 引脚和 8 引脚之间接入 $R=1.2$ kΩ,$C_3=10$ μF,重复步骤(3),测量输入信号的峰-峰值,计算电压放大倍数和输出功率。将数值填入表 2.26 中。

(6)输入信号用 MP3 代替,听一听传声器,调节电位器 R_P,听一听传声器中的音乐效果。

表 2.26　集成功率放大器应用电路的测试

1 引脚和 8 引脚之间开路			1 引脚和 8 引脚之间接 $C_3=10$ μF			1 引脚和 8 引脚之间接 $R=1.2$ kΩ,$C_3=10$ μF		
$U_{i,p-p}$	A_u	P_o	$U_{i,p-p}$	A_u	P_o	$U_{i,p-p}$	A_u	P_0

注:有关计算公式分别为 $P_o\approx\frac{U_{om}^2}{2R_L}$,$P_{DC}=2U_{CC}I_0$,$P_{VT}=P_{DC}-P_o$,$\eta=\frac{P_o}{P_{DC}}\times100\%$。

〖问题思考〗——想一想

(1)集成功放内部主体电路一般由哪几级电路组成?每级的主要作用是什么?

(2)如何用 TDA2030 构成 OTL 功率放大电路?

思考题和习题

2.1　填空题

(1)三极管是一种______控制器件。

(2)三极管工作在放大区的外部条件是:发射结______偏置,集电结______偏置。三极管的输出特性曲线可分为三个区,即______区、______区和______区。三极管在放大区的特点是:当基极电流固定时，其______电流基本不变，体现了三极管的______特性。

(3)工作在放大区的三极管，对 NPN 型管有电位关系：V_C______ V_B______ V_E；而对 PNP 管的电位关系：V_C______ V_B______ V_E。

(4)温度升高时，三极管的 β______，I_{CEO}______，U_{BE}______。三极管的输入特性曲线将______，而输出特性曲线之间的间隔将______。

(5)放大电路的实质是实现____________的控制和转换作用。

(6)由于放大电路的静态工作点不合适而引起的失真包含______和______两种。

(7)多级放大电路中常见的耦合方式有 3 种，即______耦合、______耦合、______耦合。

(8)放大电路无反馈称为______工作状态；放大电路有反馈称为______工作状态。

(9)所谓负反馈，是指加入反馈后，净输入信号______，输出幅度下降。而正反馈则是指加入反馈后，净输入信号______，输出幅度增加。

(10)电压串联负反馈可以稳定______，使输出电阻______，输入电阻______，电路的带负载能力______。

(11)电流串联负反馈可以稳定______，使输出电阻______。

(12)电路中引入直流负反馈，可以______静态工作点；引入______负反馈可以改善放大电路的动态性能。

(13)交流负反馈的引入可以______放大倍数的稳定性，______非线性失真，______频带等。

(14)放大电路中若要提高电路的输入电阻，应该引入______负反馈；若要减小输入电阻，应引入______负反馈；若要增大输出电阻，应引入______负反馈。

(15)理想集成运放的 $A_{od}=$______，$R_{id}=$______，$R_{od}=$______，$K_{CMR}=$______。

(16)在集成运算放大器线性应用电路中，通常引入______反馈。

(17)电压比较器通常工作在______状态或______状态。

(18)已知某集成运放的开环增益为 80 dB，最大输出电压 $\pm U_{OM}=\pm 10$ V，输入信号加在反相输入端，同相输入接地。设 $u_i=0$ 时，$u_o=0$，当 $U_i=0.5$mV 时，$U_o=$______；$U_i=-1$ mV 时，$U_o=$______；$U_i=1.5$ mV 时，$U_o=$______。

(19)甲类电路的放大管在信号的一个周期中导通角等于______，乙类电路的放大管在信号的一个周期中导通角等于______，在甲乙类放大电路中，放大管的导通角大于______、小于______。

(20)乙类推挽功率放大电路的理想效率可达______；但这种电路存在______失真，为了消除这种失真，应当使电路工作于______类状态。

(21)由于在功放电路中功率管常常处于极限工作状态，因此，在选择三极管时要特别注意______、______和______。

(22)正弦波振荡电路利用正反馈产生振荡的条件是______。其中相位平衡条件是______，幅值平衡条件是______。为使电路起振，幅值条件是______。

2.2 选择题

(1)测得电路中一个 NPN 型三极管的 3 个电极电位分别为 $V_C=6$ V，$V_B=3$ V，$V_E=2.3$ V，则可判定该三极管工作在(　　)。

a. 截止区　　b. 饱和区　　c. 放大区

(2)三极管是(　　)器件。

a. 电压控制电压　b. 电流控制电压　c. 电压控制电流　d. 电流控制电流

(3)在选择功放电路中的三极管时，应当特别注意的参数有(　　)。

a. β　　b. I_{CM}　　c. I_{CBO}　　d. $U_{(BR)CEO}$

e. P_{CM}

(4)在三极管3种基本组态放大电路中，既有电压放大能力又有电流放大能力的组态是(　　)

a. 共射极组态　　b. 共集电极组态　　c. 共基极组态

(5)影响放大电路的静态工作点，使工作点不稳定的原因主要是温度的变化影响了放大电路中的(　　)

a. 电阻　　b. 三极管　　c. 电容

(6)对于分压式偏置共射放大电路：

① $R_B = R_{B1}//R_{B2}$减小时，输入电阻R_i(　　)；② R_C增大时，输出电阻R_o(　　)；③ 负载电阻R_L增大时，电压放大倍数A_u(　　)，输出电阻R_o(　　)；④ 射极电阻器R_E增大时，电压放大倍数A_u(　　)；⑤ 射极电容器C_E开路时，电压放大倍数A_u(　　)。

a. 增大　　b. 减小　　c. 不变

(7)引入负反馈可以使放大电路的放大倍数(　　)。

a. 增大　　b. 减小　　c. 不变

(8)当负载发生变化时，欲使输出电流稳定，且提高输入电阻，应引入(　　)。

a. 电压串联负反馈　　b. 电流串联负反馈

c. 电流并联负反馈

(9)放大电路引入交流负反馈可以减小(　　)。

a. 环路内的非线性失真　　b. 环路外的非线性失真

c. 输入信号的失真

(10)欲实现$A_u = -100$的放大电路，应选用(　　)。

a. 反相比例运算电路　　b. 同相比例运算电路

c. 低通滤波电路　　d. 单门限比较器

(11)欲使正弦波电压转换成方波电压，应选用(　　)。

a. 反相比例运算电路　　b. 同相比例运算电路

c. 低通滤波电路　　d. 单门限比较器

(12)当集成运放工作在(　　)时，可运用(　　)和(　　)分析各种运算电路；而同相端接地时(　　)是(　　)的特殊情况。

a. 线性区　　b. 开环　　c. 闭环　　d. 虚短

e. 虚地　　f. 虚断

(13)为给集成运放引入电压串联负反馈，应采用(　　)输入方式。

a. 反相　　b. 同相

(14)为使集成运放两个输入端的共模电压较小，应用(　　)输入方式。

a. 反相　　b. 同相　　c. 差分

(15)实现输入端直流平衡的差分输入电路，可以提高电路的(　　)。

a. A_d　　b. K_{CMR}　　c. R_i

(16)输出电压为高、低电平中的一种的运算放大器，工作在(　　)状态。

a. 负反馈　　b. 正反馈

(17)非线性区工作的集成运放，输出电压发生翻转的条件是(　　)。

a. $u_+ = u_-$　　b. $u_i' = 0$　　c. $i_i' = 0$

(18)电压比较器的主要功能是(　　),用(　　)表明实现该功能的结果。

a. 放大信号　　b. 对输入信号进行鉴别比较

c. 输出电压的数值　d. 输出电平的高低

(19)功率放大电路的最大输出功率是在输入电压为正弦波时,输出基本不失真情况下,负载上可能获得的最大(　　)。

a. 交流功率　　b. 直流功率　　c. 平均功率

(20)功率放大电路的转换效率是指(　　)。

a. 输出功率与三极管所消耗的功率之比

b. 最大输出率与电源提供的平均功率之比

c. 三极管所消耗的功率与电源提供的平均功率之比

2.3　判断题

(1)有1只三极管接在电路中,测得它的3个引脚的电位分别为-9 V、-6 V、-6.2 V,说明这个三极管是PNP型管。(　　)

(2)放大电路中的输出信号与输入信号的波形总是反相关系。(　　)

(3)分压式偏置共射放大电路是一种能够稳定稳态工作点的放大电路。(　　)

(4)设置放大电路静态工作点的目的是让交流信号叠加在直流量上全部通过放大器。(　　)

(5)微变等效电路不能进行放大电路的静态分析,也不能用于功放电路分析。(　　)

(6)电路中引入负反馈后,只能减小非线性失真,而不能消除失真。(　　)

(7)放大电路中的负反馈,对于在反馈环内产生的干扰、噪声和失真有抑制作用,但对输入信号中含有的干扰信号等没有抑制能力。(　　)

(8)在负反馈放大电路,放大电路的开环放大倍数越大,闭环放大倍数就越稳定。(　　)

(9)采用适当的静态起始电压,可达到消除功放电路中交越失真的目的。(　　)

(10)由于接入负反馈,则反馈放大电路的电压放大倍数A_{uf}就一定是负值,接入正反馈后电压放大倍数A_{uf}一定是正值。(　　)

(11)运算电路中一般均引入负反馈。(　　)

(12)在运算电路中,集成运放的反相输入端均为“虚地”。(　　)

(13)凡是运算电路都可利用“虚短”和“虚断”的概念求解运算关系。(　　)

(14)“虚短”就是两点并不真正短接,但具有相等的电位。(　　)

(15)“虚地”是指该点与“地”点相接后,具有“地”点的电位。(　　)

(16)集成运放在开环状态下,输出与输入之间存在线性关系。(　　)

(17)各种比较器的输出只有两种状态。(　　)

(18)一般情况下,在电压比较器中,集成运放不是工作在开环状态,就是仅仅引入正反馈。(　　)

(19)功率放大电路的主要任务是向负载提供足够大的不失真功率信号。(　　)

(20)功率放大电路只放大功率,电压放大电路只放大电压。(　　)

(21)乙类功放电路当输出电压最大值U_{om}接近U_{CC}时(指OCL电路),三极管消耗的功率最大。(　　)

(22)静态情况下乙类推挽功放电路电源消耗的功率最大。(　　)

(23)电路只要存在负反馈就一定不能产生自激振荡。(　　)

(24)电路只要存在正反馈就一定产生自激振荡。(　　)

(25)电路只要存在负反馈就一定不能产生自激振荡。(　　)

(26)正弦波振荡的幅值条件只取决于正反馈的反馈系数。(　　)

(27)电路的电压放大倍数小于1时,一定不能产生振荡。(　　)

2.4　问答题

(1)三极管电流放大作用的实质是什么?

(2)试比较NPN型管与PNP型管的异同点。

(3)某三极管的1引脚流出的电流为2.04 mA,2引脚流进的电流为2 mA,3引脚流进的电流为0.4 mA,试判断各引脚名称和管型。

(4)分别测得两个放大电路中三极管的各极电位如图2.70所示,判断:① 三极管的各引脚名称,并在各电极上注明e、b、c;② 判断是PNP型管还是NPN型管,是硅管还是锗管。

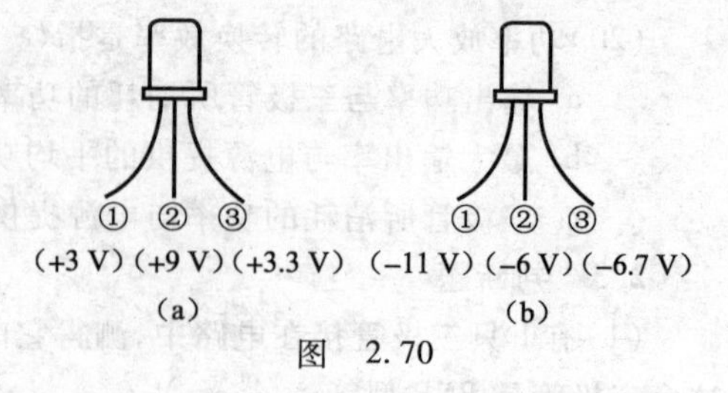

图　2.70

(5)根据图2.71所示的各三极管的各极的电位,分析各管:① 是锗管还是硅管;② 是NPN型管还PNP型管;③ 处于放大、截止或饱和状态中哪一种状态?或者有故障(某个PN结短路或开路)。

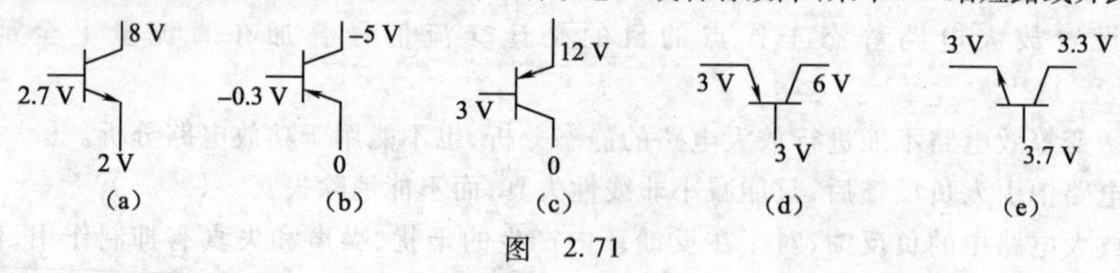

图　2.71

(6)某三极管的$P_{CM}=100$ mW,$I_{CM}=20$ mA,$U_{(BR)CEO}=15$ V,试问:下列几种情况下三极管能否正常工作?为什么?① $U_{CE}=3$ V,$I_C=10$ mA;② $U_{CE}=2$ V,$I_C=40$ mA;③ $U_{CE}=6$ V,$I_C=20$ mA。

(7)有两个三极管,一个三极管的$\beta=150$、$I_{CEO}=200$ μA,另一个三极管的$\beta=50$、$I_{CEO}=10$ μA,其他参数一样,你选择哪个三极管。

(8)放大电路放大的是交流信号,电路中为什么还要加直流电源?

(9)在共射放大电路中,为什么输出电压与输入电压反相?

(10)在放大电路中,输出波形产生失真的原因是什么?如何克服?

(11)判断图2.72所示电路中,能否对交流信号电压实现正常放大?若不能,请说明原因。

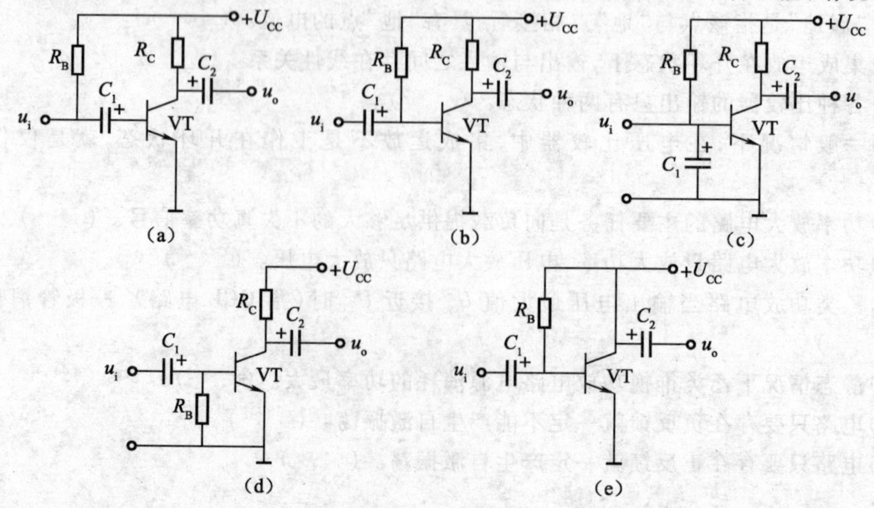

图　2.72

(12)做单管共射放大电路实验时，测得放大电路输出端电压波形出现如图 2.73 所示的情况，请说明是什么现象？产生的原因是什么？如何调整？

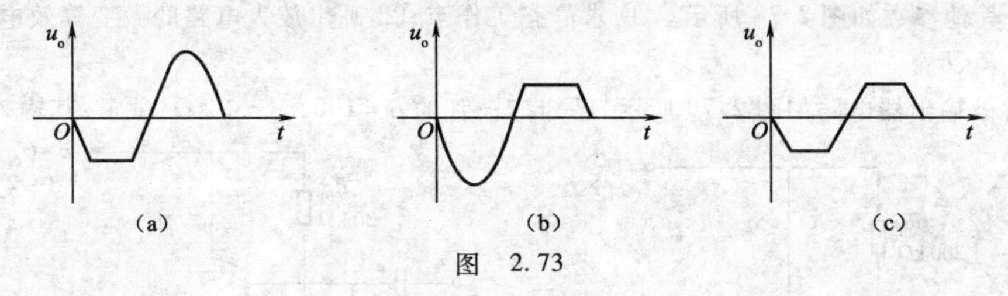

图　2.73

2.5　分析与计算题

(1)如图 2.74 所示的固定偏置放大电路，调整电位器来改变 R_B 的阻值就能调整放大电路的静态工作点。取 $U_{BE}=0$ V，试估算：① 如果要求 $I_C=2$ mA，R_B 值应为多大？② 如果要求 $U_{CE}=4.5$ V，R_B 值又应为多大？

(2)放大电路及元件参数如图 2.75 所示，三极管选用 3DG100，其 $\beta=45$。① 求放大电路的静态工作点；② 画出放大电路的微变等效电路；③ 分别计算 R_L 断开和 $R_L=5.1$ kΩ 时的电压放大倍数 A_u；④ 如果信号源的内阻 $R_s=500$ Ω，负载电阻 $R_L=5.1$ kΩ，求源电压放大倍数 A_{us}。

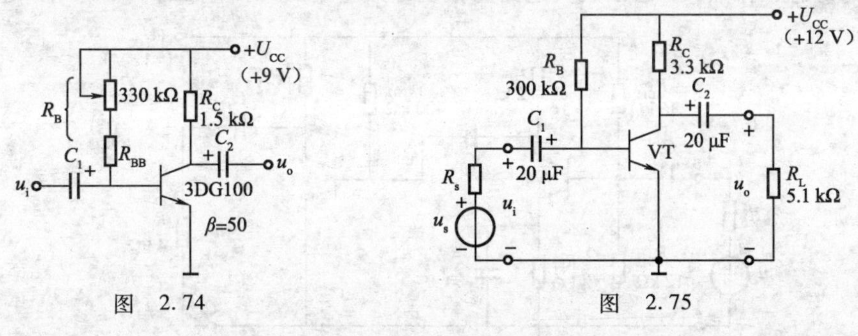

图　2.74　　　　图　2.75

(3)分压式偏置稳定电路图 2.76 所示，已知三极管为 3DG100，其 $\beta=40$，$U_{BE}=0.7$ V。① 估算静态工作点 I_C 和 U_{CE}；② 如果 R_{B2} 开路，此时电路工作状态有什么变化？③ 如果换用 $\beta=80$ 的三极管，对静态工作点有什么影响？④ 画出放大电路的微变等效电路；⑤ 估算空载电压放大倍数，输入电阻、输出电阻；⑥ 当在输出端接上 $R_L=2$ kΩ 的负载时，求此时的电压放大倍数。

(4)放大电路图 2.77 所示，已知三极管的 $U_{BE}=0.7$ V，$\beta=100$。① 求静态工作点；② 画出微变等效电路；③ 求电路的 A_u、R_i、R_o。

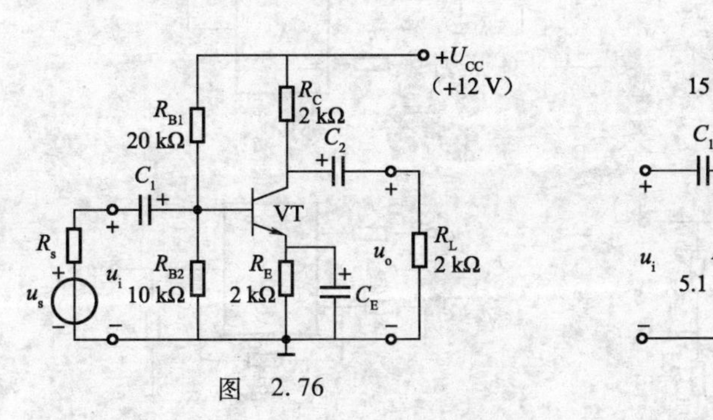

图　2.76

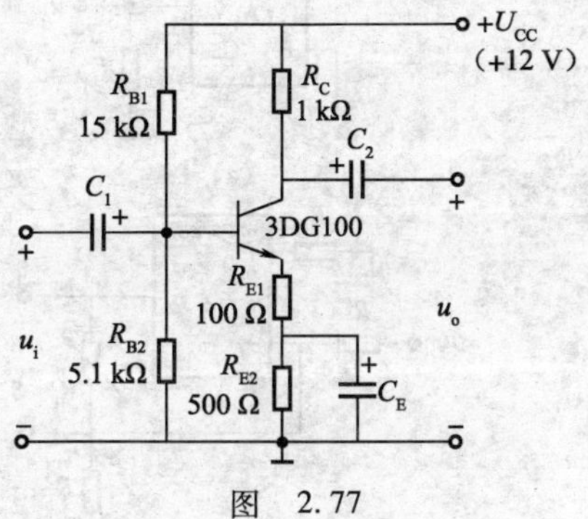

图　2.77

(5)某放大电路不带负载时，测得其输出端开路电压 $U'_o=1.5$ V，而带上负载 $R_L=5.1$ kΩ

时，测得输出电压 $U_o=1$ V，问该放大电路的输出电阻 R_o值为多少？

(6)射极输出器电路如图 2.78 所示，三极管的 $\beta=100$、$r_{be}=1.2$ kΩ，信号源 $U_s=200$ mV，$R_s=1$ kΩ，其他参数如图 2.78 所示。① 求静态工作点；② 画出放大电路的微变等效电路；③ 求电路的 A_u、R_i、R_o。

(7)射极输出器电路如图 2.79 所示，已知三极管的 $\beta=100$，$r_{be}=1$ kΩ，试求：其输入电阻。

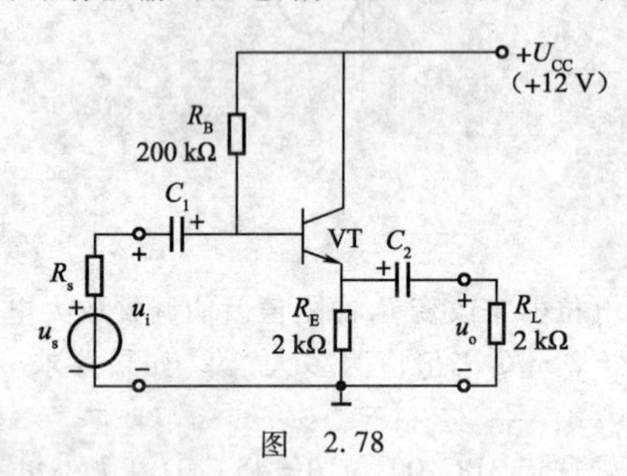

图 2.78

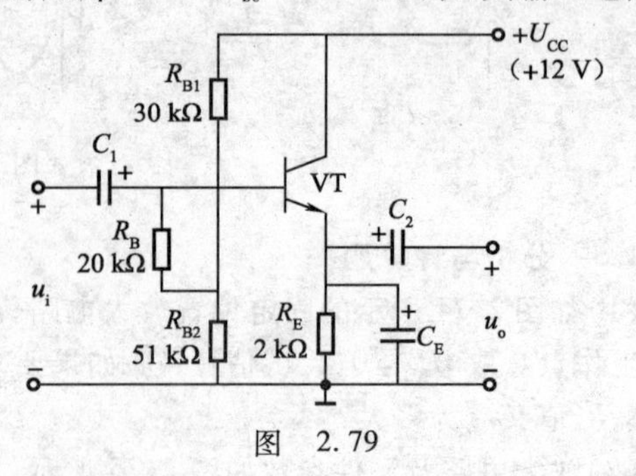

图 2.79

(8)两级放大电路如图 2.80 所示，$\beta_1=\beta_2=50$，$U_{BE1}=U_{BE2}=0.6$ V，其他参数如图中标注。① 求各级的静态工作点；② 画出放大电路的微变等效电路；③ 求电路的 A_u、R_i、R_o。

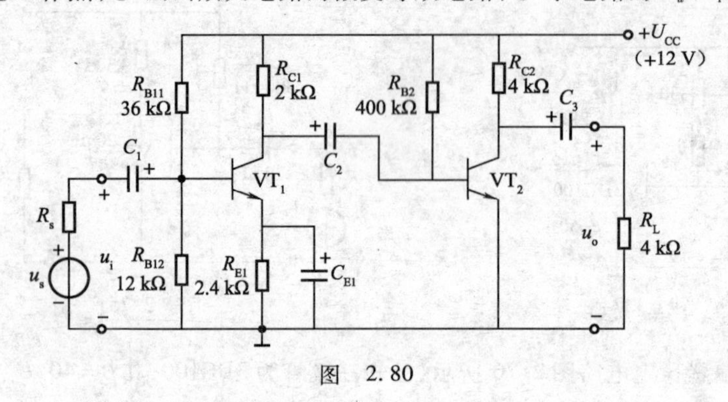

图 2.80

(9)判断图 2.81 所示的各电路中的反馈类型。

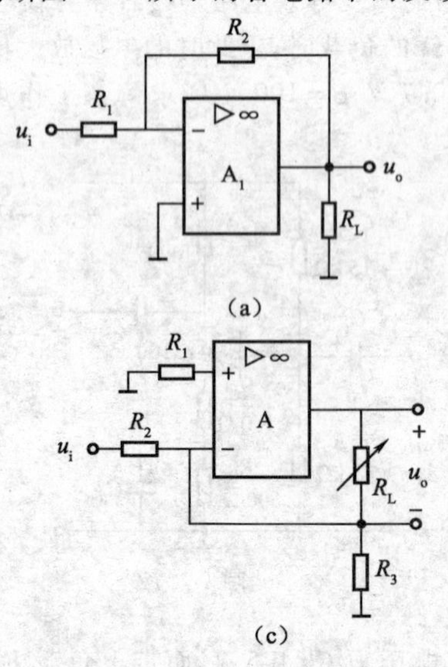

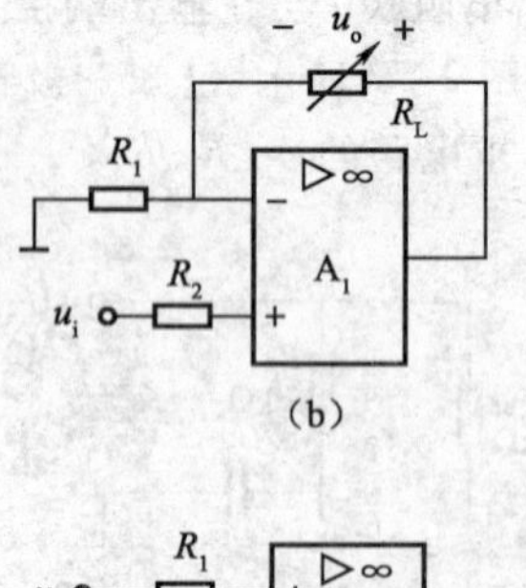

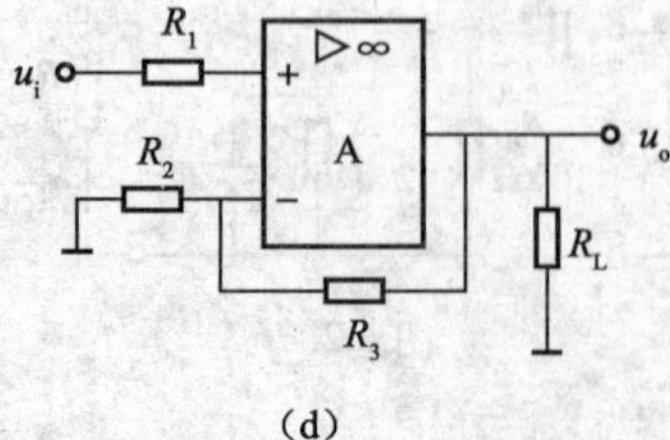

图 2.81

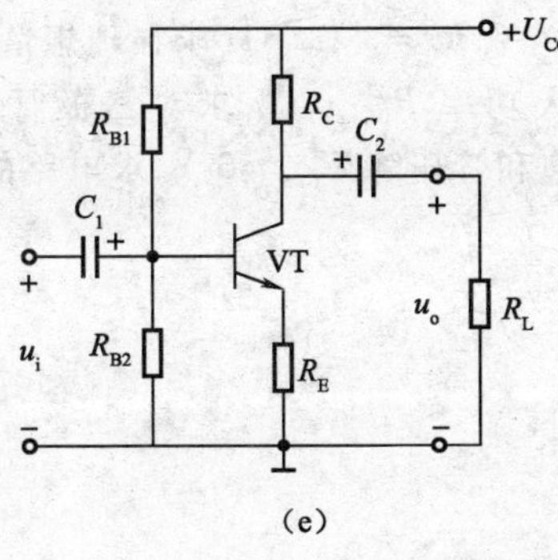

(e)

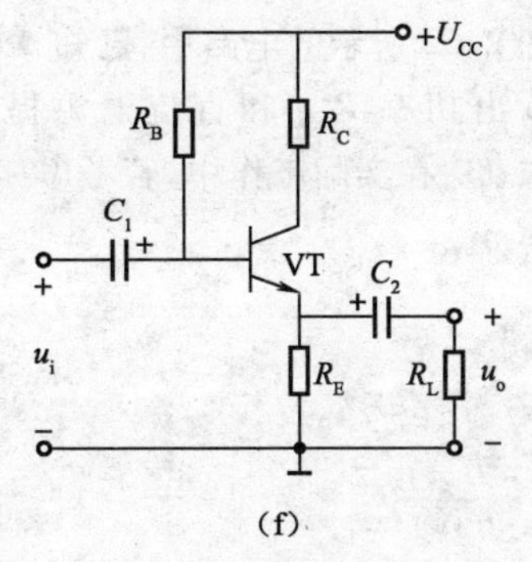

(f)

图 2.81(续)

(10)如图2.82所示电路，已知 $R_1=10\ \text{k}\Omega, R_F=30\ \text{k}\Omega$。试求：电压放大倍数和输入电阻。

(11)如图2.83所示电路，已知 $U_i=0.1\ \text{V}, R_1=10\ \text{k}\Omega, R_F=390\ \text{k}\Omega$。试求：输出电压为多少？

(12)如图2.84所示电路，已知 $R_1=R_2=2\ \text{k}\Omega, R_3=18\ \text{k}\Omega, R_F=10\ \text{k}\Omega, U_i=1\ \text{V}$。试求：$U_o$的值。

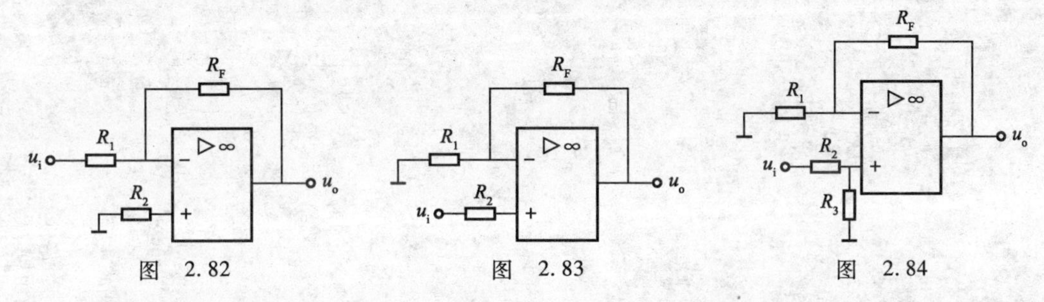

图 2.82　　图 2.83　　图 2.84

(13)在图2.85所示电路中，已知 $R_1=R_2=R_3=20\ \text{k}\Omega, R_F=40\ \text{k}\Omega, U_{i1}=20\ \text{mV}, U_{i2}=40\ \text{mV}$, $U_{i3}=60\ \text{mV}$。试求：输出电压 U_o为多少？

(14)如图2.86所示电路中，已知 $R_1=R_2=18\ \text{k}\Omega, R_3=R_F=36\ \text{k}\Omega, U_{i1}=30\ \text{mV}, U_{i2}=16\ \text{mV}$。试求：输出电压 u_o和电压放大倍数 A_u。

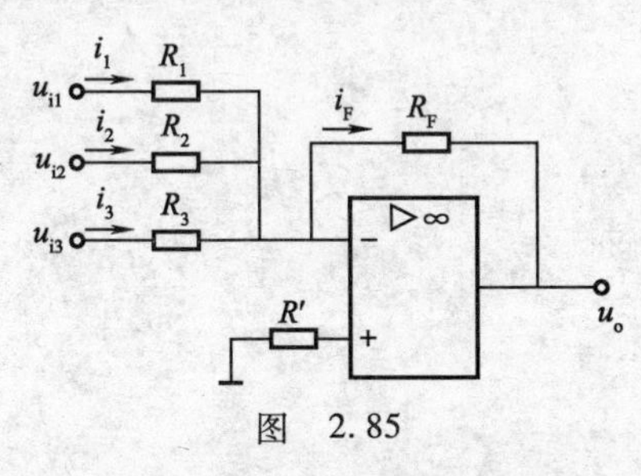

图 2.85

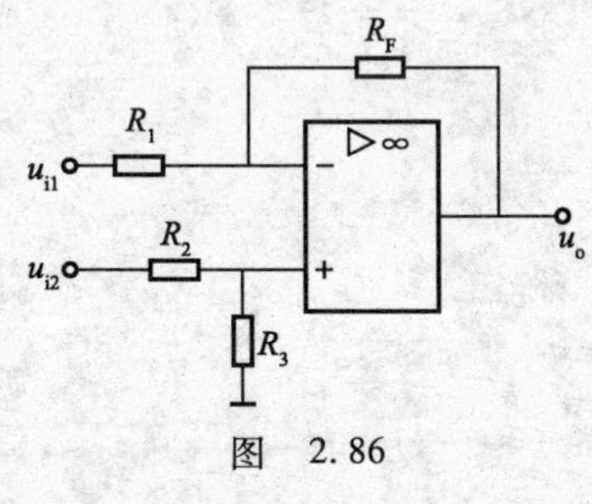

图 2.86

(15)写出图2.87所示电路的输出电压和输入电压之间的函数关系。

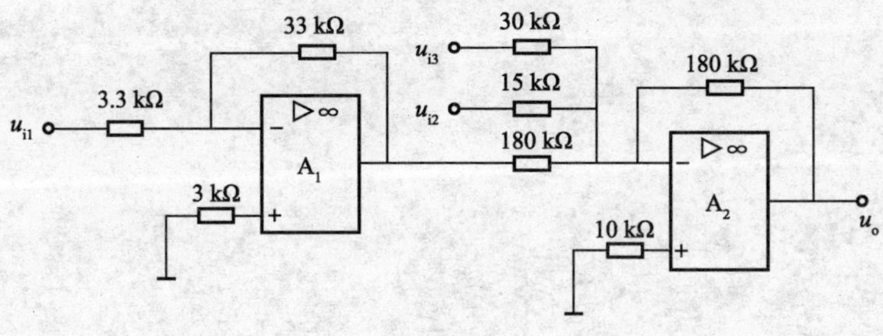

图 2.87

(16)在图 2.62 所示的电路中,已知 $\pm U_{CC} = \pm 12$ V,$R_L = 8$ Ω。① 求在理想情况下,负载上得到的最大输出功率 P_{omax} 和直流电源提供的最大功率 P_{DCmax};② 求对三极管的 P_{CM}、I_{CM} 和 $U_{(BR)CEO}$ 的要求;③ 在实际工作中,若考虑三极管的饱和管压降 $U_{CES} = 3$ V,求电路的最大输出功率 P_{omax} 和效率 η_{max}。

项目 3

直流稳压电路的分析与测试

项目内容

- 直流稳压电路的主要性能指标。
- 硅稳压管并联型直流稳压电路的构成、工作原理分析与测试。
- 晶体管串联型直流稳压电路的构成、工作原理分析与测试。
- 集成稳压器应用电路的分析与测试。
- 开关型直流稳压电路的认识。

知识目标

- 了解直流稳压电路的主要性能指标。
- 熟悉硅稳压管并联型直流稳压电路的构成,理解其工作原理。
- 熟悉晶体管串联型直流稳压电路的构成,理解其工作原理,能够估算晶体管串联型稳压电路的输出电压调节范围。
- 熟悉集成稳压器的应用电路,理解其工作原理。
- 了解开关型直流平稳压电路的结构,理解其工作原理。

能力目标

- 能组装常用的各种直流稳压电源电路。
- 能正确使用常用的电工电子仪器仪表测试、调试各种常用的直流稳压电源电路。
- 会识别集成稳压器,并能描述集成稳压器各引脚的功能。

任务 3.1　分立式直流稳压电路的分析与测试

任务引入

在项目 1 中已学习了利用整流滤波电路,可以将交流电变成比较平滑的直流电。但输出的直流电压并不稳定,它会因交流电网电压的波动、负载的变化和温度变化等因素,使输出电压随之变化。显然这种电源在对电源电压稳定性要求较高的电子设备、电子电路中是不适用的。所以电子设备中的直流电源和电子电路的供电电源,一般在滤波电路和负载之间增加稳压电路环节,以达到稳压供电的目的,使电子设备和电子电路稳定可靠地工作。本任务主要介绍在中小功率电子设备中广泛采用的硅稳压管并联型直流稳压电路、晶体管串联型直流稳压电路。

任务目标

了解直流稳压电路的主要性能指标。熟悉硅稳压管并联型直流稳压电路、晶体管串联型直流稳压电路的构成，理解其工作原理。能够估算晶体管串联型直流稳压电路的输出电压调节范围。能组装硅稳压管并联型直流稳压电路、晶体管串联型直流稳压电路。并能正确使用常用的电工电子仪器仪表测试、调试硅稳压管并联型直流稳压电路和晶体管串联型直流稳压电路。

子任务1　硅稳压管并联型直流稳压电路的分析与测试

〖现象观察〗——看一看

按图3.1所示电路连接电路，图中变压器为220 V/9 V，4只二极管为1N4007，电阻器R选用200 Ω/0.5 W，电容器选用2 200 μF/50 V的电解电容器，稳压管选用2CW53，负载R_L用500 Ω的电阻器和470 kΩ电位器串联代替。接通电源，调节470 kΩ电位器（即改变负载），用示波器观察u_O的波形变化情况，用万用表的直流电压挡测量U_O的值。请思考：此电路的输出电压U_O是否稳定？为什么？

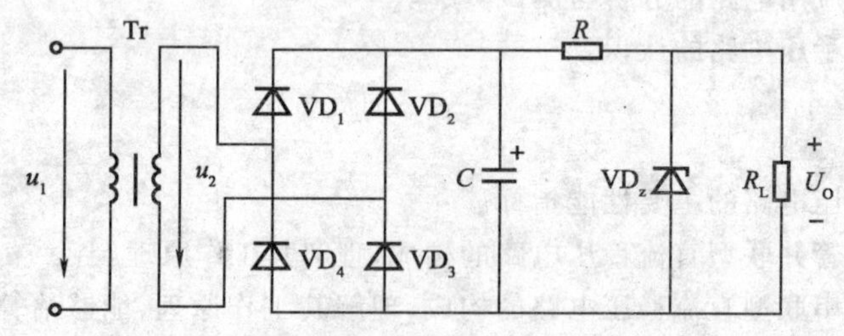

图3.1　硅稳压管并联型直流稳压电源电路

〖相关知识〗——学一学

1. 稳压电路的主要技术指标

稳压电路的技术指标是表示稳压电源性能的参数，主要有特性指标和质量指标两种。特性指标是表明稳压电源工作特性的参数。如允许输入的电压、输出电压及其可调范围、输出电流等。质量指标是衡量稳压电源性能优劣的参数，如稳压系数、输出电阻、纹波电压及温度系数等。

（1）稳压系数γ。稳压系数定义为负载固定时输出电压的相对变化量与输入电压的相对变化量之比，即

$$\gamma=\left.\frac{\Delta U_O/U_O}{\Delta U_I/U_I}\right|_{R_L=\text{常数}} \tag{3.1}$$

稳压系数反映了电网电压波动对输出电压稳定性的影响。γ越小，说明电路的稳压性能越好。γ一般为$10^{-2}\sim10^{-4}$。

（2）输出电阻R_o（或内阻）。输出电阻R_o定义为输入电压固定时，由于负载电流I_o的变化所引起的输出电压的变化，即

$$R_o=\left.\frac{\Delta U_O}{\Delta I_O}\right|_{U_I=\text{常数}} \tag{3.2}$$

这个指标反映了负载变化对输出电压稳定性的影响。R_o越小，负载变化对输出电压的影响越小，电路带负载的能力越强。一般输出电阻$R_o<1\Omega$。

（3）纹波电压。纹波电压是指稳压电路输出中含有的交流分量。通常用有效值或峰值表示。

纹波电压越小越好，否则影响正常工作，如在电视机中表现交流“嗡嗡”声和光栅在垂直方

向呈现 S 形扭曲。

2. 硅稳压管并联型直流稳压电路

（1）硅稳压管并联型直流稳压电路的结构及工作原理。图 3.2 所示为硅稳压管并联型直流稳压电路，U_I是整流滤波以后的输出电压。电阻器 R 限制流过稳压管的电流使之不超过 I_{Zmax}，称为限流电阻器。负载 R_L与用作调整元件的稳压管 VD_Z并联，输出电压就是稳压管两端的稳定电压，故又称并联型稳压电路。

在稳压电路中要求稳压管必须工作在反向击穿区，且流过稳压管的电流 $I_{Zmin} \leqslant I_Z \leqslant I_{Zmax}$。下面结合稳压管的反向特性曲线，分析电路的稳压原理。

首先分析负载不变（即 R_L不变），电网电压变化时的稳压过程。例如，当电网电压升高使输入电压 U_I随着升高，输出电压 U_O也即稳压管电压 U_Z略有增加时，稳压管的电流 I_Z会明显地增加，如图 3.3 中的 A、B 段所示，这使电阻器 R 的压降 $U_R = R(I_O + I_Z)$增加，从而导致输出电压 U_O下降，接近原来的值。即利用 I_Z的调整作用，将 U_I的变化量转移在电阻器 R 上，从而保持输出电压的稳定。

同样，若电网电压不变（即 U_I不变），负载变化时，电路也能起到稳压作用。例如，负载电阻 R_L减小，引起 I_O增加时，电阻器 R 上的压降增大，输出电压 U_O因而下降。只要 U_O略有下降，即 U_Z下降，则稳压管电流 I_Z会明显减小，从而使 I_R 和 U_R 减小，输出电压 U_O回升，接近原来的值，即将 I_O的变化量通过反方向的变化，使 U_R 基本不变，从而输出电压 U_O基本稳定。

由以上分析可知：稳压管组成的稳压电路，就是在电网电压波动和负载电流变化时，利用稳压管的电流调节作用，通过限流电阻器 R 上电压或电流的变化进行补偿，来达到稳压的目的。

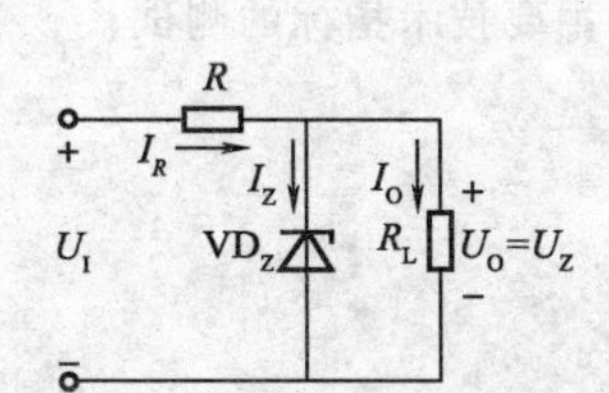

图 3.2　硅稳压管并联型直流稳压电路

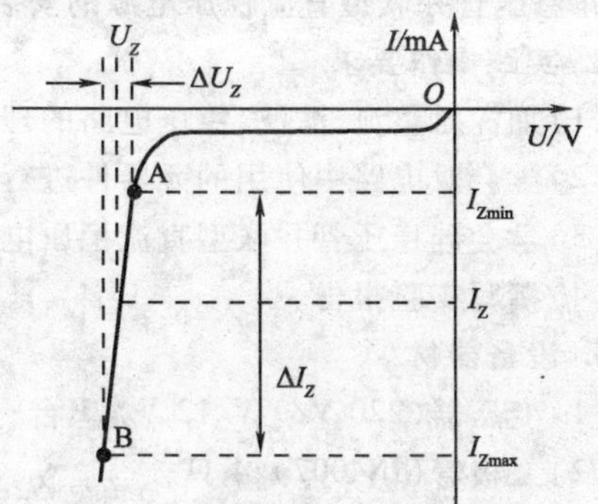

图 3.3　硅稳压管的反向伏安特性

（2）硅稳压管和限流电阻器的选择：

① 硅稳压管的选择。通常根据稳压管的 U_Z、I_{ZM}选择硅稳压管的型号。一般取：

$$U_Z = U_O \tag{3.3}$$

$$I_{ZM} = (2 \sim 3) I_{Omax} \tag{3.4}$$

② 输入电压 U_I的确定。考虑到电网电压的变化，U_I可按 $U_I = (2 \sim 3) U_O$选择，且随电网电压允许有 ±10% 的波动。

③ 限流电阻器的选择。当输入电压 U_I上升 10%，且负载电流为零（即 R_L开路）时，流过硅稳压管的电流不超过硅稳压管的最大允许电流 I_{Zmax}，即

$$\frac{U_{Imax} - U_O}{R} \leqslant I_{Zmax}$$

则

$$R \geqslant \frac{U_{Imax} - U_O}{I_{Zmax}}$$

当输入电压下降 10%，且负载电流最大时，流过硅稳压管的电流不允许小于稳压管稳定电流的最小值 I_{Zmin}，即

$$\frac{U_{Imin}-U_O}{R}-I_{Omax}\geqslant I_{Zmin}$$

则

$$R\leqslant\frac{U_{Imin}-U_O}{I_{Zmin}+I_{Omax}}$$

所以，限流电阻器选择应按式(3.5)确定，即

$$\frac{U_{Imax}-U_O}{I_{Zmax}}\leqslant R\leqslant\frac{U_{Imin}-U_O}{I_{Zmin}+I_{Omax}} \tag{3.5}$$

限流电阻器的功率为

$$P_R\geqslant\frac{(U_{Imax}-U_O)^2}{R} \tag{3.6}$$

综上所述，硅稳压管并联型直流稳压电路的稳压值取决于稳压管的 U_Z，负载电流的变化范围受到稳压管 I_{ZM} 的限制，因此，它只适用于电压固定、负载电流较小的场合。

〖实践操作〗——做一做

1. 实践操作内容

硅稳压管并联型直流稳压电源的安装与测试。

2. 实践操作要求

(1)加深对整流、滤波、稳压电路的理解；

(2)学会对电路中使用的元器件进行检测与筛选；

(3)学会硅稳压管并联型直流稳压电源电路的安装与主要技术指标的测试；

(4)撰写实验报告。

3. 设备器材

(1)变压器(220 V/9 V、12 V)，1 台；

(2)二极管(IN4007)，4 只；

(3)电解电容器(2 200 μF/50 V)，1 只；

(4)电阻器(200 Ω，500 Ω)，各 1 只；

(5)稳压管(2CW53)，1 只；

(6)电位器(470 kΩ)，1 只；

(7)万用电表、直流毫安表，各 1 块；

(8)交流毫伏表，1 块。

4. 实践操作步骤

(1)按图 3.4 所示的电路原理图设计绘制装配草图，并对电路中使用的元器件进行检测与筛选。

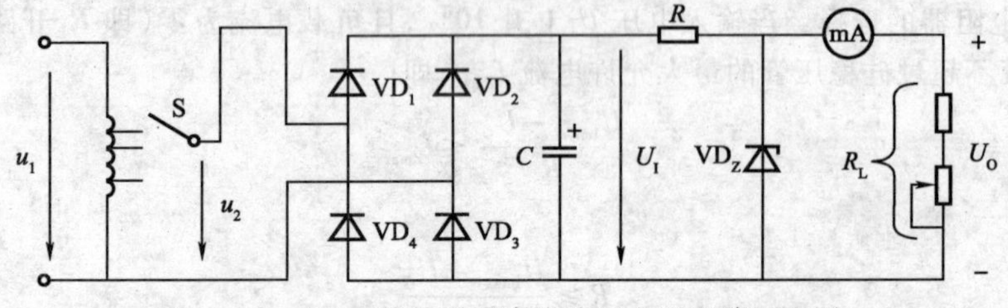

图 3.4　硅稳压管并联型直流稳压电源电路原理图

(2)初测。接通工频 220 V 交流电源，使 u_2 的值约为 9 V，测量 U_2 值；测量滤波电路输出电压 U_I（稳压电路的输入电压），稳压电路的输出电压 U_O，它们的数值应与理论值大致符合，否则说明电路出了故障，查找故障并加以排除。电路经初测进入正常工作状态后，才能进行各项指标的测试。把测量结果填入表 3.1 中。

(3)各项性能指标测试：

① 输出电压 U_O 和最大输出电流 $I_{O\max}$ 的测量。调节电位器使输出电流为最大，测量此时的输出电压和输出电流，将测量结果记入表 3.1 中。

表 3.1　输入、输出电压和输出电流的测量

U_2/V	U_I/V	U_O/V	I_O	
			最小值	最大值

② 稳压系数γ的测量。取 $I_O=10$ mA（$R_L=500\ \Omega$），改变变压器的输出电压 u_2 的值（模拟电网电压波动），分别测量稳压电路的输入电压 U_I 和输出电压 U_O 的值，计算稳压系数，将测量结果记入表 3.2 中。

表 3.2　稳压系数的测量

测　量　值			计 算 值
U_2/V	U_I/V	U_O/V	γ
9			
12			

③ 输出电阻 R_o 的测量。取 $U_2=12$ V，调节电位器，改变负载电阻，使 I_O 分别为空载、5 mA 和 10 mA，测量相应的 U_O 值，计算输出电阻，将测量结果记入表 3.3 中。

表 3.3　输出电阻的测量

测　量　值		计　算　值	
I_O/mA	U_O/V	R_{o12}/Ω	
空载			
5		R_{o23}/Ω	
10			

④ 输出纹波电压的测量。取 $U_2=12$ V，$U_O=5$ V，$I_O=10$ mA，用毫伏表测量输出纹波电压 U_O 的值。

5. 注意事项

(1)变压器的一次接入工频 220 V 的交流电源。

(2)用万用表测量负载两端电压时，注意正、负极。

〖问题思考〗——想一想

(1)为什么硅稳压管稳压电路又称并联型稳压电路？在硅稳压管稳压电路中，限流电阻器 R 起什么作用？

(2)稳压管工作在正向导通区时有稳压作用吗？为什么？

子任务2　晶体管串联型直流稳压电路的分析与测试

按图3.5所示电路连接电路,图中变压器为220 V/12 V、16 V,其他元器件的型号、参数如图3.5中标注,接通电源。改变变压器的输出电压 u_2 及调节负载电阻 R_L,用示波器观察 u_o 的波形变化情况,用万用表的直流电压挡测量 U_0 的值。请思考:此电路的输出电压 U_o 是否稳定?为什么?

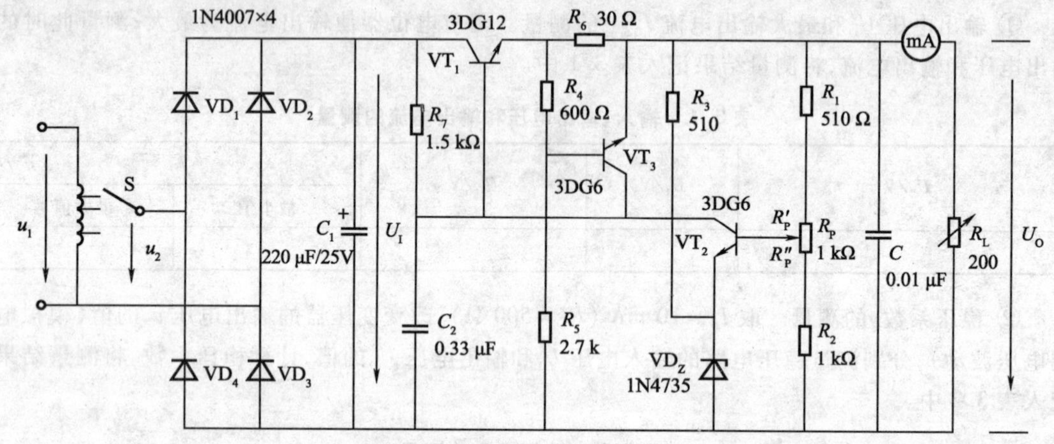

图3.5　晶体管串联型直流稳压电源电路

〖相关知识〗——学一学

1. 电路组成

晶体管串联型直流稳压电路如图3.6所示,各元件的作用如下:

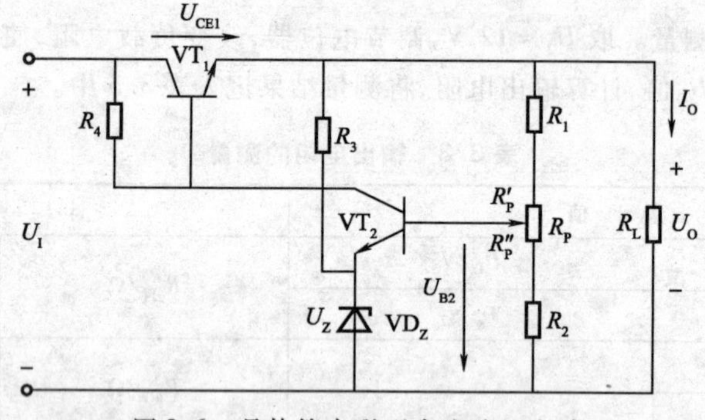

图3.6　晶体管串联型直流稳压电路

R_1、R_P、R_2 组成采样电路,当输出电压变化时,采样电阻器将其变化量的一部分送到比较放大管 VT_2 的基极,VT_2 的基极电压能反映输出电压的变化,所以称为采样电压;采样电阻不宜太大,也不宜太小,若太大,控制的灵敏度下降,若太小,带负载能力减弱。

R_3、VD_Z 组成基准电路,给 VT_2 发射极提供一个基准电压,R_3 为限流电阻器,保证 VD_Z 有一个合适的工作电流。

VT_2 是比较放大管,R_4 既是 VT_2 的集电极负载电阻,又是 VT_1 的基极偏置电阻,比较放大管 VT_2 的作用是将输出电压的变化量先放大,然后加到调整管 VT_1 的基极,控制调整管 VT_1 工作,从而提高了控制的灵敏度和输出电压的稳定性。

VT_1 是调整管,它与负载串联,故称此为晶体管串联型稳压电路,调整管 VT_1 受比较放大管 VT_2

的控制，工作在放大状态，集电极-发射极间相当于一个可变电阻器，用来抵消输出电压的波动。

综上所述，串联型直流稳压电路一般由 4 部分组成，即采样电路、基准电路、比较放大电路和调整电路。

2. 稳压过程分析

晶体管串联型直流稳压电路的稳压过程是通过负反馈实现的，所以又称串联反馈式稳压电路。例如，由于电网电压波动或负载变化，导致输出电压 U_O上升时，采样电路分压后，反馈到比较放大管 VT_2的基极使 U_{B2}升高，由于稳压管提供的基准电压 $U_Z=U_{E2}$稳定，比较的结果 U_{BE2}上升，经 VT_2放大后，$U_{B1}=U_{C2}$下降，则调整管 VT_1的管压降 U_{CE1}增大，从而使输出电压 U_O下降，即电路的负反馈使输出电压 U_O趋于稳定，电路的自动调节过程可表示为

$$U_O\uparrow \rightarrow U_{B2}\uparrow \rightarrow U_{C2}\downarrow (U_{B1}\downarrow) \rightarrow U_{CE1}\uparrow$$
$$U_O\downarrow \leftarrow$$

3. 输出电压的调节

图 3.6 所示电路中，取样电路中含有一个电位器 R_P串联接在 R_1和 R_2之间，可以通过调节 R_P来改变输出电压 U_O。假定流过取样电阻器的电流比 I_{B2}大得多，可用近似方法来估算 U_O的调节范围。由图 3.6 可知：

$$U_{B2}=U_{BE2}+U_Z\approx\frac{R_P''+R_2}{R_1+R_P+R_2}U_O$$

则

$$U_O\approx\frac{R_1+R_P+R_2}{R_P''+R_2}(U_{BE2}+U_Z) \tag{3.7}$$

所以调节 R_P，可以在一定范围内调节输出电压的大小。

当 R_P滑动触点移到最上端时，输出电压达到最小值为

$$U_{Omin}\approx\frac{R_1+R_P+R_2}{R_P+R_2}(U_{BE2}+U_Z) \tag{3.8}$$

当 R_P滑动触点移到最下端时，输出电压达到最大值为

$$U_{Omax}\approx\frac{R_1+R_P+R_2}{R_2}(U_{BE2}+U_Z) \tag{3.9}$$

以上各式中，U_{BE2}约为 0.6 ~ 0.7 V。

4. 晶体管串联型直流稳压电路的改进电路

晶体管串联型直流稳压电源的输出电压稳定、可调，输出电流的范围较大，技术经济指标好，故在小功率稳压电源中应用很广。对要求输出电流大的稳压电源，为了提高控制灵敏度，往往采用复合管作调整管；为了进一步提高电路的稳定性，比较放大环节常用集成运放替代，如图 3.7 所示。VT_1、VT_2组成复合管，集成运放构成比较放大电路。

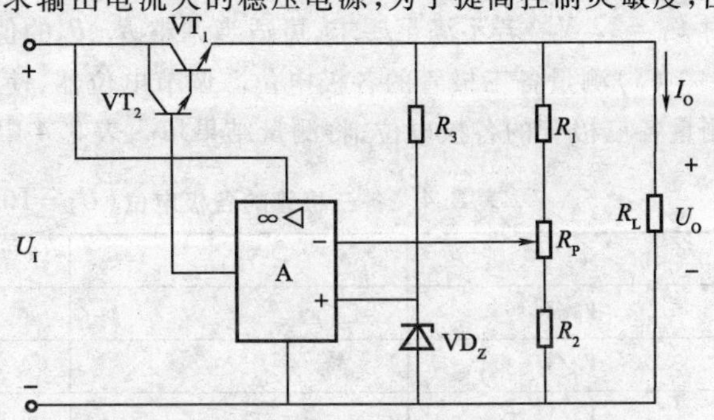

图 3.7　晶体管串联型直流稳压电路的改进电路

例 3.1　如图 3.6 所示的晶体管串联型直流稳压电路，已知 $R_1=560\ \Omega$，$R_P=680\ \Omega$，$R_2=1\ 000\ \Omega$，$U_Z=7$ V，$U_{BE2}=0.6$ V，求：输出电压调节范围。

解　由式（3.8），可求最小输出电

压为

$$U_{\mathrm{Omin}} \approx \frac{R_1 + R_P + R_2}{R_P + R_2}(U_{\mathrm{BE2}} + U_Z) = \left[\frac{560 + 680 + 1\,000}{680 + 1\,000} \times (0.6 + 7)\right] \mathrm{V} \approx 10\ \mathrm{V}$$

由式(3.9),可求最大输出电压为

$$U_{\mathrm{Omax}} \approx \frac{R_1 + R_P + R_2}{R_2}(U_{\mathrm{BE2}} + U_Z) = \left[\frac{560 + 680 + 1\,000}{1\,000} \times (0.6 + 7)\right] \mathrm{V} \approx 17\ \mathrm{V}$$

则输出电压的调节范围为 10 ~ 17 V。

〖实践操作〗——做一做

1. 实践操作内容

晶体管串联型直流稳压电源的测试。

2. 实践操作要求

(1)学会对电路中使用的元器件进行检测与筛选;

(2)学会直流稳压电源电路的安装与主要技术指标的测试;

(3)撰写安装与测试报告。

3. 设备器材

(1)变压器(220 V/12 V、17 V),1 台;

(2)直流毫安表,1 块;

(3)万用表,1 块;

(4)交流毫伏表,1 块;

(5)三极管、电阻器、电容器(参数如图 3.5 所示),各 1 只;

(6)实验线路板,1 块。

4. 实践操作步骤

(1)在实验线路板上连接图 3.5 所示的晶体管串联型直流稳压电源电路。连接好线路后,再将输出端负载开路,断开保护电路,接通 12 V 的工频交流电源,测量整流电路输入电压 U_2,滤波电路输出电压 U_I(即稳压电路的输入电压)及输出电压 U_O。调节电位器 R_P,观察 U_O的大小和变化情况,如果 U_O能跟随 R_P做线性变化,这说明稳压电路各部分工作基本正常。否则,说明稳压电路有故障,此时可分别检查基准电压 U_Z,输入电压 U_I,输出电压 U_O,以及比较放大器和调整管各电极的电位(主要是 U_{BE}和 U_{CE}),分析它们的工作状态是否都处在线性区,从而找出不能正常工作的原因。排除故障以后进行下面的测试。

(2)测量输出电压可调范围。接入负载 R_L(可调电位器),并调节 R_L,使输出电流 $I_O \approx$ 100 mA。再调节电位器 R_P,测量输出电压可调范围 $U_{O\min} \sim U_{O\max}$。且使 R_P动点在中间位置附近时 $U_O = 12$ V。若不满足要求,可适当调整 R_1、R_2的值。

(3)测量各三极管的各极电位。调节电位器,使输出电压 $U_O = 12$ V,输出电流 $I_O = 100$ mA,测量各三极管的各极电位,将测量结果填入表 3.4 中。

表 3.4 各三极管的各极电位($U_2 = 16$ V,$U_O = 12$ V,$I_O = 100$ mA)

	VT_1	VT_2	VT_3
V_B/V			
V_C/V			
V_E/V			

(4)稳压系数γ的测量。取 $I_0 = 100$ mA，改变变压器的输出电压 u_2 的值（模拟电网电压波动），分别测量稳压电路的输入电压 U_I 和输出电压 U_0 的值，计算稳压系数，将测量结果记入表 3.5 中。

表 3.5　稳压系数的测量

测量值			计算值
U_2/V	U_I/V	U_0/V	γ
12			
17			

(5)输出电阻 R_o 的测量。取 $U_2 = 17$ V，调节电位器，改变负载电阻，使 I_0 分别为 0 mA、50 mA 和 100 mA，测量相应的 U_0 值，计算输出电阻，将结果记入表 3.6 中。

表 3.6　输出电阻的测量

测量值		计算值	
I_0/mA	U_0/V		
0		R_{o12}/Ω	
50			
100		R_{o23}/Ω	

(6)输出纹波电压的测量。取 $U_2 = 17$ V，$U_0 = 12$ V，$I_0 = 100$ mA，用毫伏表测量输出纹波电压 U_0 的值。

5. 注意事项

(1)变压器的一次接入工频 220 V 的交流电源。

(2)用万用表测量负载两端电压时，注意正、负极。

〖问题思考〗——想一想

(1)为什么图 3.6 所示的稳压电路又称串联型稳压电路？晶体管串联型直流稳压电路由哪几部分组成？各组成部分的作用如何？

(2)在晶体管串联型直流稳压电路中，VD_Z 对输出电压的影响如何？若 VD_Z 开路或短路，输出电压将如何变化？

任务3.2　集成稳压器应用电路的分析与测试

任务引入

随着集成电路的发展，把调整电路、取样电路、基准电路、启动电路及保护电路集成在一块硅片上就构成了集成稳压器。在许多电子设备中，通常采用集成稳压器作为直流稳压电源的部件。集成稳压器体积小、外围元件少、性能稳定可靠、使用十分方便。

集成稳压器的类型很多，按结构可分为串联型、并联型和开关型；按输出电压类型可分为固定式和可调式。使用最方便也很广泛的有三端固式集成稳压器、三端可调式集成稳压器。

任务目标

会识别集成稳压器，并能描述集成稳压器各引脚的功能。理解集成稳压器的应用电路，理解其工作原理。能测试集成稳压器的应用电路。

〖器件认识〗——认一认

观察图3.8所示三端式集成稳压器的封装及引脚排列。

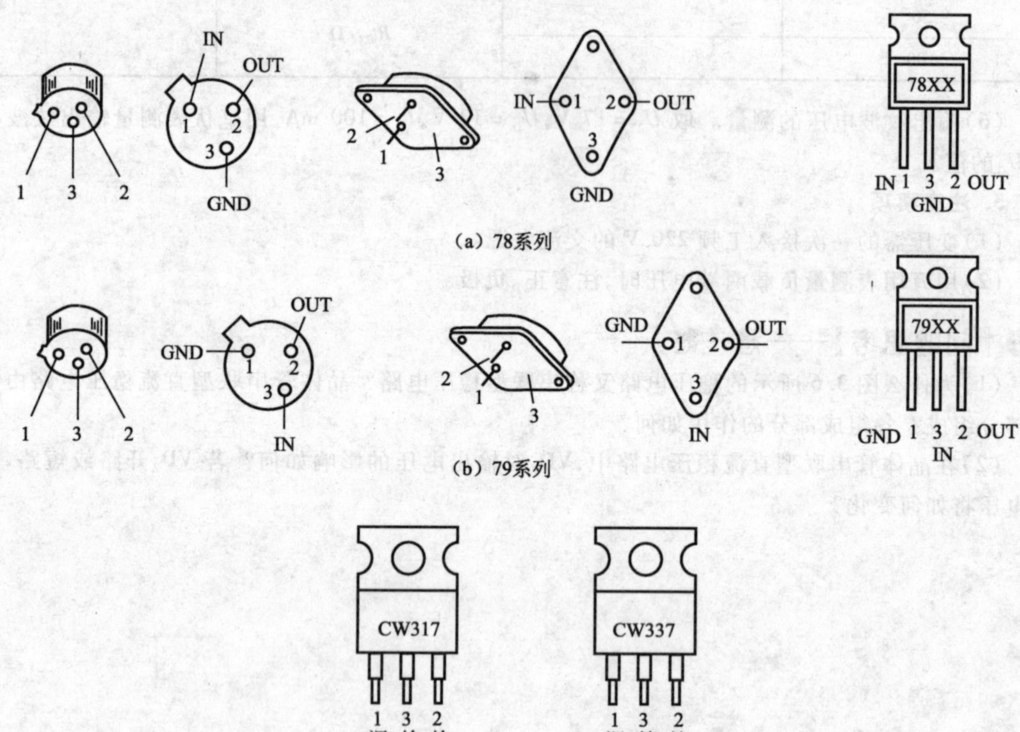

(a) 78系列

(b) 79系列

(c) CW317和CW337

图3.8　三端式集成稳压器的封装及引脚排列

〖现象观察〗——看一看

按图3.9所示电路连接电路，图中变压器为220 V/12 V、17 V，其他元器件的型号、参数如图中标注，接通电源。改变变压器的输出电压 u_2 及调节负载电阻 R_L，用示波器观察 u_O 的波形变化情况，用万用表的直流电压挡测量 U_O 的值。请思考：此电路的输出电压 U_O 是否稳定？为什么？

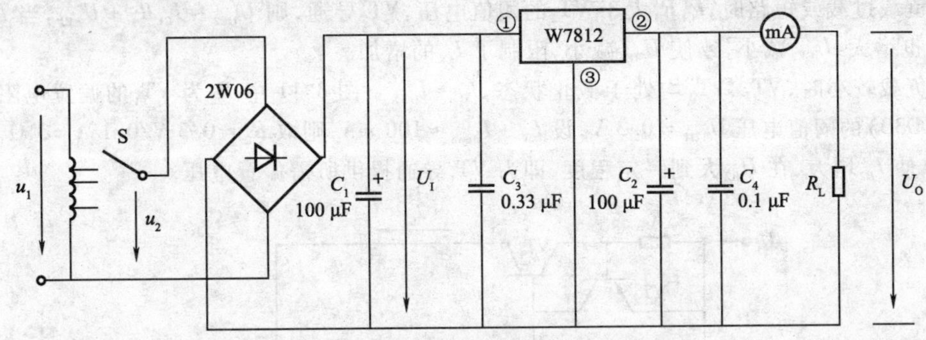

图 3.9　由集成稳压器构成的直流稳压电源

〖相关知识〗——学一学

1. 三端固定式集成稳压器的型号组成及其意义

三端固定式集成稳压器是将所有元器件都集成在一个芯片上，外部只有 3 个引脚，即输入端、输出端和公共端，故称为三端固定式集成稳压器。这类产品有两种封装形式：一种是金属壳封装，另一种是塑料壳封装。这种稳压器使用方便，性能可靠（内部有保护电路），目前已基本取代了分立元件稳压器。三端固定式集成稳压器的封装及引脚排列如图 3.8（a）和图 3.8（b）所示。

三端固定式集成稳压器有输出正电压的 78XX 系列和输出负电压的 79XX 系列。三端固定式集成稳压器命名方法为 CW78(79)LXX，其中：C——国标；W——稳压器；78(79)——78：输出固定正电压，79：输出固定负电压；L——最大输出电流：L 为 0.1 A，M 为 0.5 A，无字母表示 1.5 A（带散热片）；XX——用数字表示输出电压值。

国产的三端固定式集成稳压器 CW78XX 系列和 CW79XX 系列的输出电压有：±5 V、±6 V、±8 V、±9 V、±12 V、±15 V、±18 V、±24 V，最大输出电流有：0.1 A、0.5 A、1 A、1.5 A、2.0 A 等。例如，CW7805 为国产三端固定式集成稳压器，输出电压为 +5 V，最大输出电流为 1.5 A；LM79M9 为美国国家半导体公司生产的 −9 V 稳压器，最大输出电流为 0.5 A。CW78XX 系列、CW79XX 系列装上足够大的散热器后，耗散功率可达 15 W。

2. 三端固定式集成稳压器应用电路

（1）固定电压输出电路。用三端固定式集成稳压器组成的固定电压输出电路如图 3.10 所示，为输出正电压电路。图 3.10 中 C_1 为抗干扰电容器，用以旁路在输入导线过长时窜入的高频干扰脉冲；C_2 具有改善输出瞬态特性和防止电路产生自激振荡的作用；二极管对稳压器起保护作用。如不接二极管，当输入端短路且 C_2 容量较大时，C_2 上的电荷通过稳压器内电路放电，可能使集成块击穿而损坏。接上二极管后，C_2 上电压使二极管正偏导通，电容器通过二极管放电从而保护了稳压器。

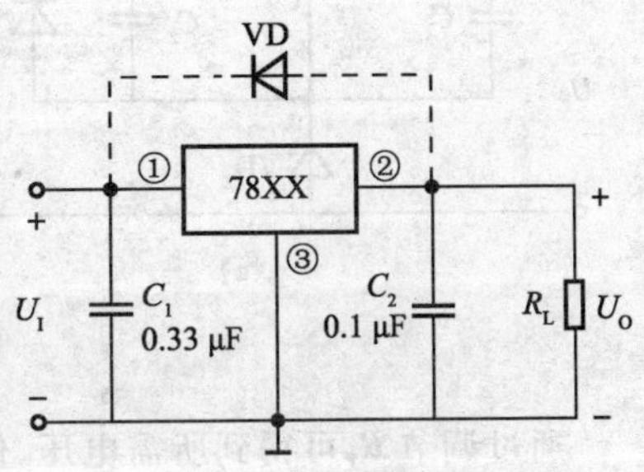

图 3.10　固定电压输出电路

（2）扩大输出电流电路。扩大输出电流电路如图 3.11 所示。图中 VT_1 为外接功率管，起扩大输出电流的作用。VT_2 与 R_1 组成功率管短路保护电路。若三端固定式集成稳压器的输出电流

为 I_{OXX}，在负载正常情况下，$I_{C1}R_1 - U_{BE2}$ 小于 VT_2 的阈值电压，VT_2 截止，则电路的输出电流 I_O 为

$$I_O = I_{C1} + I_{OXX} \tag{3.10}$$

当负载过载或短路时，$I_{C1}R_1$ 大于 VT_2 的阈值电压，VT_2 导通，则 $U_{CE2} \approx I_{C1}R_1 + U_{BE1}$，当 I_{C1} 增大时，U_{BE2} 也增大，U_{CE2} 减小，致使 U_{BE1} 减小，限制了 I_{C1} 的增加。

当负载较小时，VT_1、VT_2 均处于截止状态，$I_O \approx I_{OXX}$。图 3.11 中 R_2 为 VT_1 的偏置电阻，选取 VT_1（3AD30）的阈值电压 $U_{TH1} = 0.3$ V，设 $I_W + I_{Omin} \approx 100$ mA，则取 $R_2 \approx 0.3$ V/0.1 A = 3 Ω。当 I_O 增大时，使 I_{R2} 增大，在 U_{R2} 大到一定程度，即为 VT_1 导通提供所需偏置电压。

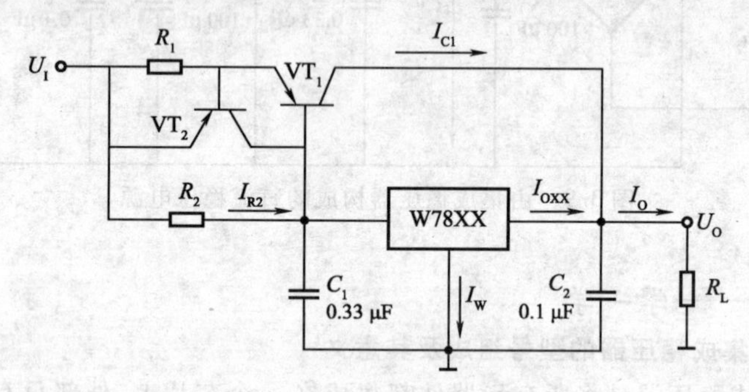

图 3.11 扩大输出电流电路

（3）扩大输出电压电路。如果需要输出电压高于三端固定式集成稳压器输出电压时，可采用图 3.12 所示电路。在图 3.12（a）所示电路中，U_O 为

$$U_O = U_{XX} + U_Z \tag{3.11}$$

式中，U_{XX} 为 W78XX 三端固定式集成稳压器的输出电压值，U_Z 为稳压管的稳压值。

图 3.12（b）所示电路中的输出电压 U_O 为

$$U_O = U_{XX}\left(1 + \frac{R_P}{R_1}\right) + I_W R_P \tag{3.12}$$

式中，I_W 为三端固定式集成稳压器的静态电流，一般为几毫安。若经过 R_1 的电流 I_{R1} 大于 $5I_W$，可以忽略 $I_W R_P$ 的影响，则有

$$U_O \approx U_{XX}\left(1 + \frac{R_P}{R_1}\right) \tag{3.13}$$

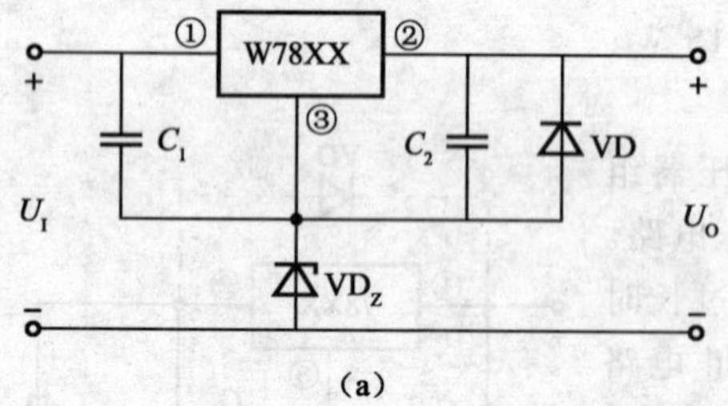

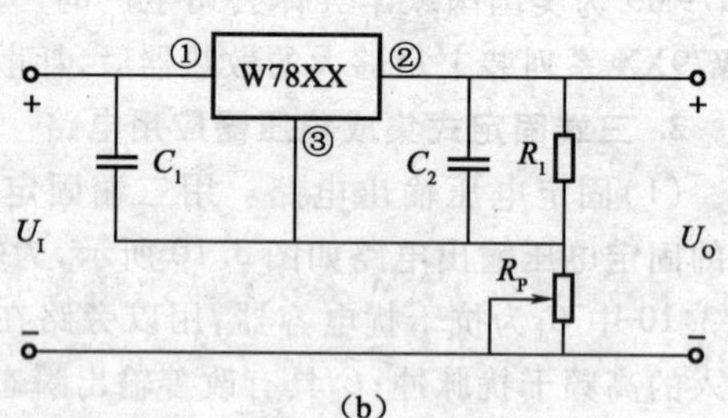

（a） （b）

图 3.12 扩大输出电压电路

通过调节 R_P 可得到所需电压，但它的电压可调范围小。请注意：三端固定式集成稳压器使用时对输入电压有一定要求。若过低，会使稳压器在电网电压下降时不能正常稳压；过高会使集成稳压器内部输入级击穿，使用时应查阅手册中的输入电压范围。一般输入电压应大于输出电压 2 ~ 3 V 以上。

（4）输出正、负电压电路。用三端固定式集成稳压器 W78XX 和 W79XX 可构成输出正、负电

压的直流稳压电源，如图 3.13 所示。图中 VD_5、VD_6起保护集成稳压器的作用。在输出端接负载的情况下，如果其中一路稳压器输入 U_I断开，如图 3.13 中 79XX 的输入端 A 点断开，则 $+U_O$通过 R_L作用于 79XX 的输出端，使它的输出端对地承受反向电压而损坏。有了 VD_6，在上述情况发生时，VD_6正偏导通，使反向电压钳制在 0.7 V，从而保护了集成稳压器。

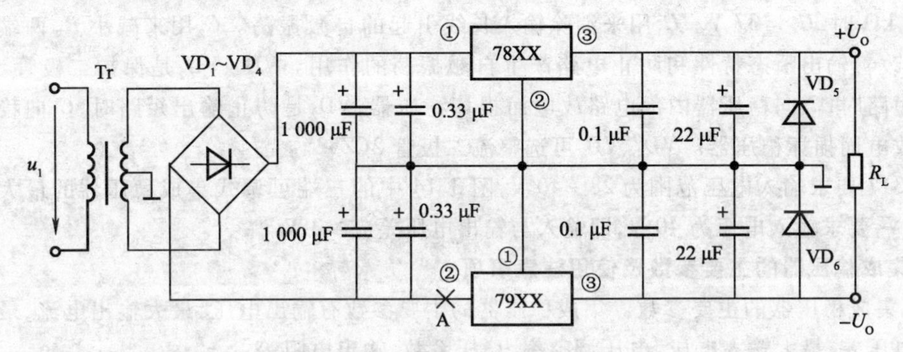

图 3.13　输出正、负电压电路

3. 三端可调式集成稳压器

三端可调式集成稳压器输出电压可调，且稳压精度高，输出纹波小，只需外接两只不同的电阻器，即可获得各种输出电压。按输出电压分为正电压输出 CW317（CW117、CW217）和负电压输出 CW337（CW137、CW237）两大类。按输出电流的大小，每个系列又分为 L 型、M 型等。型号由 5 个部分组成，其意义如下：

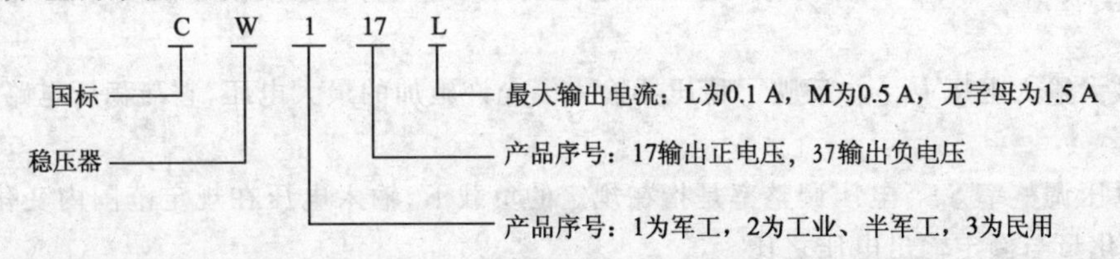

三端可调式集成稳压器克服了三端固定式集成稳压器输出电压不可调的缺点，继承了三端固定式集成稳压器的诸多优点。

三端可调式集成稳压器 CW317 和 CW337 是一种悬浮式串联调整稳压器，它们的封装及引脚排列如图 3.8(c)所示。

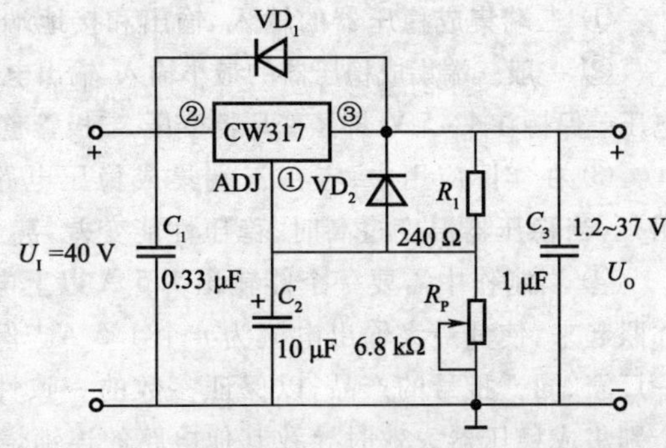

图 3.14　三端可调式集成稳压器应用电路

三端可调式集成稳压器的典型应用电路，如图 3.14所示。CW317 的输出电压为 1.25 ~ 37 V，最大输出电流为 1.5 A，最大输入电压为 40 V，最小输入与输出电压差≥3 V。

为了使电路正常工作，一般输出电流不小于 5 mA。输入电压范围在 2 ~ 40 V 之间，输出电压可在 1.25 ~ 37 V 之间调整，负载电流可达 1.5 A，由于调整端（ADJ 端）的输出电流非常小（50 μA）且恒定，故可将其忽略，那么输出电压为

$$U_O = 1.25\left(1 + \frac{R_P}{R_1}\right) \tag{3.14}$$

在图3.14中，R_1跨接在输出端与调整端之间，为保证负载开路时输出电流不小于5 mA，R_1的最大值为R_{1max} = 1.25 V/5 mA = 250 Ω（一般取120～240 Ω，此值保证稳压器在空载时也能正常工作）。调节R_P可改变输出电压的大小（R_P取值视R_L和输出电压的大小而确定），图3.14电路要求最大输出电压为37 V，由式（3.14）即可求得R_P，取6.8 kΩ。当R_P = 0时，U_O = 1.25 V；当R_P = 6.8 kΩ时，U_O = 37 V。C_1用来消除输入长线引起的自激振荡。C_2用来减小R_W两端纹波电压，具有改善输出瞬态特性和防止电路产生自激振荡的作用。VD_1、VD_2是保护二极管。VD_1防止输入短路时，C_3向稳压器内部电路放电而损坏稳压器；VD_2是防止输出短路时，C_2向稳压器内部电路放电而损坏稳压器。VD_1、VD_2可选整流二极管2CZ52。

CW317要求输入电压范围为28～40 V，图3.14中的三端可调式集成稳压器的最大输出电压为37 V，要求输入电压为40 V，即输入与输出电压差应≥3 V。

4. 集成稳压器的主要参数及使用注意事项

（1）集成稳压器的主要参数。集成稳压器的主要参数有输出电压、最大输出电流、最小输入与输出电压差、最大输入电压、电压调整率、稳压系数、输出电阻等。

① 输出电压。输出电压固定的集成稳压器，有标称输出电压U_O及其偏差范围ΔU_O；输出电压可调的集成稳压器，有输出电压的可调范围$U_{Omin} \sim U_{Omax}$。

② 最大输出电流I_{Omax}。集成稳压器正常工作时能够输出的电流最大值I_{Omax}，使用时要安装规定的散热片。

③ 最小输入与输出电压差$(U_I - U_O)_{min}$。最小输入与输出电压差$(U_I - U_O)_{min}$是指在保证稳压器正常工作时，所要求的输入电压与输出电压的最小差值，它也反映了所要求的最小输入电压数值。

④ 最大输入电压U_{Imax}。反映了稳压器输入端允许施加的最大电压，它与稳压电路的击穿电压有关。

⑤ 电压调整率S_U。电压调整率是指在规定的负载下，输入电压在规定范围内变化时，输出电压的变化量与额定输出电压之比。

另外输出电阻、纹波电压等如前面所述。

（2）集成稳压器的使用注意事项：

① 三端集成稳压器的输入、输出和接地端绝不能接错，不然容易烧坏。

② 一般三端集成稳压器的最小输入、输出电压差约为2 V，否则不能输出稳定的电压。一般应使电压差保持在4～5 V，即经变压器变压、二极管整流、电容器滤波后的电压比稳压值高一些。

③ 在实际应用中，应在三端集成稳压电路上安装足够大的散热片（当然小功率的条件不用）。当稳压器温度过高时，稳压性能变差，甚至损坏。

④ 当制作中需要一个能输出1.5 A以上电流的稳压电源时，通常采用多块三端集成稳压器并联起来，使其最大输出电流为n个1.5 A。但应用时需注意，并联使用的集成稳压器应采用同一厂家、同一批号的产品，以保证参数的一致性。另外，在输出电流上留有一定的裕量，以避免个别集成稳压器失效时导致其他电路的连锁烧坏。

〖实践操作〗——做一做

1. 实践操作内容

由集成稳压器构成的直流稳压电源的测试。

2. 实践操作要求

（1）学会对电路中使用的元器件进行检测与筛选；

(2)学会直流稳压电源电路的安装与主要技术指标的测试；

(3)撰写安装与测试报告。

3. 设备器材

(1)变压器(220 V/12 V、17 V),1 台；

(2)桥堆(2W06),1 块；

(3)三端集成稳压器(CW7812),1 块；

(4)万用表、直流毫安表、毫伏表,各 1 块

(5)三极管、电阻器、电容器(参数如图 3.9 所示),各 1 块；

(6)实验线路板,1 块。

4. 实践操作步骤

(1)在实验线路板上连接图 3.9 所示的集成稳压器构成的直流稳压电源电路。连接好线路后,接通工频 12V 电源,测量 U_2值;测量滤波电路输出电压 U_I(稳压器输入电压),集成稳压器输出电压 U_O,它们的数值应与理论值大致符合,否则说明电路出了故障,设法查找故障并加以排除。电路经初测进入正常工作状态后,才能进行各项指标的测试,将测量结果填入表 3.7中。

表 3.7　集成稳压器的初测

U_2/V	U_I/V	U_O/V

(2)输出电压 U_O和最大输出电流 I_{Omax}的测量。在输出端接负载电阻 R_L = 120 Ω,由于 CW7812 输出电压 U_O = 12 V,因此流过 R_L的电流为 I_{Omax} = 12 V/120 Ω = 100 mA。这时 U_O应基本保持不变,若变化较大则说明集成块性能不良。

(3)稳压系数γ的测量。取 I_O = 100 mA (R_L = 120 Ω),按表 3.8 改变整流电路输入电压 U_2,分别测出相应的稳压器输入电压 U_I及输出直流电压 U_O,将测量结果填入表 3.8 中。

表 3.8　稳压系数的测量

测　量　值			计　算　值
U_2/V	U_I/V	U_O/V	γ
12			
17			

(4)输出电阻 R_o的测量。取 U_2 = 17 V,调节电位器,改变负载电阻,使 I_O分别为 0 mA、50 mA 和 100 mA,测量相应的 U_O值,计算输出电阻,将测量结果填入表 3.9 中。

表 3.9　输出电阻的测量

测 量 值		计 算 值	
I_O/mA	U_O/V	R_{o12}/Ω	
0			
50		R_{o23}/Ω	
100			

(5)输出纹波电压的测量。取 U_2 = 17 V,U_O = 12 V,I_O = 100 mA,用毫伏表测量输出纹波电压 U_O的值。

5. 注意事项

(1)变压器的一次接入工频 220 V 的交流电源。

(2)用万用表测量负载两端电压时,注意正、负极。

〖问题思考〗——想一想

(1)说明 CW78XX 系列三端固定式集成稳压器提高输出电压的具体方法。

(2)在使用集成稳压器构成稳压电路时,在输入端、输出端接入电容器的目的是什么?

任务3.3　开关型直流稳压电路的认识

任务引入

晶体管串联型直流稳压电路是连续调整控制方式的稳压电路，其调整管与负载串联，调整管工作于线性状态，稳压电路的输出电压调节与稳定通过调整管上电压降的来实现，因此晶体管串联型直流稳压电路具有纹波抑制比高的优点，但调整管的集电极-发射极之间的电压 U_{CE} 较大，使调整管的功率损耗较大，调整管的管耗较大，电源效率较低。为了解决调整管的散热问题，还需安装散热器，这就必然增大整个电源设备的体积、质量和成本。如果使调整管工作在开关状态，那么当其截止时，因电流很小而功耗很小；当饱和时，因管压降很小而功耗也很小，这样就大大提高了电路的效率。开关型直流稳压电路中的调整管是工作在开关状态的，并因此而得名，其效率可达到80% ~90%。它具有功耗小、体积小、质量小、稳压范围宽，易于实现自动保护等优点，并已得到越来越广泛的应用。

任务目标

了解开关型直流稳压电路的结构；理解开关型直流稳压电路的工作原理。

〖相关知识〗——学一学

1. 开关型直流稳压电源的组成及基本原理

（1）开关型直流稳压电源的组成。开关型直流稳压电源结构框图，如图3.15所示。它由6个部分组成，其中，采样电路、比较电路、基准电路，在组成及功能上都与普通的晶体管串联型直流稳压电路相同；不同的是增加了开关调整管、滤波器和开关时间控制器等电路，新增部分的功能如下：

① 开关调整管。在开关脉冲的作用下，使开关调整管工作在饱和或截止状态，输出断续的脉冲电压，如图3.16所示，开关调整管采用大功率管。

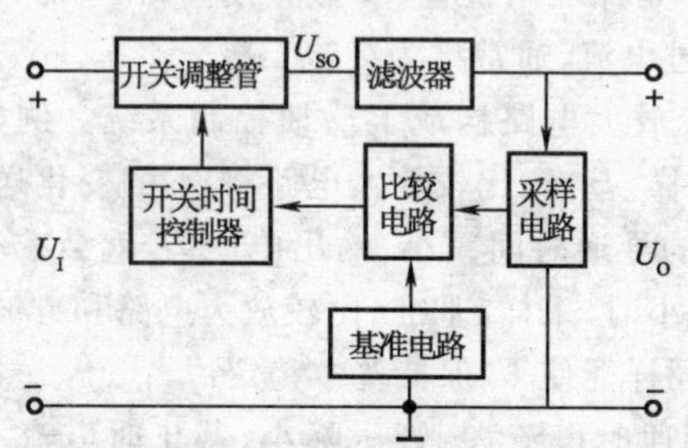

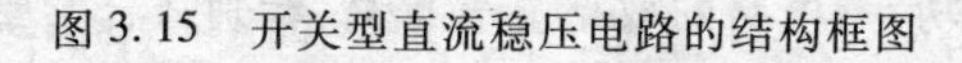
图3.15　开关型直流稳压电路的结构框图

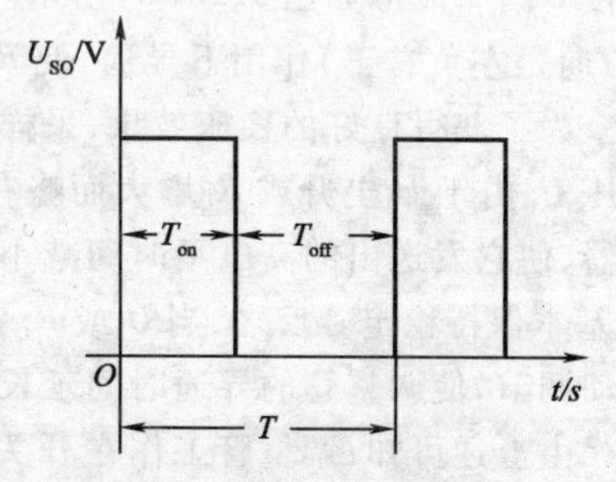

图3.16　脉冲电压 U_{SO} 的波形

设开关管导通时间为 T_{on}，截止时间为 T_{off}，则工作周期为 $T = T_{on} + T_{off}$。负载上得到的电压为

$$U_O = \frac{U_I \times T_{on} + 0 \times T_{off}}{T_{on} + T_{off}} = \frac{T_{on}}{T} \times U_I \tag{3.15}$$

式中，T_{on}/T 称为占空比，用 δ 表示，即在一个通断周期 T 内，脉冲持续导通时间 T_{on} 与周期 T 之比值。改变占空比的大小就可改变输出电压 U_O 的大小。

② 滤波器。把矩形脉冲变成连续的平滑直流电压 U_O。

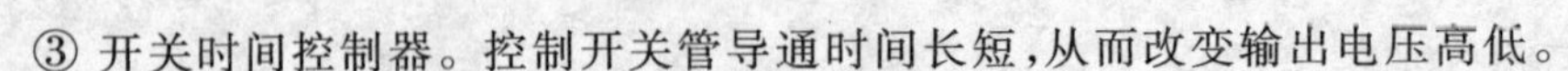

③ 开关时间控制器。控制开关管导通时间长短，从而改变输出电压高低。

开关型直流稳压电路有多种形式。按负载与储能电感器的连接方式可分为，串联式开关型稳压电路和并联式开关型稳压电路；按不同的控制方式可分为，固定频率调宽式开关电路和固定脉宽调频式开关电路；按不同的激励方式可分为，自激式开关电路和他激式开关电路。下面分别介绍串联式和并联式开关型直流稳压电路基本工作原理。

(2)开关型直流稳压电路的工作原理：

① 串联式开关型直流稳压电路。串联式开关型直流稳压电路结构框图，如图 3.17 所示。它由开关电路、滤波电路、采样电路组成。

开关电路由调整管 VT 和矩形发生器组成，U_I是经整流滤波后的直流电压。当矩形发生器输出高电平时，VT 饱和导通，A 点对地电压等于 U_I（忽略 VT 的饱和管压降）；当矩形发生器输出低电平时 VT 截止，A 点对地电压为零。对应 A 点的波形如图 3.18(a)所示。

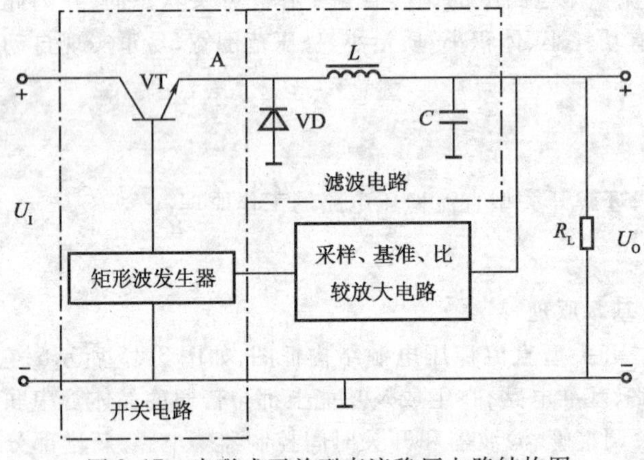

图 3.17　串联式开关型直流稳压电路结构图

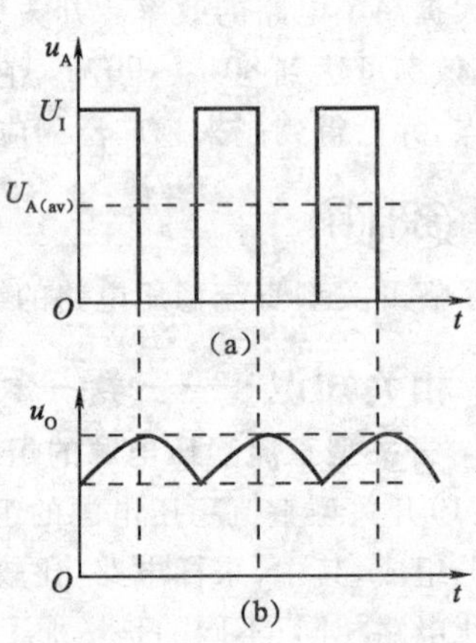

图 3.18　u_A和 u_O的波形

为了减小输出电压的纹波，使用了 LC 滤波电路，使负载 R_L上的直流分量接近 u_A中的直流分量 $U_{A(av)}$，波形如图 3.18(b)所示。二极管 VD 是保证调整管 VT 截止期间，在 L 的自感电动势（方向是左负右正）作用下导通，使 R_L中继续流过电流，通常称为续流二极管。

为了获得良好的稳压效果，采样、基准、比较放大电路构成了反馈控制系统。例如，当输出电压 U_O由于 U_I上升或 R_L增大而略有增大时，采样、基准、比较放大电路将 U_O的变化送到方波发生器，使它发送出的高电平时间减小，则调整管的导通时间减小，输出电压 U_O就会减小，从而使 U_O基本保持稳定。反之，当 U_I或 R_L变化使 U_O减小时，采样、基准、比较放大电路和方波发生器的自动调节，使调整管的导通时间延长，增大 U_O，同样能使 U_O保持基本稳定。

由上述可知：调整管工作在开关状态（即导通时电流大、管压降小；截止时电流小、管压降大）管耗很小，因此电路的输出功率接近输入功率，电路的效率显著提高，特别适合于要求整机体积和质量都较小的电子设备。例如计算机、电视机等的电源。

② 并联式开关型直流稳压电路。将串联式开关型直流稳压电路的储能电感器 L 与续流二极管位置互换，使储能电感器 L 与负载并联，即成为并联式开关型直流稳压电路。其电路如图 3.19所示。

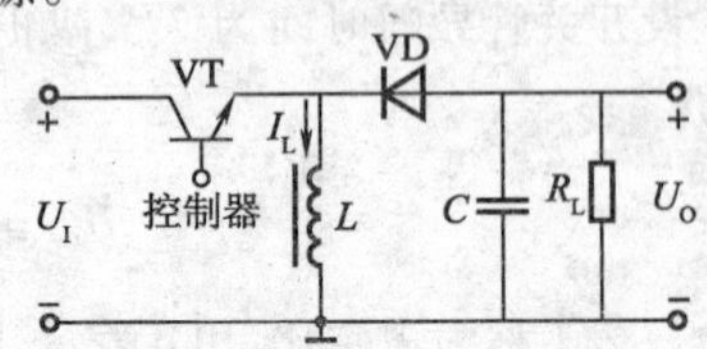

图 3.19　并联式开关型直流稳压电路

在调整管饱和导通期间，输入直流电压 U_I通过调整管 VT 加到储能电感器两端，在 L 中产生上正下负的自感电动势，使续流二极管 VD 反偏截止，以便 L 将 VT 的能量转换成磁场能储存于线圈中。调整管 VT 导通时间越长，I_L越大，L 储存的能量越多。

在调整管从饱和导通跳变到截止瞬间，切断外电源能量输入电路，L 的自感作用将产生上负下正的自感电动势，导致续流二极管 VD 正偏导通，这时 L 将通过续流二极管 VD 释放能量并向储能电容器 C 充电，并同时向负载供电。

当调整管再次饱和导通时，虽然续流二极管 VD 反向截止，但可由储能电容器释放能量向负载供电。

通过上面分析可以归纳出开关型直流稳压电路的工作原理：调整管导通期间，储能电感器储能，并由储能电容器向负载供电；调整管截止期间，储能电感器释放能量对储能电容器充电，同时向负载供电。这两个元件还同时具备滤波作用，使输出波形平滑。

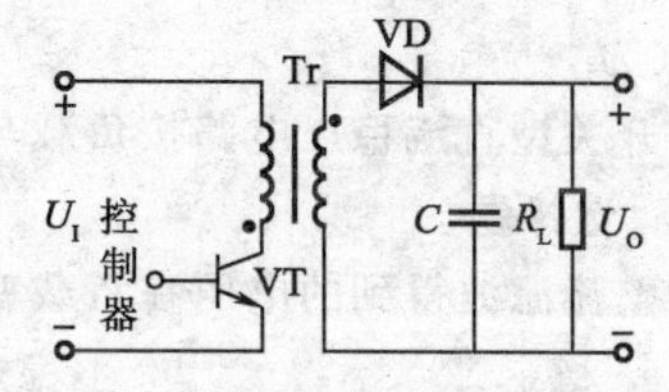

图 3.20　变压器耦合式开关型直流稳压电路

在实际使用时，为了防止交流电源与电子设备整机地板带电，储能电感器以互感变压器的形式出现，如图 3.20 所示。

2. 三端开关型集成稳压器

三端开关型集成稳压器产品有 YDS1XX 和 YDS2XX 系列等，其输出电压有 5 V、12 V、15 V 和 24 V，共 4 个档次，型号的第一位数字表示输出电流值，后两位表示输出电压值，如 YDS105 表示输出电流为 1 A，输出电压为 5 V。图 3.21 是 YDSXXX 系列三端开关型集成稳压器的引脚排列图，其中 1 引脚为输入端，2 引脚为公共端，3 引脚为输出端。2 引脚与 4 引脚之间接电阻器可使输出电压增大；3 引脚与 4 引脚之间接电阻器可使输出电压减小。

YDSXXX 系列三端开关型集成稳压器的典型应用电路如图 3.22 所示。使用时电容器 C_1尽量靠近 1、2 引脚，电容器 C_2容量越大时，瞬态特性越好。

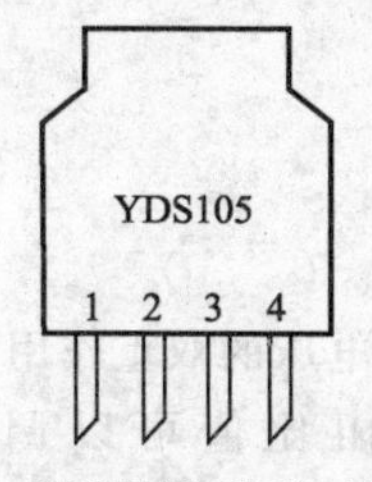

图 3.21　YDSXXX 系列三端开关型集成稳压器的引脚排列图

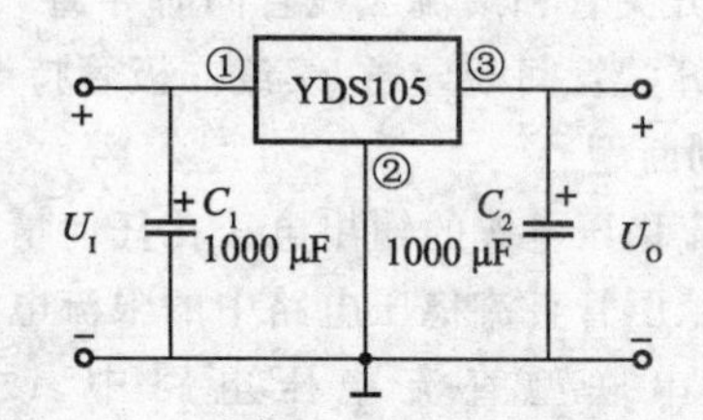

图 3.22　YDSXXX 系列三端开关型集成稳压器的典型应用电路

〖问题思考〗——想一想

(1)开关型直流稳压电路有哪些主要优点？为什么它的效率比线性稳压电路高？

(2)开关型直流稳压电路主要由哪几部分组成？各组成部分的作用是什么？

思考题和习题

3.1　填空题

(1)直流稳压电源一般由______、______、______和______组成。

(2)整流电路是利用具有单向导电特性的整流元件，将正负交替变化的交流电压变换成______。

(3)滤波电路的作用是尽可能地将单向脉动直流电路压中的交流分量______,使输出电压成为______。

(4)电容滤波电路一般适用于______场合。

(5)串联型直流稳压电路由______、______、______和______等部分组成。

(6)稳压电路的主要技术指标包括______和______。

(7)纹波电压是指______。

(8)晶体管串联型直流稳压电源电路见(图3.5)中 R_W 的作用是______,输出电压调整范围的表达式为______。

(9)开关型直流稳压电路按负载与储能电感器的连接方式不同可分______和______。

3.2 选择题

(1)整流滤波得到的电压在负载变化时,是(　　)的。

a. 稳定　　b. 不稳定　　c. 不一定

(2)稳压电路就是当电网电压波动或负载变化时,使输出电压(　　)。

a. 恒定　　b. 基本不变　　c. 变化

(3)硅稳压管并联型直流稳压电路是指稳压管与负载(　　)。

a. 串联　　b. 并联

(4)W78XX 系列和 W79XX 系列引脚对应关系为(　　)。

a. 一致　　b. 1 引脚与 3 引脚对调,2 引脚不变

c. 1 引脚与 2 引脚对调

(5)三端稳压器输出负电压并可调的是(　　)。

a. CW79XX 系列　　b. CW337 系列　　c. CW317 系列

(6)串联式开关型稳压电路中,(　　)。

a. 开关管截止时,续流二极管提供的电流方向和开关管导通时一样

b. 开关管和续流二极管同时导通

c. 开关管间断导通,续流二极管持续导通

3.3 判断题

(1)直流稳压电源的输出电压在任何情况下都是绝对不变的。(　　)

(2)硅稳压管直流稳压电路中的限流电阻器起到限流和调整电压的双重作用。(　　)

(3)在串联型直流稳压电路中,改变取样电路的电阻比值可以调整输出电压大小。(　　)

(4)稳压电源的最大输出电压值总是小于输入电压值。(　　)

(5)在开关型直流稳压电源中调整管是工作在饱和与截止两种状态。(　　)

(6)开关型直流稳压电源输出电压的大小取决于开关调整管的导通时间长短。(　　)

(7)并联式开关型直流稳压电路可以实现输出电压大于输入电压。(　　)

(8)对于理想的稳压电路,$\Delta U_O/\Delta U_I=0$,$R_o=0$。(　　)

(9)线性直流稳压电源中的调整管工作在放大状态,开关型直流稳压电源中的调整管工作在开关状态。(　　)

3.4 分析与计算题

(1)若稳压二极管 VD_{Z1} 和 VD_{Z2} 的稳定电压分别为 6 V 和 10 V,正向导通压降 $U_{VD}=0.7$ V,求图 3.23 所示电路中的输出电压 U_O。

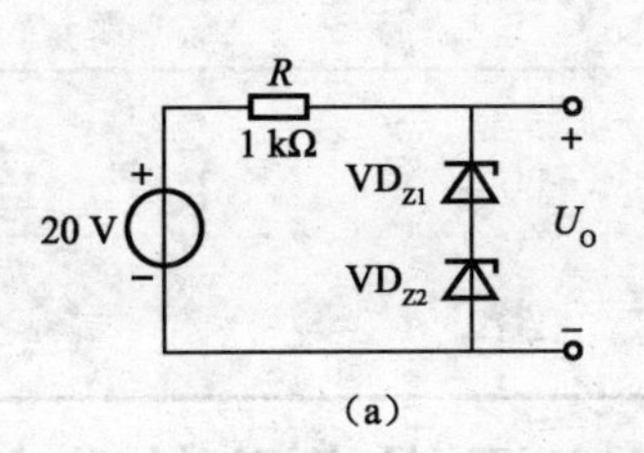

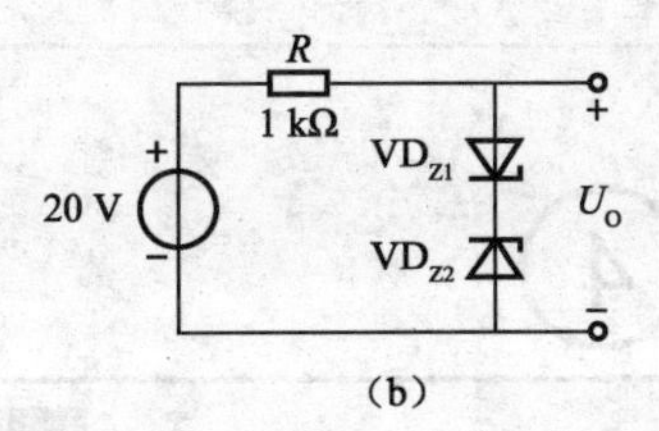

图 3.23

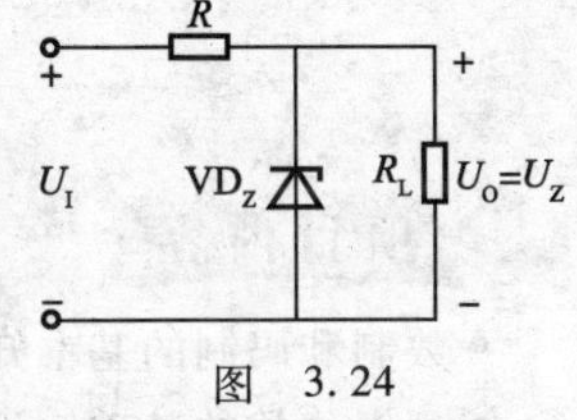

图 3.24

(2)硅稳压管并联型直流稳压电路如图 3.24 所示,其中 U_I = 20 V,稳压管为 2CW58,其U_Z = 10 V,I_{ZM} = 23 mA,I_Z = 5 mA,动态电阻 r_Z = 25 Ω,若输入电压 U_I有 ±10% 的变化,R_L = 2 kΩ,试求:①限流电阻器 R 的取值范围;②R = 500 Ω 时,U_O的相对变化量。

(3)图 3.35 所示电路为晶体管串联型直流稳压电源电路,已知稳压管 VD_Z的稳压值 U_Z = 6 V,各三极管的 U_{BE} = 0.3 V,R_1 = 50 Ω,R_2 = 750 Ω,R_P = 560 Ω,R_3 = 270 Ω,R_4 = 6.2 kΩ,试求:①输出电压的调节范围;②当电位器 R_P调到中间位置时,估算 A、B、C、D、E 各点的电位;③当电网电压升高或降低时,说明上列各点电位的变化趋势和稳压过程。

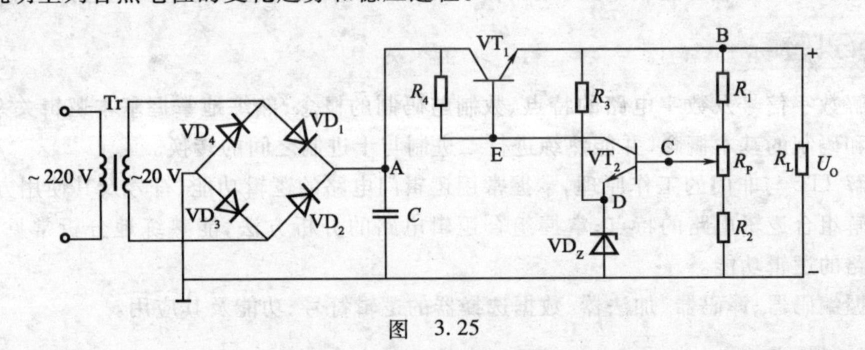

图 3.25

(4)根据下列几种情况,选择合适的集成稳压器的型号。①U_O = +12 V,R_L最小值约为 15 Ω;②U_O = +6 V,最大负载电流为 300 mA;③U_O = −15 V,输出电流范围是 10 ~ 80 mA。

组合逻辑电路的分析与测试

项目内容

- 数制和码制的基本知识。
- 逻辑代数的基础知识。
- 基本逻辑门电路和复合逻辑电路的逻辑功能。
- 组合逻辑电路的基本概念及特点，组合逻辑电路的分析方法和设计方法。
- 常用 MSI 典型组合逻辑电路（编码器、译码器、加法器、数据选择器）的芯片功能及应用。

知识目标

- 了解数字信号及数字电路的特点、数制与码制的概念；熟练地掌握基本逻辑关系；理解数制和码制的基本概念，并能熟练进行二进制与十进制之间的转换。
- 了解 TTL 与非门的工作原理，掌握常用逻辑门电路的逻辑功能、符号及其使用方法。
- 了解组合逻辑电路的特点；掌握组合逻辑电路的分析方法，能熟练地分析常见组合逻辑电路的逻辑功能。
- 掌握编码器、译码器、加法器、数据选择器的逻辑符号、功能及其应用。

能力目标

- 能对各类组合逻辑电路图进行分析，掌握其功能。
- 会识别集成门电路，并能描述集成门电路各引脚的功能。能正确选择使用、测试集成门电路。
- 能完成一般组合逻辑电路的设计与测试。
- 能使用编码器、译码器、加法器、数据选择器等典型逻辑器件，并能熟练地查找各种信息、资料进行芯片功能分析和应用。

任务 4.1　集成门电路的认识与功能测试

任务引入

数字电路主要是研究输出和输入信号之间的对应逻辑关系，其分析的主要工具是逻辑代数。集成门电路是构成数字电路的基本单元电路。在数字逻辑电路中，信号的传输和变换都是由门电路来完成的。本任务学习数制的基本知识，包括数制、数制之间的相互转换及码制；逻辑门电路的逻辑功能；逻辑代数的基本知识；集成门电路的工作原理、主要参数及使用注意事项。

了解数字信号及数字电路的特点、数制与码制的概念；熟练地掌握基本逻辑关系；理解数制和码制的基本概念，并能熟练进行二进制与十进制之间的转换。了解TTL与非门的工作原理，熟练掌握常用逻辑门电路的逻辑功能、符号及其使用方法。并能较熟练地测试集成门电路的功能。

子任务1　逻辑代数基础

〖相关知识〗——学一学

1. 数制与码制

(1)概述：

① 数字信号和数字电路。电信号可分为模拟信号和数字信号两类。模拟信号指在时间上和幅度上都是连续变化的信号，如由温度传感器转换来的反映温度变化的电信号就是模拟信号，在模拟电子技术中所讨论的电路，其输入、输出信号都是模拟信号。数字信号指在时间和幅度上都是离散的信号，如矩形波就是典型的数字信号。数字信号常用抽象出来的二值信息1和0表示，反映在电路上就是高电平和低电平两种状态，如图4.1所示。

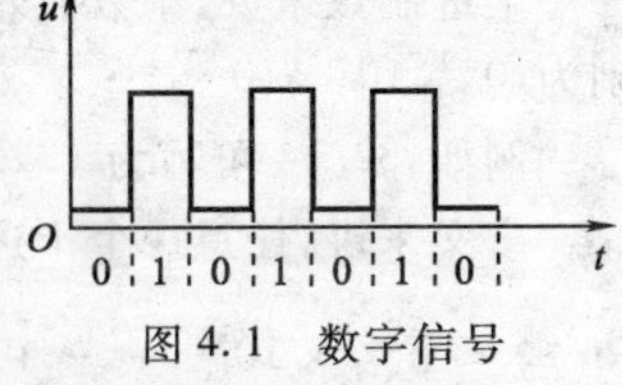

图4.1　数字信号

② 数字电路的特点。数字电路的输入和输出信号都是数字信号，数字信号是二值量信号，可以用电平的高低来表示，也可以用脉冲的有无来表示，只要能区分出两个相反的状态即可。因此，构成数字电路的基本单元电路结构比较简单，对元件的精度要求不高，允许有一定的误差。这就使得数字电路适宜于集成化，做成各种规模的集成电路。

数字信号用两个相反的状态来表示，只有环境干扰很强时，才会使数字信号发生变化，因此，数字电路的抗干扰能力很强，工作稳定可靠。

数字电路能对数字信号进行算术运算，还能进行逻辑运算。逻辑运算就是按照人们设计好的规则，进行逻辑推理和逻辑判断。因此，数字电路具有一定的“逻辑思维”能力，可用在工业生产中，进行各种智能化控制，以减轻人们的劳动强度，提高产品质量，在各个领域中都得到了广泛使用的计算机就是数字电路的重要应用。

③ 脉冲波形的参数。脉冲信号是指一种跃变的电压或电流信号，且持续时间极为短暂。脉冲波形的种类很多，如矩形波、尖顶波、锯齿波、梯形波等等，以图4.2所示矩形波为例说明脉冲波形的参数。

图4.2(a)所示的U_m称为脉冲幅度，t_w称为脉冲宽度，T称为脉冲周期，每秒交变周数f称为脉冲频率。脉冲开始跃变的一边称为脉冲前沿，脉冲结束时跃变的一边称为脉冲后沿。如果跃变后的幅值比起始值大，则为正脉冲，如图4.2(b)所示；反之，则为负脉冲，如图4.2(c)所示。

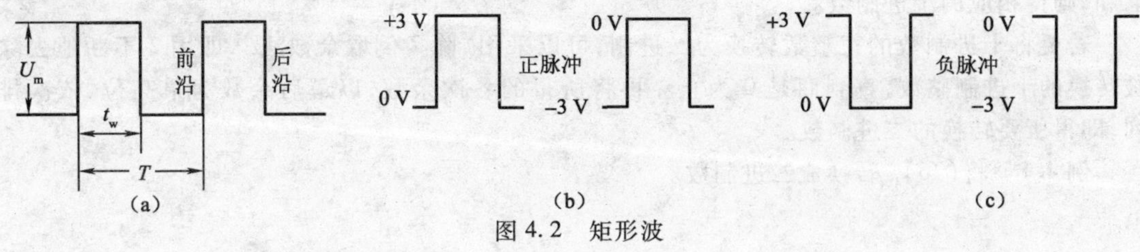

图4.2　矩形波

(2)常用数制:

① 十进制。十进制是人们日常生活中最熟悉、应用最广泛的计数方法,它采用0、1、2、3、4、5、6、7、8、9十个基本数码,任何一个十进制数都可以用上述十个数码按一定规律排列表示,其计数规律是“逢十进一”。十进制是以10为基数的计数体制。通常十进制数用$(N)_{10}$或$(N)_D$来表示。

例如,1543可写为$(1543)_{10} = 1 \times 10^3 + 5 \times 10^2 + 4 \times 10^1 + 3 \times 10^0$

由上式可见,十进制的特点如下:

基数是10。基数即是计数制中所用到的数码的个数。十进制数中的每一位必定是0~9十个数码中的一个,因而基数是10。

计数规律是:“逢十进一”。

同一数码处于不同的位置时,它代表的数值是不同的,即不同的数位有不同的位权。对于一个十进制数来说,小数点左边的数码,位权依次为$10^0, 10^1, 10^2, \cdots$,小数点右边的数码,位权分别为$10^{-1}, 10^{-2}, 10^{-3}, \cdots$。

例如,32.14可写为$(32.14)_D = 3 \times 10^1 + 2 \times 10^0 + 1 \times 10^{-1} + 4 \times 10^{-2}$。

广义来讲,任意一个十进制数所表示的数值,等于其各位加权系数之和,可写为

$$(N)_D = K_{n-1} \times 10^{n-1} + \cdots + K_1 \times 10^1 + K_0 \times 10^0 + K_{-1} \times 10^{-1} + \cdots + K_{-m} \times 10^{-m} = \sum_{i=-m}^{n-1} K_i \times 10^i \tag{4.1}$$

式中,n为整数部分的数位;m为小数部分的数位;K_i为不同数位的数值:$0 \leqslant K_i \leqslant 9$。

② 二进制。数字电路和计算机中经常采用二进制。二进制只有两个数码:0和1,可以与电路的两个状态(导通或截止)直接对应。二进制数用$(N)_2$或$(N)_B$来表示。

二进制的特点是:基数是2,采用两个数码0和1。

计数规律是:“逢二进一”,即1+1=10(读作“壹零”)。必须注意这里的“10”与十进制的“10”是完全不同的,它不代表“拾”。右边的“0”代表2^0位的数,左边的“1”代表2^1位的数,也就是$(10)_2 = 1 \times 2^1 + 0 \times 2^0$。

二进制数各位的权为2的幂。

例如,4位二进制数1101,可写为$(1101)_2 = 1 \times 2^3 + 1 \times 2^2 + 0 \times 2^1 + 1 \times 2^0$

任何一个N位二进制正数,均可写为:

$$(N)_B = K_{n-1} \times 2^{n-1} + \cdots + K_1 \times 2^1 + K_0 \times 2^0 + K_{-1} \times 2^{-1} + \cdots + K_{-m} \times 2^{-m} = \sum_{i=-m}^{n-1} K_i \times 2^i \tag{4.2}$$

式中,$(N)_B$表示二进制数,K_i表示i位的系数,只取0或1中的任意一个数码,2^i为第i位的权。

将二进制数转换成人们熟悉的十进制数,只需要将该数按其所在数制的权位展开,再相加取和,则得相应的十进制数。

若要将十进制数的正整数转换为二进制,可以采用“除2倒取余数法”,即用2不断地去除被转换的十进制整数,直到商是0为止。再将所得的各次余数,以最后余数为最高位,依次排列,即得所要转换的二进制数。

例4.1 将$(76)_D$转换成二进制数。

解

除数	被除数/商	余数	
2	76		
2	38	余0	即 $K_0=0$
2	19	余0	即 $K_1=0$
2	9	余1	即 $K_2=1$
2	4	余1	即 $K_3=1$
2	2	余0	即 $K_4=0$
2	1	余0	即 $K_5=0$
	0	余1	即 $K_6=1$

则$(76)_D=(K_6K_5K_4K_3K_2K_1K_0)_B=(1001100)_B$

(3)码制。数字系统中常用0和1组成的二进制数码表示数值的大小,同时也采用一定位数的二进制数码来表示各种文字、符号信息,这个特定的二进制码称为“代码”。建立这种代码与文字、符号或特定对象之间的一一对应的关系称为“编码”。“编码”的规律体制就是码制。

由于在数字电路中经常用到二进制数码,而人们更习惯于使用十进制数码,所以,常用4位二进制数码来表示1位十进制数码,称为二-十进制编码(Binary Coded Decimals System, BCD码)。其特点是:具有二进制数的形式,却又有十进制数的特点。

4位二进制代码有16种不同的组合状态:0000,0001,…,1111,而十进制数的10个数符只需要10种组合状态,取舍不同,编码方式也各异。可见,BCD码的种类很多。

8421BCD码是一种最基本的、应用十分普遍的BCD码。选取0000~1001前10种自然顺序状态,对应表示0~9这10个数符。每组代码里自左向右每一位的1分别具有8、4、2、1的“权”,故称为8421BCD码。表4.1是8421BCD码编码表。

表4.1　8421BCD码编码表

十进制数符	8421BCD码	十进制数符	8421BCD码
0	0000	5	0101
1	0001	6	0110
2	0010	7	0111
3	0011	8	1000
4	0100	9	1001

2. 逻辑代数的基本运算及基本逻辑门

在数字电路中,利用输入信号来反映“条件”,用输出信号来反映“结果”,于是输出与输入之间就有一定的因果关系,即逻辑关系。逻辑代数中,基本的逻辑关系有3种,即与逻辑、或逻辑、非逻辑。相对应的基本运算有与运算、或运算、非运算。实现这3种逻辑关系的电路分别称为与门、或门、非门。

(1)与逻辑及与门。在图4.3所示的电路中,A、B是两个串联开关,Y是灯泡,只有开关A与开关B都闭合时,灯Y才亮,其中只要有一个开关断开灯就灭。

若把开关闭合作为条件,灯亮作为结果,则图4.3所示的电路表示了这样一种因果关系:只有当决定某一种结果的所有条件都具备时,这个结果才能发生。将这种因果关系称为与逻辑关系,简称与逻辑。

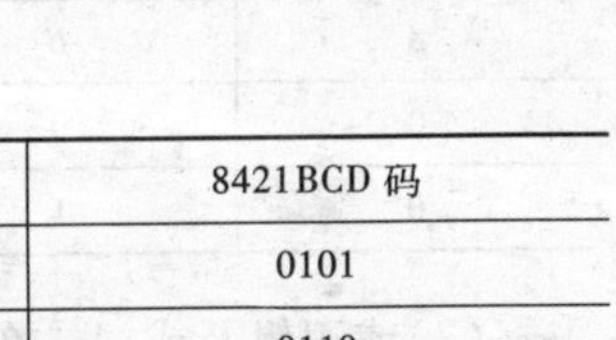

图4.3　与逻辑实例

能够实现“与逻辑”功能的电路称为与门。图4.4所示为由两个二极管组成的与门电路,输入信号分别加在输入端A、B上,输出端为Y。假设输入信号在高电平3.6 V和低电平0.3 V间变化,若忽略二极管的正向压降。高电平用逻辑“1”表示,低电平用

逻辑"0"表示，则可得到表4.2所示的与逻辑真值表。所谓真值表，就是将逻辑变量（用字母 A，B，C，…来表示）的各种可能的取值和相应的函数值 Y 排列在一起所组成的表。从表中可以看出：当输入 A、B 都是1时，输出 Y 才为1，只要输入 A 或 B 中有一个0，输出 Y 就为0，可概括为"有0出0，全1出1"。

与运算又称逻辑乘，与运算的逻辑表达式为 $Y=A\cdot B$ 或 $Y=AB$。

当有多个输入变量时，与运算的逻辑表达式为

$$Y=A\cdot B\cdot C\cdot\cdots \tag{4.3}$$

符号"·"表示"与逻辑"又称"与运算"或"逻辑乘"，读作"与"。

与运算的运算规则为 $0\cdot0=0$，$0\cdot1=0$，$1\cdot0=0$，$1\cdot1=1$。

二输入与门的逻辑符号如图4.5所示。

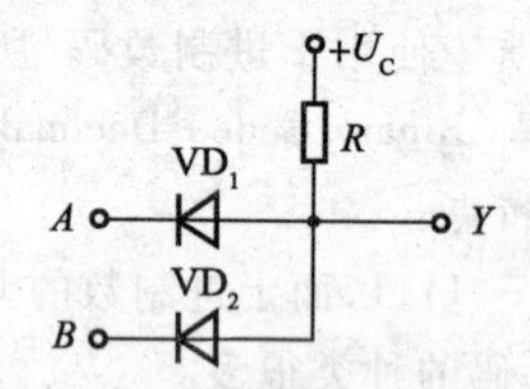

图4.4　二极管组成的与门电路

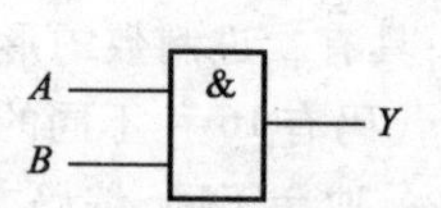

图4.5　二输入与门的逻辑符号

表4.2　与逻辑真值表

A	B	Y	A	B	Y
0	0	0	1	0	0
0	1	0	1	1	1

（2）或逻辑及或门。在图4.6所示的电路中，A、B是两个并联开关，Y是灯泡，只要两个开关中有一个闭合时，灯就会亮，只有两个开关全部断开，灯才会灭。

当决定某一种结果的所有条件中，只要有一个或一个以上条件得到满足，这个结果就会发生。将这种因果关系称为或逻辑关系，简称或逻辑。

能够实现"或逻辑"功能的电路称为或门。图4.7所示为由两个二极管组成的或门电路，输入信号分别加在输入端 A、B 上，输出端为 Y。假设输入信号在高电平3.6 V和低电平0.3 V间变化，若忽略二极管的正向压降，按照前述方法可以列出图4.7所示或门电路的真值表如表4.3所示。从表中可以看出：只要输入 A 或 B 有一个为1时，输出 Y 就为1，只有输入 A、B 全部为0时，输出 Y 才为0，可概括为"有1出1，全0出0"。

或运算又称逻辑加，或运算的逻辑表达式为

$$Y=A+B$$

当有多个输入变量时，或运算的逻辑表达式为

$$Y=A+B+C+\cdots \tag{4.4}$$

符号"+"表示"或逻辑"又称"或运算"或"逻辑加"，读作"或"。

或运算的运算规则为 $0+0=0$，$0+1=1$，$1+0=1$，$1+1=1$

应注意的是：二进制运算规则和逻辑代数有本质的区别，二者不能混淆：二进制运算中的加法、乘法是数值的运算，所以有进位的问题，如 $1+1=(10)_B$。"逻辑或"研究的是"0"和"1"两种逻辑状态的逻辑加，所以有 $1+1=1$。

二输入或门的逻辑符号如图4.8所示。

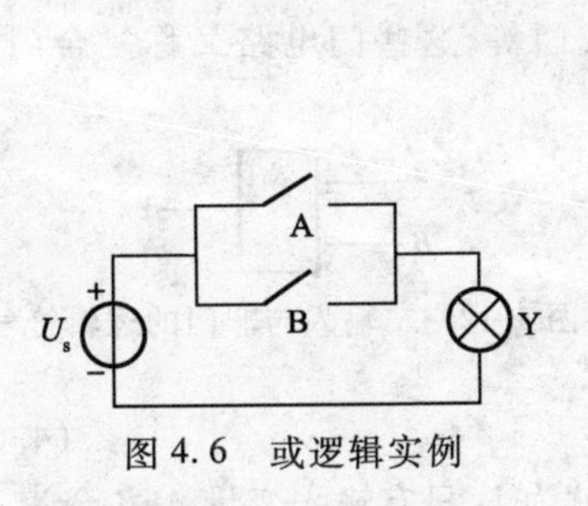

图 4.6　或逻辑实例

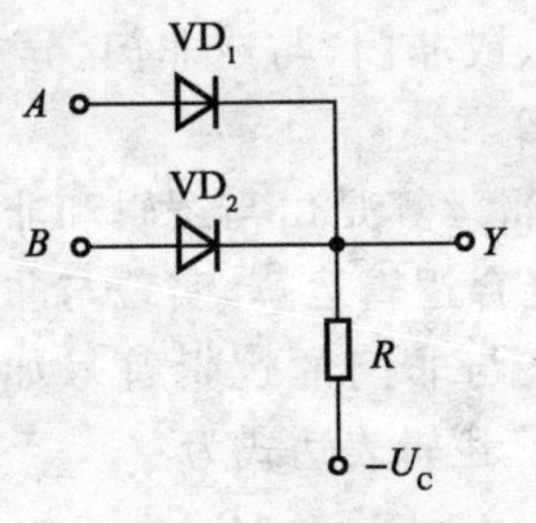

图 4.7　或门电路

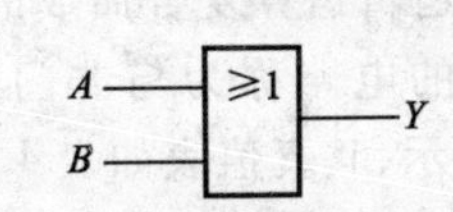

图 4.8　二输入或门的逻辑符号

表 4.3　或逻辑真值表

A	B	Y	A	B	Y
0	0	0	1	0	1
0	1	1	1	1	1

(3)非逻辑和非门。在图 4.9 所示的电路中，A 是开关，Y 是灯泡，如果开关闭合，灯就灭，开关断开，灯才亮。当条件不成立时，结果就会发生；条件成立时，结果反而不会发生。这种因果关系称为非逻辑关系，简称非逻辑。“非逻辑”又称“非运算”、“反运算”、“逻辑否”。

图 4.10 所示为一个三极管非门电路，实际上是一个三极管反相器。当 u_i 输入为高电平时，三极管处于饱和状态，输出 $u_o = U_{CES} \approx 0$。当输入为低电平时，三极管截止，$u_o \approx U_{CC}$，由此可列出对应的真值表如表 4.4 所示。从表中可以看出：“入 0 出 1，入 1 出 0”。

非运算的逻辑表达式为

$$Y = \overline{A} \tag{4.5}$$

式中，“$^-$”表示“非逻辑”，又称“非运算”，读作“非”或“反”。

非运算的运算规则为 $\overline{0} = 1, \overline{1} = 0$。

非门的逻辑符号如图 4.11 所示。

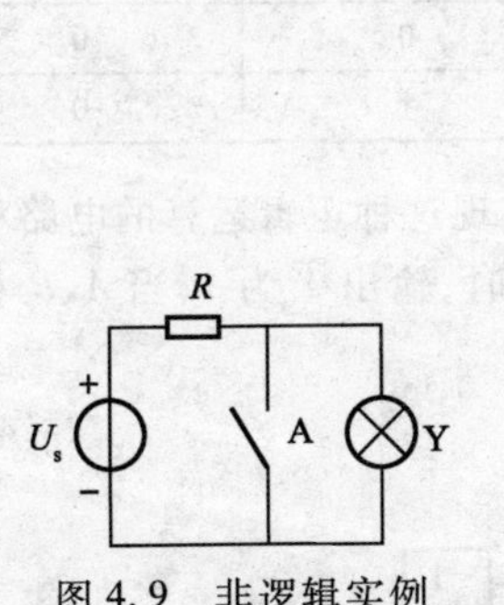

图 4.9　非逻辑实例

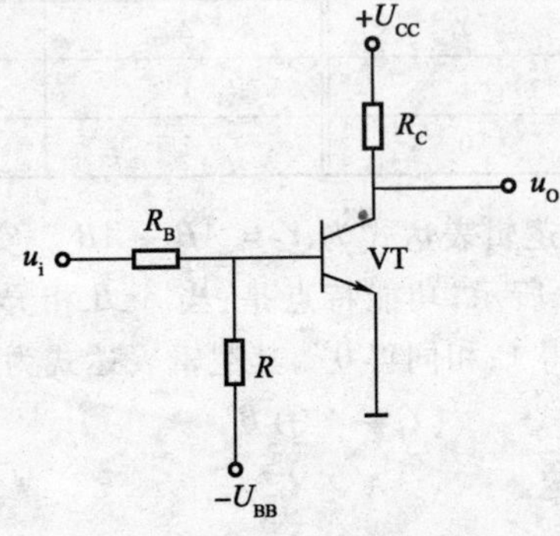

图 4.10　晶体管非门电路

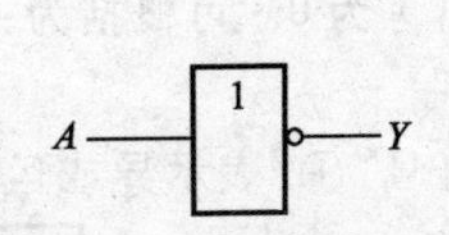

图 4.11　非门的逻辑符号

表 4.4　非逻辑真值表

A	Y
0	1
1	0

3. 复合逻辑和复合门

在逻辑代数中，除了与门、或门、非门这 3 种基本电路外，还可以把它们组合起来，实现功能更为复杂的逻辑门,常见的有与非门、或非门、与或非门、异或门等,这些门电路又称复合门电路,它们完成的运算称为复合逻辑运算。

(1)与非逻辑和与非门。与非逻辑运算是由与逻辑和非逻辑两种逻辑运算复合而成的一种复合逻辑运算,实现与非逻辑运算的电路称为与非门,二输入与非门的逻辑符号如图 4.12所示,其真值表如表 4.5 所示。逻辑表达式为

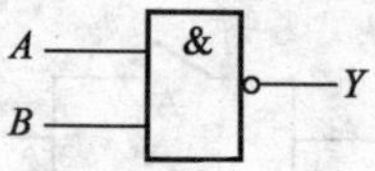

图 4.12　二输入与非门的逻辑符号

$$Y = \overline{AB} \tag{4.6}$$

由表 4.5 可见:只要输入变量 A、B 中有一个为 0,输出 Y 就为 1,只有输入变量 A、B 全为 1,输出 Y 才为 0,可概括为“有 0 出 1,全 1 出 0”。

表 4.5　与非逻辑真值表

输入		输出
A	B	Y
0	0	1
0	1	1
1	0	1
1	1	0

(2)或非逻辑和或非门。或非逻辑运算是由或逻辑和非逻辑两种逻辑运算复合而成的一种复合逻辑运算,实现或非逻辑运算的电路称为或非门,二输入或非门的逻辑符号如图 4.13 所示,其真值表如表 4.6 所示。逻辑表达式为

$$Y = \overline{A + B} \tag{4.7}$$

只要输入变量 A、B 中有一个为 1,输出 Y 就为 0,只有输入变量 A、B 全为 0,输出 Y 才为 1,可概括为“有 1 出 0,全 0 出 1”。

表 4.6　或非逻辑真值表

A	B	Y	A	B	Y
0	0	1	1	0	0
0	1	0	1	1	0

(3)异或逻辑和异或门。异或逻辑表达式为 $Y = A\overline{B} + \overline{A}B$。实现这种逻辑运算的电路称为异或门电路,其逻辑符号如图 4.14 所示,功能特点是:当 A、B 相异时,输出 Y 为 1;当 A、B 相同时,输出 Y 为 0。可概括为:“相异得 1,相同得 0”,其逻辑表达式为

$$Y = A \oplus B \tag{4.8}$$

式中,符号“$\oplus$”表示异或运算。

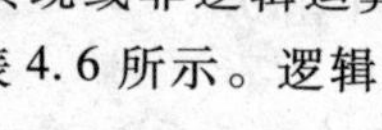

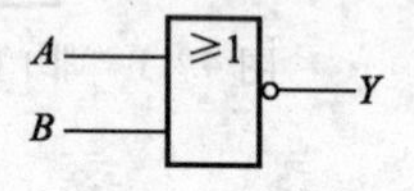

图 4.13　二输入或非门的逻辑符号

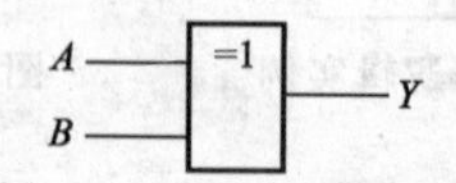

图 4.14　异或门的逻辑符号

4. 逻辑代数基础知识

(1)逻辑变量。逻辑是指事物发展变化的因果关系。在数字电路中的逻辑关系就是指输入条件与输出结果之间的因果关系。

在日常生活、生产实践和科学实验中,大量存在着完全对立而又相互依存的两个逻辑状态。如事件的“真”和“假”;开关的“通”和“断”;电位的“高”和“低”;脉冲的“有”和“无”;门的“开”

和“关”等等。为了描述这些事物状态双方对立统一的逻辑关系，往往采用仅有两个取值的变量来表示，这种二值变量就称为逻辑变量。

逻辑代数中的逻辑变量也和普通代数中的变量一样，常用字母 $A,B,C,\cdots,X,Y,Z$ 来表示，但逻辑运算中逻辑变量的取值为 0 和 1 两个可能值，通常称为逻辑 0 和逻辑 1。这里的 0 和 1 并不表示数值的大小，而是代表逻辑变量中的两种可能的逻辑状态，即 0 状态和 1 状态。

在数字逻辑系统的分析和设计中，用来表示条件的逻辑变量称为输入变量（如 $A,B,C,\cdots$）；用来表示结果的逻辑变量称为输出变量（如 $Y,F,L,Z,\cdots$）。字母上无反号的称为原变量（如 A），有反号的称为反变量（如 $\overline{A}$）。

（2）逻辑函数。如果输入逻辑变量 $A,B,C,\cdots$ 的取值确定后，对应输出逻辑变量 Y 的值也就唯一确定了，那么，Y 称为 $A,B,C,\cdots$ 的逻辑函数。一般表达式可以写为

$$Y=F(A,B,C,\cdots)$$

与、或、非是 3 种基本的逻辑运算，即 3 种基本的逻辑函数。但在实际的逻辑问题中，往往是由 3 种基本逻辑运算组合起来，构成一种复杂的运算形式。

（3）逻辑代数的基本定律和公式。逻辑基本定律反映了逻辑运算的一些基本规律，只有掌握了这些基本定律才能正确地分析和设计出逻辑电路。逻辑代数基本定律和公式，如表 4.7 所示。其中有的定律与普通代数相似，有的定律与普通代数不同，使用时切勿混淆。

表 4.7　逻辑代数基本定律和公式

基本定律	$A+0=A$ $A+1=1$ $A+A=A$ $A+\overline{A}=1$	$A\cdot 0=0$ $A\cdot 1=A$ $A\cdot A=A$ $A\cdot\overline{A}=0$	$\overline{\overline{A}}=A$
交换律	$A+B=B+A$	$A\cdot B=B\cdot A$	
结合律	$(A+B)+C=A+(B+C)$	$(A\cdot B)\cdot C=A\cdot(B\cdot C)$	
分配律	$A\cdot(B+C)=A\cdot B+A\cdot C$	$A+B\cdot C=(A+B)\cdot(A+C)$	
反演律（摩根定律）	$\overline{A+B}=\overline{A}\cdot\overline{B}$	$\overline{AB}=\overline{A}+\overline{B}$	
吸收律	$A+A\cdot B=A$ $A+\overline{A}\cdot B=A+B$	$A\cdot(A+B)=A$ $(A+B)\cdot(A+C)=A+B\cdot C$	
冗余律	$A\cdot B+\overline{A}\cdot C+B\cdot C=A\cdot B+\overline{A}\cdot C$		

以上这些定律的正确性可以用真值表的方法加以证明，若将变量的所有取值代入等式两边，两边的结果相等，则等式成立。

例 4.2　证明 $\overline{A+B}=\overline{A}\cdot\overline{B}$

解　列出等式左、右两边式子的真值表，如表 4.8 所示。从表中可以看出：等式两边的真值表相等，故等式成立。

表 4.8　例 4.2 用表

A	B	$\overline{A+B}$	$\overline{A}\cdot\overline{B}$	A	B	$\overline{A+B}$	$\overline{A}\cdot\overline{B}$
0	0	1	1	1	0	0	0
0	1	0	0	1	1	0	0

逻辑代数的代入规则：在任何一个逻辑式中，如果将等式两边的某一变量都代之以一个逻辑函数，则等式仍然成立。

（4）逻辑函数的化简。通常，直接根据实际逻辑问题建立起来的逻辑函数及与其对应的逻辑电路往往比较复杂。一般说来逻辑表达式越简单，对应的逻辑电路就越简单，所用器件就越

少，电路的可靠性也就越高。因此，特别是在用小规模集成电路设计逻辑电路时，如何将逻辑函数化成最简形式就显得十分重要。

对同一个逻辑函数，虽然真值表是唯一的，但其函数表达式可以有多种不同的类型。因而，最简的标准也就各不相同。必须指出，对于由同一逻辑函数得到的与或表达式形式也不是唯一的，与或表达式的最简标准是：表达式中乘积项最少，而且每个乘积项中的变量数也最少。

例 4.3 化简函数 $Y = AB\overline{C} + A\overline{B} + AC$

解 $Y = AB\overline{C} + A\overline{B} + AC = AB\overline{C} + A(\overline{B} + C) = AB\overline{C} + A\overline{B\overline{C}} = A$

例 4.4 化简函数 $Y = AB + \overline{A}C + \overline{B}C$

解 $Y = AB + \overline{A}C + \overline{B}C = AB + C(\overline{A} + \overline{B}) = AB + \overline{AB}C = AB + C$

例 4.5 化简函数 $Y = A\overline{B} + B\overline{C} + \overline{B}C + \overline{A}B$

解
$$\begin{aligned} Y &= A\overline{B} + B\overline{C} + \overline{B}C + \overline{A}B \\ &= A\overline{B} + B\overline{C} + \overline{B}C(A + \overline{A}) + \overline{A}B(C + \overline{C}) \\ &= A\overline{B} + B\overline{C} + A\overline{B}C + \overline{A} \cdot \overline{B}C + \overline{A}BC + \overline{A}B\overline{C} \\ &= A\overline{B}(1 + C) + B\overline{C}(1 + \overline{A}) + \overline{A}C(\overline{B} + B) \\ &= A\overline{B} + B\overline{C} + \overline{A}C \end{aligned}$$

若采用$(C + \overline{C})$去乘$A\overline{B}$，用$(A + \overline{A})$去乘$B\overline{C}$，则化简后可得，$Y = \overline{B}C + A\overline{C} + \overline{A}B$

由此可见，化简后的最简与或式，有时不是唯一的。

（5）最小项的表达式：

① 最小项。所谓最小项是这样一个乘积项，即在该乘积项中含有输入逻辑变量的全部变量，每个变量以原变量或反变量的形式出现且仅出现一次。

具有 n 个输入变量的逻辑函数，有 2^n 个最小项。若 $n=2$，$2^n=4$，则二变量的逻辑函数就有4个最小项；若 $n=3$，$2^n=8$，则三变量的逻辑函数就有8个最小项。

例如，在三变量的逻辑函数中，有8种基本输入组合，每组输入组合对应着一个基本乘积项，也就是最小项，即 $\overline{A}\,\overline{B}\,\overline{C}$、$\overline{A}\,\overline{B}C$、$\overline{A}B\overline{C}$、$\overline{A}BC$、$A\overline{B}\,\overline{C}$、$A\overline{B}C$、$AB\overline{C}$、$ABC$ 都符合最小项的定义。除此之外，如 $A\overline{C}$、$(A+B)\overline{C}$ 和 $A\overline{B}\,\overline{C}\,\overline{A}$ 等乘积项，都不符合最小项的定义，所以都不是最小项。

② 最小项表达式。任何一个逻辑函数都可以表示成若干个最小项之和的形式，这样的逻辑表达式称为最小项表达式。

〖问题思考〗——想一想

（1）在二进制数中，其位权的规律如何？8位二进制数的最大值对应的十进制是多少？

（2）逻辑代数的变量与普通代数中的变量有什么不同？在逻辑代数基本定律和公式中有哪些与普通代数的形式相同？使用时应注意什么？

（3）最简与或表达式的标准是什么？

子任务2　集成门电路的认识与功能测试

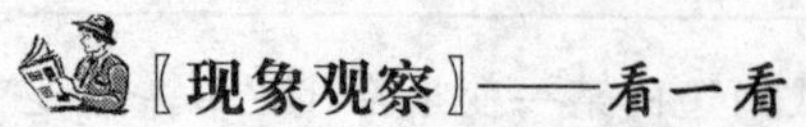

〖现象观察〗——看一看

集成与非门74LS00、集成或非门74LS02、集成异或门74LS86的外引排脚排列图，如图4.15所示。

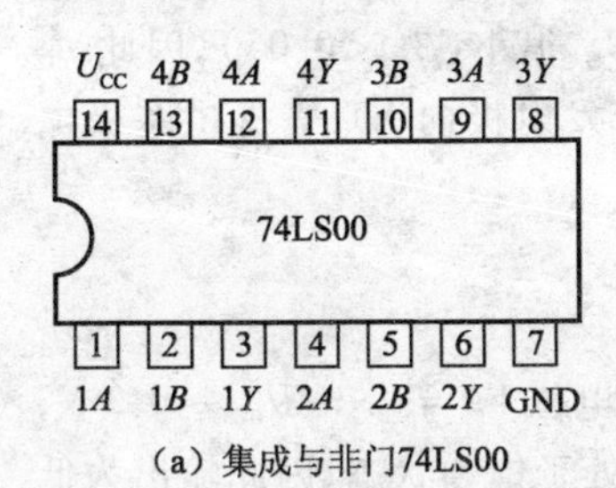

(a) 集成与非门74LS00

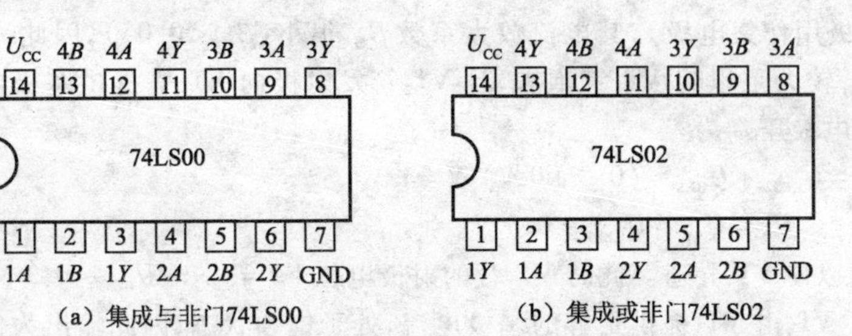

(b) 集成或非门74LS02

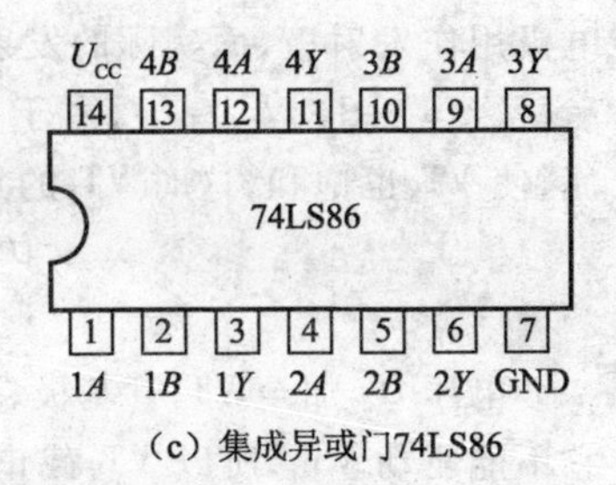

(c) 集成异或门74LS86

图 4.15　集成与非门、集成或非门、集成异或门的外引脚排列图

将它们分别插在 14 孔的集成块插座上，接上直流电源（各自的 14 号引脚接入 +5 V、7 号引脚接地），各选一个门进行测试，将选的门的两个输入端接数字置数开关，输出端接发光二极管。接通电源，将数字置数开关分别接 0 和 1，观察二极管的发光情况。请思考：它们的输出与输入之间各有什么逻辑关系？

〖相关知识〗——学一学

1. TTL 集成与非门

（1）典型 TTL 集成与非门的电路组成。典型 TTL 集成与非门的电路组成如图 4.16 所示，A、B、C 为输入端，Y 为输出端。它由输入级、中间级、输出级 3 部分组成。

输入级：由多发射极三极管 VT_1 和电阻器 R_1 组成，其作用是对输入变量 A、B、C 实现逻辑与，所以它相当于一个与门。

中间级：由 VT_2、R_2、R_3 组成，在 VT_2 的集电极与发射极分别可以得到两个相位相反的电压，作为 VT_3、VT_5 的驱动信号，使 VT_4、VT_5 始终处于一管导通而另一管截止的工作状态。

输出级：由 VT_3、VT_4、VT_5 和 R_4、R_5 组成，这种电路形式称为推拉式电路。当输出为低电平时，VT_5 饱和、VT_4 截止，输出电阻 R_o 值很小。当输出为高电平时，VT_5 截止、VT_4 导通，VT_4 工作为射极跟随器，输出电阻 R_o 的值很小。由此可见，无论输出是高电平还是低电平，输出 R_o 都较小。因此，电路带负载的能力强，而且可以提高工作速度。

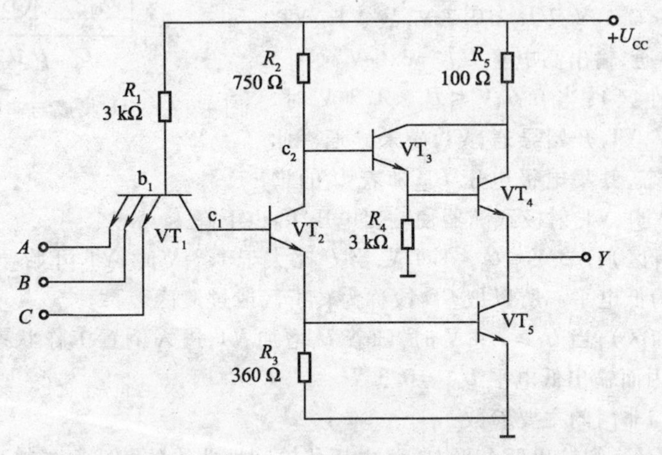

图 4.16　典型 TTL 集成与非门的电路组成

（2）工作原理。当输入端全部为高电位 3.6 V 时，由于 VT_1 的基极电位 V_{B1} 最多不能超过 2.1 V（$V_{B1}=U_{BC1}+U_{BE2}+U_{BE5}$），所以 VT_1 所有的发射结反偏；这时 VT_1 的集电结正偏，VT_1 管的基极电流 I_{B1} 流向集电极并注入 VT_2 的基极，此时的 VT_1 是处于倒置（反向）运用状态（把实际的集

电极用作发射极，而实际的发射极用作集电极），其电流放大系数 $\beta_{反}$ 很小（$\beta_{反}<0.05$），因此 $I_{B2}=I_{C1}=(1+\beta_{反})I_{B1}\approx I_{B1}$，由于 I_{B1} 较大足以使 VT_2 管饱和，且 VT_2 管发射极向 VT_5 管提供基极电流，使 VT_5 也饱和，这时 VT_2 的集电极压降为

$$U_{C2}=U_{CES2}+U_{BE5}\approx(0.3+0.7)\ V=1\ V$$

$$U_O=U_{OL}\approx U_{CES5}\approx 0.3\ V$$

电压 U_{C2} 加至 VT_3 管基极，可以使 VT_3 导通。此时 VT_3 管的射极电位 $V_{E3}=U_{C2}-U_{BE3}\approx 0.3\ V$，它不能驱动 VT_4，所以 VT_4 截止。VT_5 由 VT_2 提供足够的基极电流，处于饱和状态，因此输出为低电平。

当输入端至少有一个为低电平（0.3 V）时，相应低电平的发射结正偏，VT_1 的基极电位 V_{B1} 被钳制在 1V，因而使 VT_1 其余的发射结反偏截止。此时 VT_1 的基极电流 I_{B1} 经过导通的发射结流向低电位输入端，而 VT_2 的基极只可能有很小的反向基极电流进入 VT_1 的集电极，所以 $I_{C1}\approx 0$，但 VT_1 的基极电流 I_{B1} 很大，因此这时 VT_1 处于深饱和状态：$U_{CES1}\approx 0$，$U_{C1}\approx 0.3\ V$。

因而 VT_2、VT_5 均截止。此时 VT_2 的集电极电压 $U_{C2}\approx U_{CC}=5\ V$，足以使 VT_3、VT_4 导通，因此输出为

$$U_O=U_{OH}=U_{C2}-U_{BE3}-U_{BE4}\approx(5-0.7-0.7)\ V=3.6\ V$$

此时输出为高电平。

综上所述，当输入端全部为高电平（3.6 V）时，输出为低电平（0.3 V），这时 VT_5 饱和，电路处于开门状态；当输入端至少有一个为低电平（0.3 V）时，输出为高电平（3.6 V），这时 VT_5 截止，电路处于关门状态。由此可见，电路的输出和输入之间满足与非逻辑关系，即

$$Y=\overline{ABC}$$

（3）TTL 集成与非门的电压传输特性。电压传输特性是指输出电压跟随输入电压变化的关系曲线，即 $U_O=f(U_I)$ 函数关系，它可以用图 4.17 所示的曲线表示。由图可见，曲线大致分为 4 段：

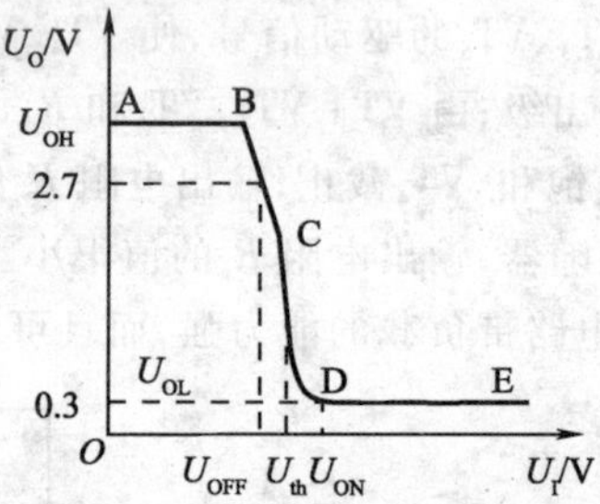

图 4.17　TTL 集成与非门的电压传输特性

① AB 段（截止区）：当 $U_I\leqslant 0.6\ V$ 时，VT_1 工作在深饱和状态，$U_{CES1}<0.1\ V$，$U_{BE2}<0.7\ V$，故 VT_2、VT_5 截止，VT_3、VT_4 均导通，输出高电平 $U_{OH}=3.6\ V$。

② BC 段（线性区）：当 $0.6\ V\leqslant U_I<1.3\ V$ 时，$0.7\ V\leqslant U_{B2}<1.4\ V$，$VT_2$ 开始导通，VT_5 尚未导通。此时 VT_2 处于放大状态，其集电极电压 U_{C2} 随着 U_I 的增加而下降，并通过 VT_3、VT_4 射极跟随器使输出电压 U_O 也下降。

③ CD 段（转折区）：$1.3\ V\leqslant U_I<1.4\ V$，当 U_I 略大于 1.3 V 时，VT_5 开始导通，并随 U_I 的增加趋于饱和，使输出为低电平。所以把 CD 段称为转折区或过渡区。

④ DE 段（饱和区）：当 $U_I\geqslant 1.4\ V$ 时，随着 U_I 增加 VT_1 进入倒置工作状态，VT_3 导通，VT_4 截止，VT_2、VT_5 饱和，因而输出低电平 $U_{OL}=0.3\ V$。

（4）TTL 集成与非门的主要参数：

① 输出高电平 U_{OH} 和输出低电平 U_{OL}。电压传输特性曲线的截止区的输出电平为 U_{OH}，饱和区的输出电平为 U_{OL}。一般产品规定 $U_{OH}\geqslant 2.4\ V$、$U_{OL}<0.4\ V$ 时，为合格。

② 阈值电压 U_{th}。阈值电压又称门槛电压。电压传输特性曲线上转折区的中点所对应的输入电压称为阈值电压 U_{th}。一般 TTL 与非门的 $U_{th}\approx 1.4\ V$。

③ 开门电平 U_{ON} 和关门电平 U_{OFF}。开门电平 U_{ON} 是保证输出电平达到额定低电平（0.3 V）

时，所允许输入高电平的最低值，即只有当 $U_I > U_{ON}$时，输出才为低电平。通常 $U_{ON}=1.4$ V，一般产品规定 $U_{ON} \leqslant 1.8$ V。

关门电平 U_{OFF}是保证输出电平为额定高电平(2.7 V)时，所允许输入低电平的最大值，即只有当 $U_I \leqslant U_{OFF}$时，输出才为高电平。通常 $U_{OFF} \approx 1$ V，一般产品要求 $U_{OFF} \geqslant 0.8$ V。

④ 扇出系数 N_O。在实际应用中，一个门的输出往往需要驱动若干个负载门。一个驱动门的负载能力大小，是在不破坏输出逻辑电平的前提下，用能带同类型的门的数目来衡量，称为扇出系数，用 N_O表示。例如，若某与非门的扇出系数为 10，就是说其输出可连接 10 个同类型的门，而输出仍能保持正常的逻辑电平。若输出端接 12 个门，则就不能保证门的正常工作了，通常$N_O \geqslant 8$。

⑤ 平均延迟时间 t_{pd}。平均延迟时间是衡量门电路速度的重要指标，它表示输出信号滞后于输入信号的时间。通常将输出电压由高电平跳变为低电平的传输延迟时间称为导通延迟时间 t_{PHL}，将输出电压由低电平跳变为高电平的传输延迟时间称为截止延迟时间 t_{PLH}。t_{PHL}和 t_{PLH}是以输入、输出波形对应边上等于最大幅度 50% 的两点时间间隔来确定的，如图 4.18所示。t_{pd}为 t_{PLH}和t_{PHL}的平均值，即 $t_{pd}=\frac{1}{2}(t_{PHL}+t_{PLH})$。通常，TTL 集成与非门的 t_{pd}为3 ~ 40 ns。

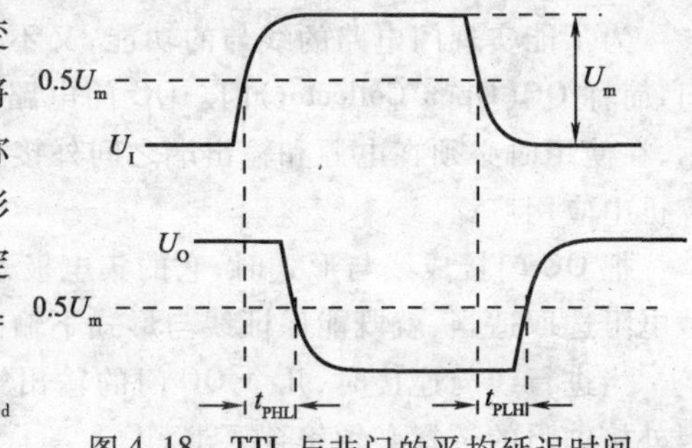

图 4.18　TTL 与非门的平均延迟时间

⑥ 平均功耗 P。平均功耗 P 是指与非门输出低电平时的空载导通功耗 P_L和输高电平时的空载截止功耗 P_H的平均值，即 $P=(P_L+P_H)/2$。

必须指出的是：当 TTL 集成与非门输入由高电平变为低电平的瞬间，VT_5还未来得及退出饱和，由于 VT_2先退出饱和，使 U_{C2}上升很快，迫使 VT_3、VT_4导通。因此，有一阶段是 VT_4、VT_5同时导通，这时流过 VT_4和 VT_5的电流很大，产生瞬间冲击电流，即“动态尖峰电流”，使瞬时功耗随之增大，整个平均功耗增加。特别是当 TTL 集成与非门工作频率较高时，更不能忽略动态尖峰电流对电源平均电流产生的影响。

2. 常见的 TTL 集成逻辑门

根据其内部包含门电路的个数、同一门输入端个数、电路的工作速度、功耗等，又可分为多种型号。实际应用中，可根据电路需要选用不同型号。TTL 集成逻辑门产品主要有：中速 54/74、高速 54H/74H、肖特基 54S/74S 和低功耗肖特基 54LS/74LS 这 4 个系列。

54 系列的工作温度范围为 -55 ~ +125 ℃，74 系列的工作温度范围为 0 ~ +70℃。

同一系列中有不同功能的产品，同一功能又根据实际要求生产不同的系列。各系列产品只要型号相同，则逻辑功能相同，一般引线的排列也相同，只是在电气性能参数上有所区别，请查阅有关资料。

(1)与非门。常用的 TTL 集成与非门电路四-2 输入与非门芯片 74LS00 等，实现非逻辑运算 $Y=\overline{AB}$。74LS00 的外引脚排列图如图 4.15(a)所示。

(2)或非门。74LS02 是四-2 输入或非门，实现或非运算 $Y=\overline{A+B}$。74LS02 的外引脚排列图如图 4.15(b)所示。

(3)非门。常用的 TTL 集成非门电路有六反相器芯片 74LS04 等，实现非逻辑运算 $Y=\overline{A}$。集成非门 74LS04 的外引脚排列图如图 4.19 所示。

(4)其他类型的 TTL 门电路：

① 集电极开路门（OC 门）。TTL 与非门由于采用推拉式输出电路，则无论输出是高电平还是低电平，输出电阻都比较低，因此输出端不能直接和地线或电源线（+5 V）相连。因为当输出端与地短路时，会造成 VT_3、VT_4的电流过大而损坏；当输出端与 +5 V电源线短接时，VT_5会因电流过大而损坏。

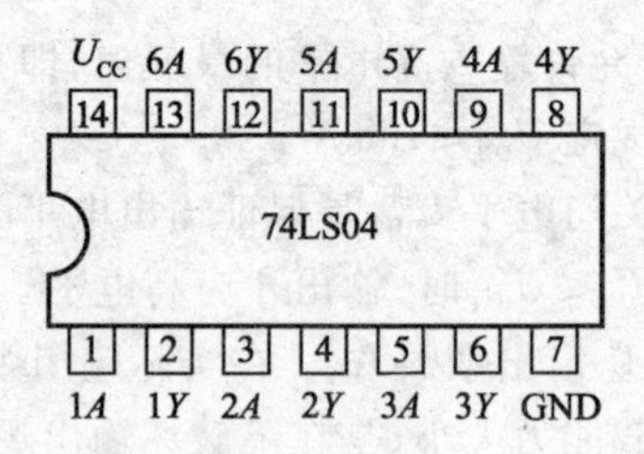

图 4.19　集成非门 74LS04 外引脚排列图

若将电路两输出端直接相连，同样是不允许的，因为当两输出端直接相连时，若一个门输出为高电平，另一个门输出为低电平，就会有一个很大的电流从截止门的 VT_4管流到导通门的 VT_5管。这个电流不仅会使导通门的输出低电平抬高，而且会使它因功耗过大而损坏。

为了能实现门电路的线与的功能，又不会出现上述问题，专门设计了集电极开路 TTL 与非门，简称 OC（Open Collector）门。OC 门电路结构如图 4.20（a）所示，逻辑符号如图 4.20（b）所示，在使用时必须在电源和输出端之间外接一个上拉电阻 R_L，作为 VT_5的上拉电阻。OC 门在计算机中应用广泛。

把 OC 门接成线与形式时，它的集电极是悬空的，输出级的负载采用外接形式。只要这个负载电阻选取适当，就既能保证线与形式下输出高、低电平，又不致使输出管的电流过大。

当进行线与连接时，几个 OC 门的输出端并联后，可共用一个集电极负载电阻和电源 U_{CC}。但外接电阻的选择必须符合要求。

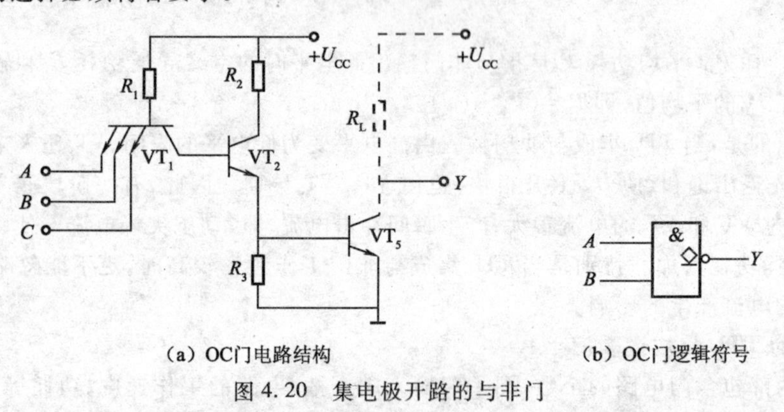

（a）OC门电路结构　　（b）OC门逻辑符号

图 4.20　集电极开路的与非门

② 三态输出门。三态输出门是指输出有 3 种状态的逻辑门，简称 TS 门（Three State Gate）。它是在计算机中得以广泛应用的特殊门电路。三态输出门有 3 种输出状态：高电平工作状态、低电平工作状态和高阻状态（又称禁止状态）。

三态输出门的逻辑符号如图 4.21 所示。

图 4.21（a）表示是低电平有效的三态输出门，$\overline{EN}=0$ 时为正常工作状态，$\overline{EN}=1$ 时为高阻状态。图 4.21（b）表示是高电平有效的三态输出门，$EN=1$ 时为正常工作状态，$EN=0$ 时为高阻状态。

三态输出门在计算机总线结构中有着广泛的应用。图 4.22 所示为三态输出门组成的单向总线。当多个门利用一条总线来传输信息时，在任何时刻，只允许一个门处于工作状态，其余的门均应处于高阻态，相当于与总线开路，不应影响总线上传输的信息。也就是当且仅当控制输入端 $EN_i=1(i=1,2,3)$ 时的一个三态输出门处于工作状态，如果令 EN_1、EN_2、EN_3轮流接高电平 1，那么 A_1、B_1、A_2、B_2、A_3、B_3这 3 组数据就会轮流地按与非关系送到总线上，这样就可实现信号的分时传送。

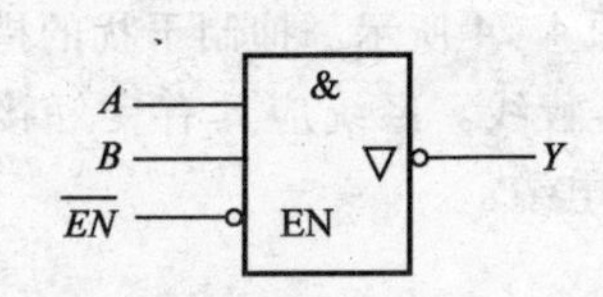

(a) $\overline{EN}$=0 有效的三态输出门的逻辑符号

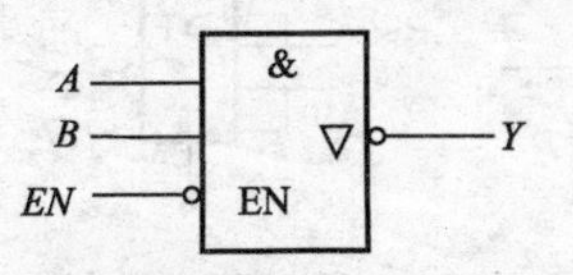

(b) EN=1 有效的三态门输出的逻辑符号

图 4.21　三态输出门的逻辑符号

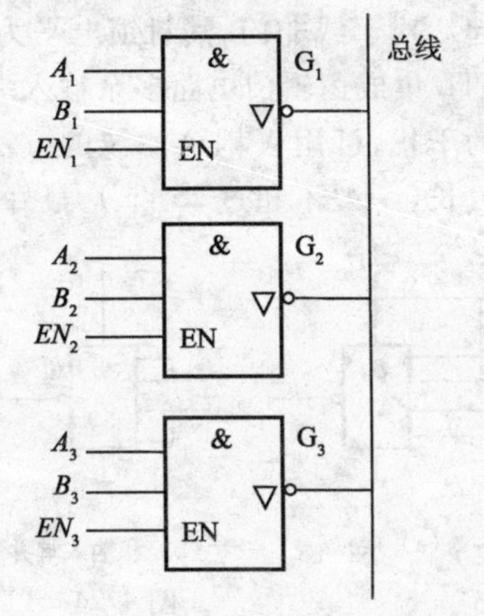

图 4.22　用三态输出门组成的单向总线

3. 典型 CMOS 集成逻辑门

以单极型器件 MOS 管作开关的逻辑门称为 MOS 逻辑门，由 PMOS 管和 NMOS 管构成互补 MOS 逻辑门，简称 CMOS 门。CMOS 集成逻辑门具有静态功耗极低、电源电压范围宽、输入阻抗高、扇出能力强、抗干扰能力强、逻辑摆幅大等优点，目前已进入超大规模集成电路行列。在这里只简要介绍典型的 CMOS 集成逻辑门。

CMOS 非门又称 CMOS 反相器，CD4069 六反相器的引线图如图 4.23 所示。

CMOS 反相器开关速度高，电源范围宽、抗干扰能力强及扇出系数大等优点。因此，它是 CMOS 集成逻辑门中的一个最基本的单元电路，由此可构成其他功能的 CMOS 集成逻辑门。

图 4.23　CD4069 六反相器外引脚图

CMOS 集成逻辑门中常用的还有与非门、或非门、异或门、漏极开路门、三态门等，其功能和符号与 TTL 的对应相同。

必须注意，逻辑功能相互对应的 CMOS 集成逻辑门与 TTL 集成逻辑门，其真值表和逻辑符号是相同的。

CMOS 集成逻辑门以标准型的 4000B 系列为主。还有 54/74 系列高速 CMOS 集成逻辑门，54/74、54/74HCU、54/74HCT。它们的传输延迟时间已接近标准 TTL 器件，引脚排列和逻辑功能已和同型号的 54/74TTL 集成电路一致。54/74HCT 系列更是在电平上和 54/74TTL 集成电路兼容，从而使两者互换使用更为方便。

4. 集成逻辑门的使用注意事项

(1)TTL 集成逻辑门的使用注意事项。在使用 TTL 集成逻辑门电路时，应注意以下事项：电源电压(U_{CC})应满足在标准值 5×(1+10%) V 的范围内；TTL 电路的输出端所接负载，不能超过规定的扇出系数；注意 TTL 集成逻辑门电路多余输入端的处理方法。从逻辑观点看，多余输入端似乎完全可以任其闲置呈悬空状态，并不会影响与非门的逻辑功能。但是，开路输入端具有很高的输入阻抗，很容易接受外界的干扰信号。因此，集成逻辑门在使用时，一般不让多余的输入端悬空，以防止干扰信号引入。对多余输入端的处理以不改变电路的逻辑状态和电路的稳

定可靠为原则。对于与非门,因为低电平为封锁电平,故多余输入端一般接 $+U_{CC}$ 或与信号输入端并联在一起。对于或非门,其封锁电平为高电平,则多余输入端只能接地或与信号输入端并联在一起。TTL 集成逻辑门电路多余输入端的处理方法如图 4.24 所示。抑制干扰的措施,对于电源线引入的干扰,可用去耦合滤波的方法,必要时采用屏蔽线。系统应具有良好接地措施。信号线不宜过长(一般不超过 25 cm),最好用绞合线或同轴电缆。

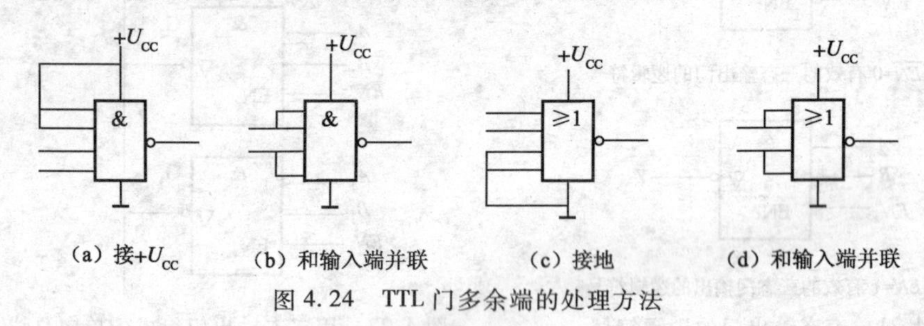

图 4.24　TTL 门多余端的处理方法

(2)CMOS 集成逻辑门使用注意事项。CMOS 集成逻辑门由于输入电阻很高,因此极易接受静电电荷。为了防止静电击穿,生产 CMOS 集成逻辑门时,在输入端都要加入标准保护电路,但这并不能保证绝对安全,因此使用 CMOS 集成逻辑门时,必须采取以下预防措施:

① 存放 CMOS 集成逻辑门时要屏蔽,一般放在金属容器中,也可以用金属箔将引脚短路。

② CMOS 集成逻辑门可以在很宽的电源电压范围内正常工作,但电源的上限电压(即使是瞬态电压)不得超过电路允许的极限值 U_{DDmax},电源的下限电压(即使是瞬态电压)不得低于电路所必需的电源电压的最低值 U_{DDmin},更不得低于 U_{SS}。

③ 焊接 CMOS 集成逻辑门时,一般用 20 W 内热式电烙铁,而且烙铁要有良好的接地线;也可以利用电烙铁断电后的余热快速焊接;禁止在电路通电的情况下焊接。

④ 为了防止输入端保护二极管因正向偏置而引起损坏,输入电压必须处在 U_{DD} 和 U_{SS} 之间,即 $U_{SS} \leqslant U_I \leqslant U_{DD}$。

⑤ 测试 CMOS 集成逻辑门时,如果信号电源和电路板用两组电源,则在开机时应先接通电路板电源,后接通信号电源。关机时则应先切断信号电源,再切断电路板电源,即在 CMOS 集成逻辑门本身没有接通电源的情况下,不允许输入信号输入。

⑥ 多余端绝对不能悬空,否则不但容易接受外界干扰,而且输入电平不稳,破坏了正常的逻辑关系,也消耗了不少的功率。因此根据电路的逻辑功能,需要分情况加以处理。其处理方法与 TTL 电路相同。

⑦ 输入端连线较长时,由于分布电容和分布电感的影响,容易构成 LC 振荡,也可能使保护二极管损坏,因此必须在输入端串联一个 10 ~ 20 kΩ 的电阻器 R。

⑧ CMOS 集成逻辑门装在印制电路板上时,印制电路板上总有输入端,当电路从整机中拨出时,输入端必然出现悬空,所以应在各输入端接入限流保护电阻器。如果要在印制电路板上安装 CMOS 集成逻辑门,则必须在与它有关的其他器件安装之后,再装 CMOS 集成逻辑门,避免 CMOS 集成逻辑门输入端悬空。

⑨ 拔插电路板电源插头时,应注意先切断电源,防止在插拔过程中烧坏 CMOS 集成逻辑门的输入保护二极管。

⑩ CMOS 集成逻辑门并联使用。在同一芯片上两个或两个以上同样器件并联使用(与门、或非门、反相器等)时,可增大输出供给电流和输出吸收电流,当负载增加不大时,则既增加了器件的驱动能力,也提高了速度。使用时输出端之间并联,输入端之间也必须并联。

(3)抑制干扰的措施。对于电源线引入的干扰,可用去耦合滤波的方法,必要时采用屏蔽线。系统应具有良好接地措施。信号线不宜过长,最好用绞合线或同轴电缆。

(4)CMOS 集成逻辑门与 TTL 集成逻辑门的连接。在实际工作中,有些数字系统由不同类型的门电路组成以实现系统的最佳组合。而不同类型门电路的逻辑电平不同。如 TTL 逻辑电平为$U_{OH}=3.6$ V、$U_{OL}=0.3$ V;而 CMOS 逻辑电平为 $U_{OH}=10$ V、$U_{OL}=0$ V。如果信号在不同类型门电路之间传输,就会遇到逻辑电平不匹配等问题。因此应考虑不同类型逻辑门电路之间的接口电路。

① 用 TTL 集成逻辑门驱动 CMOS 集成逻辑门。当 TTL 集成逻辑门驱动 4000 系列和 HC 系列 CMOS 集成逻辑门时,如电源电压 U_{CC}与 U_{DD}均为 5 V 时,由于此时的 CMOS 集成逻辑门的输入高电平的下限值为 3.5 V,而 TTL 集成逻辑门的输出高电平的下限值为 2.4 V,显然 CMOS 和 TTL 集成逻辑门不能直接相连。此时通过上拉电阻器 R 将 TTL 输出电平抬高来实现这两种电路的连接,如图 4.25(a)所示。如果 U_{CC}与 U_{DD}不同时,TTL 与 CMOS 集成逻辑门的连接方法如图 4.25(b)所示,TTL 的输出端仍可接一个上拉电阻器,但需要使用集电极开路门电路,另外还可采用专用的 CMOS 电平转移器(如 CC4502 等)完成 TTL 集成逻辑门对 CMOS 集成逻辑门的接口,电路如图 4.25(c)所示。当 TTL 集成逻辑门驱动 HCT 系列和 ACT 系列的 CMOS 集成逻辑门时,因两类电路性能兼容,故可以直接相连,不需要外加器件。

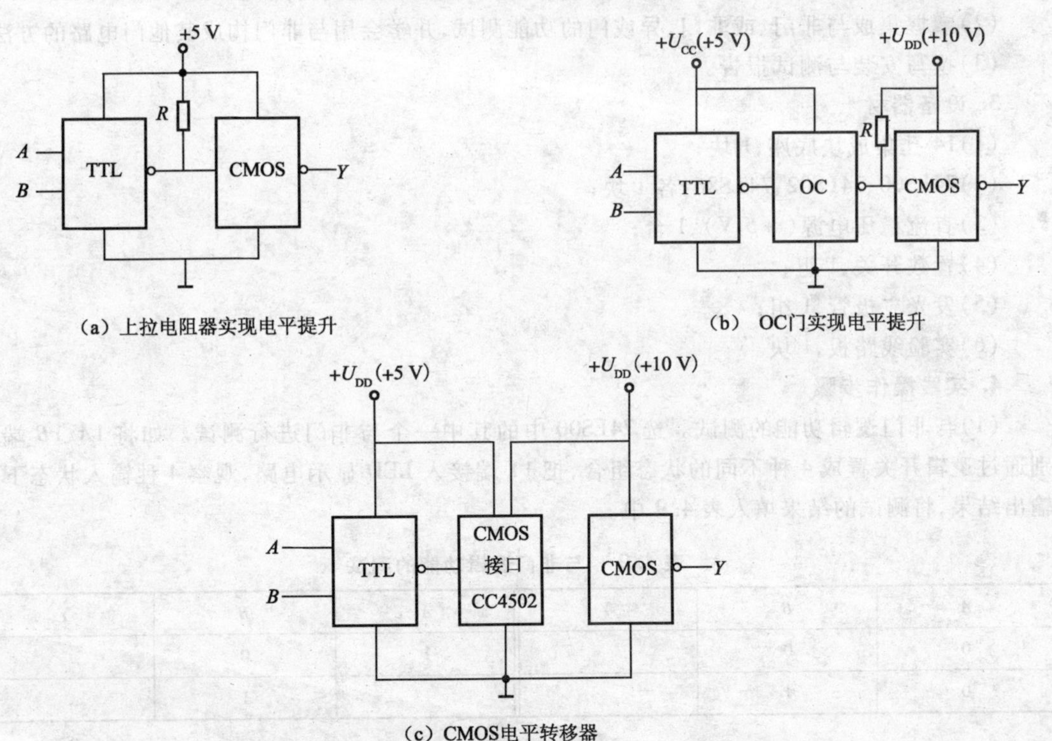

图 4.25 TTL 集成逻辑门驱动 CMOS 集成逻辑门

② 用 CMOS 集成逻辑门驱动 TTL 电路。当用 CMOS 集成逻辑门驱动 TTL 集成逻辑门时,由于 CMOS 集成逻辑门驱动电流小,因而对 TTL 集成逻辑门的驱动能力有限。为实现 CMOS 集成逻辑门和 TTL 集成逻辑门的连接,可经过 CMOS 接口电路(如 CMOS 缓冲器 CC4049 等),如图 4.26(a)所示。或用三极管实现电流扩展,如图 4.26(b)所示。

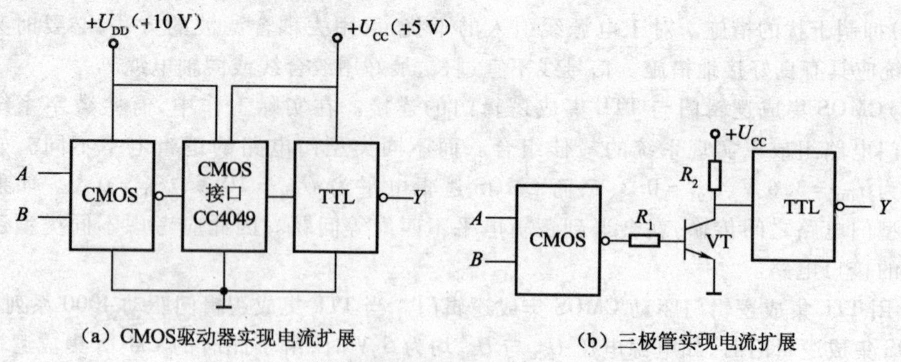

图 4.26　CMOS 集成逻辑门驱动 TTL 集成逻辑门

〖实践操作〗——做一做

1. 实践操作内容

集成逻辑门电路的逻辑功能与应用电路的测试。

2. 实践操作要求

(1)熟悉所用的集成与非门、或非门、异或门的外形及外引脚排列图；

(2)掌握集成与非门、或非门、异或门的功能测试，并学会用与非门构成其他门电路的方法；

(3)撰写安装与测试报告。

3. 设备器材

(1)14 孔集成块底座，1 块；

(2)74LS00、74LS02、74LS86，各 1 块；

(3)直流稳压电源(+5 V)，1 台；

(4)置数开关，1 组；

(5)发光二极管，1 组；

(6)实验线路板，1 块。

4. 实践操作步骤

(1)与非门逻辑功能的测试。选 74LS00 中的其中一个与非门进行测试。如将 1A、1B 端分别通过逻辑开关置成 4 种不同的状态组合，把 1Y 端接入 LED 显示电路，观察 4 种输入状态下的输出结果，将测试的结果填入表 4.9 中。

表 4.9　与非门逻辑功能的测试

A	B	Y	A	B	Y
0	0		1	0	
0	1		1	1	

(2)或非门逻辑功能的测试。选 74LS02 中的其中一个或非门进行测试。如将 1A、1B、1C 端分别通过逻辑开关置成 8 种不同的状态组合，把 1Y 端接入 LED 显示电路，观察 4 种输入状态下的输出结果，将测试的结果填入表 4.10 中。

表 4.10　或非门逻辑功能的测试

A	B	C	Y	A	B	C	Y
0	0	0		1	0	0	

续表

A	B	C	Y	A	B	C	Y
0	0	1		1	0	1	
0	1	0		1	1	0	
0	1	1		1	1	1	

(3)异或门逻辑功能的测试。选74LS86中的其中一个异或门进行测试。如将1A、1B端分别通过逻辑开关置成4种不同的状态组合，把1Y端接入LED显示电路，观察4种输入状态下的输出结果，将测试的结果填入表4.11中。

表4.11　异或门逻辑功能的测试

A	B	Y	A	B	Y
0	0		1	0	
0	1		1	1	

(4)用与非门74LS00分别构成二输入端的与门、或门和异或门，画出连接图，然后进行逻辑功能的测试，将测试的结果填入表4.12中。

表4.12　用与非门构成与门、或门和异或门逻辑功能的测试

A	B	$Y_{与}$	$Y_{或}$	$Y_{异或}$	A	B	$Y_{与}$	$Y_{或}$	$Y_{异或}$
0	0				1	0			
0	1				1	1			

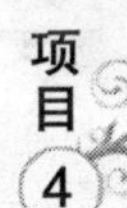

5. 注意事项

(1)集成芯片插入插座的方向是引脚朝下，缺口在左方，不能弄错。

(2)74LS系列TTL集成芯片，要注意其使用规则并严格遵守，否则将影响实验结果，甚至损坏集成芯片。

〖问题思考〗——想一想

(1) TTL集成逻辑门有哪些主要特点和系列产品？

(2)什么是“线与”？普通TTL集成逻辑门为什么不能进行“线与”？

(3)三态输出门有哪3种状态？为保证接至同一母线上的许多三态输出门能够正常工作的必要条件是什么？

(4)使用CMOS集成逻辑门应注意哪些问题？如何解决TTL集成逻辑门与CMOS集成逻辑门的接口问题？

任务4.2 组合逻辑电路的分析与设计

任务引入

数字电路可分为两种类型:一类是组合逻辑电路(简称组合电路),另一类是时序逻辑电路(简称时序电路)。所谓组合逻辑电路是指电路在任意一时刻的输出状态只与同一时刻各输入状态的组合有关,而与前一时刻的输出状态无关。本任务学习组合逻辑电路的特点、分析方法和设计方法。

任务目标

了解组合逻辑电路的特点;掌握组合逻辑电路的分析方法,能熟练地分析组合逻辑电路的逻辑功能;掌握组合逻辑电路的设计方法,能够设计一般的组合逻辑电路。

〖现象观察〗——看一看

图 4.27 为用 3 个与门和 1 个或门构成的组合逻辑电路。试根据门电路的逻辑功能判断逻辑电路的功能,然后用实验验证其功能(与门可选用 74LS08,或门可选用 74LS32)。

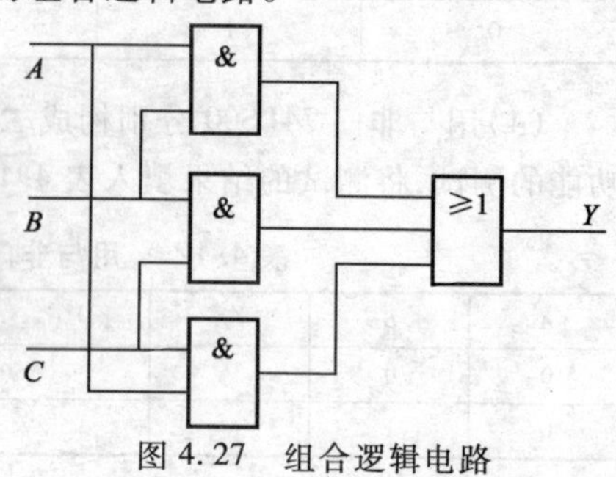

图 4.27　组合逻辑电路

〖相关知识〗——学一学

1. 组合逻辑电路的分析方法

(1)组合逻辑电路有如以下特点及分类:

① 组合逻辑电路的特点:在逻辑功能上,输出变量 Y 是输入变量 X 的组合函数,输出状态不影响输入状态,过去的状态不影响现在的输出状态;在电路结构上,输出和输入之间无反馈延时通路,电路由逻辑门组成,不含记忆单元。

② 组合逻辑电路的分类:按输出端数,组合逻辑电路可分为单输出组合逻辑电路和多输出组合逻辑电路;按逻辑功能,组合逻辑电路可分为加法器、编码器、译码器等;按所采用器件的集成度,组合逻辑电路可分为用 SSI 逻辑门构成的组合逻辑电路和直接用 MSI、LSI 芯片实现的组合逻辑电路;按器件极型,组合逻辑电路可分为 TTL 组合逻辑电路和 CMOS 组合逻辑电路。

早期的组合逻辑电路多由 SSI 逻辑门连接而成。目前,均广泛采用 MSI 芯片。

(2)组合逻辑电路的一般分析方法。组合逻辑电路分析的目的是确定已知组合逻辑电路的逻辑功能。

由 SSI 逻辑门构成的组合逻辑电路的一般分析步骤如下:

① 由给定的逻辑电路图,从输入到输出,逐级向后递推,写出逻辑函数表达式。

② 化简或变换逻辑函数表达式,求出最简函数式。

③ 列出真值表。

④ 写出逻辑功能的说明。

例 4.6　分析图 4.28 所示用门电路构成的组合逻辑电路的逻辑功能。

解　(1)写出逻辑表达式为

$$Y_1 = \overline{A\overline{B}},\ Y_2 = \overline{\overline{A}B},\ Y = \overline{Y_1 Y_2} = \overline{\overline{A\overline{B}} \cdot \overline{\overline{A}B}}$$

(2)进行逻辑变换和化简

$$Y = \overline{\overline{A\bar{B}} \cdot \overline{\bar{A}B}} = \overline{\overline{A\bar{B}}} + \overline{\overline{\bar{A}B}} = A\bar{B} + \bar{A}B$$

(3)列出真值表如表 4.13 所示。

表 4.13　例 4.6 的真值表

A	B	Y
0	0	0
0	1	1
1	0	1
1	1	0

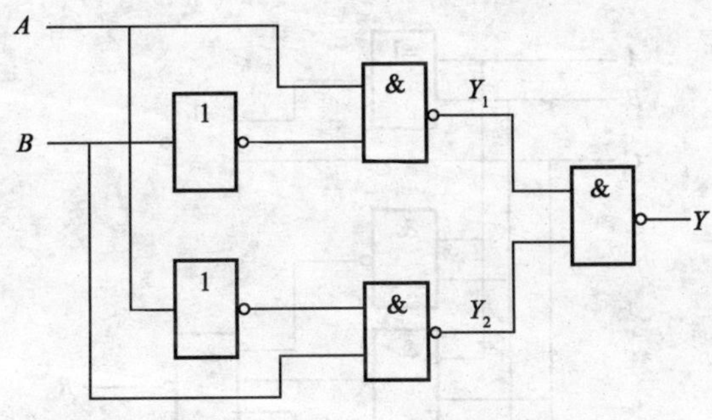

图 4.28　例 4.6 的逻辑电路图

(4)由真值表可以确定该逻辑电路实现的是异或功能,也可直接用一个异或门来代替。

2. 组合逻辑电路的设计方法

组合逻辑电路的设计与分析过程相反。它的目的是根据功能要求设计最佳电路。

用 SSI 逻辑门设计组合逻辑电路的一般步骤如下:

(1)首先分析实际问题要求的逻辑功能。确定输入变量和输出变量以及它们之间的相互关系,并对它们进行逻辑赋值,即确定什么情况下为逻辑"1",什么情况下为逻辑"0";这是设计组合逻辑电路过程中建立逻辑函数的关键。

(2)列出满足输入输出逻辑关系的真值表。

(3)根据真值表写出相应的逻辑表达式,对逻辑表达式进行化简并转换成命题或芯片所要求的逻辑函数表达式形式。

(4)根据最简逻辑表达式,画出相应的逻辑电路图。

例 4.7　某车间有黄、红两个故障指示灯,用来表示 3 台设备的工作情况,当只有 1 台设备有故障时黄灯亮;若有 2 台设备同时产生故障时,红灯亮;3 台设备都有故障时,黄灯、红灯都亮。试设计逻辑电路来完成此功能。

解　(1)分析题意列写真值表。

设 A、B、C 分别为 3 台设备的故障信号。正常工作时为 0,有故障时为 1;Y 表示黄灯;R 表示红灯,且灯亮为 1,灯灭为 0。写出真值表如表 4.14 所示。

表 4.14　例 4.7 的真值表

A	B	C	Y	R	A	B	C	Y	R
0	0	0	0	0	1	0	0	1	0
0	0	1	1	0	1	0	1	0	1

续表

A	B	C	Y	R	A	B	C	Y	R
0	1	0	1	0	1	1	0	0	1
0	1	1	0	1	1	1	1	1	1

(2)由真值表写出逻辑函数并化简。

$$Y = \bar{A} \cdot \bar{B}C + \bar{A}B\bar{C} + A\bar{B} \cdot \bar{C} + ABC = \bar{A}(\bar{B}C + B\bar{C}) + A(\bar{B} \cdot \bar{C} + BC)$$
$$= \bar{A}(B \oplus C) + A\overline{(B \oplus C)} = A \oplus B \oplus C$$
$$R = AC + BC + AB = \overline{\overline{AC + BC + AB}} = \overline{\overline{AC} \cdot \overline{BC} \cdot \overline{AB}}$$

(3)根据上述表达式画出逻辑图,如图 4.29 所示。设计过程中,“最简”是指电路所用器件最少,器件种类最少,而且器件之间的连线也最少。

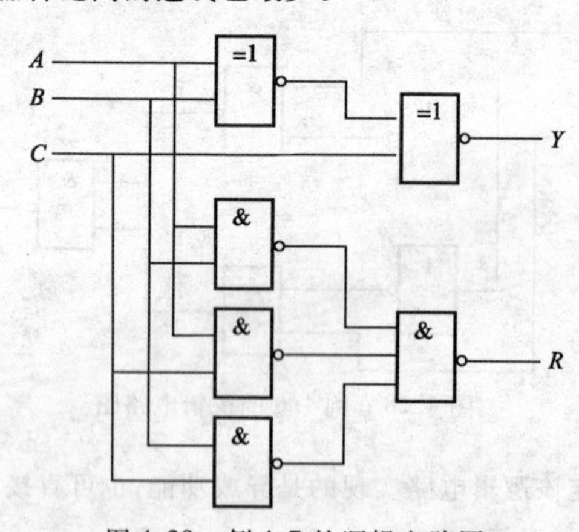

图 4.29 例 4.7 的逻辑电路图

〖实践操作〗——做一做

1. 实践操作内容

3 人表决电路的设计与测试。

2. 实践操作要求

(1)设计出用与非门实现的 3 人表决电路,即有 3 人提案表决,3 个人中至少有两个人同意,提案才能通过,否则提案不能通过;

(2)用 74LS00 实现 3 人表决电路,并进行测试;

(3)撰写设计、安装与测试报告。

3. 设备器材

(1)14 孔集成块底座,1 块;

(2)74LS00,1 块;

(3)直流稳压电源(+5 V),1 台;

(4)置数开关,1 组;

(5)发光二极管,1 组;

(6)实验线路板,1 块。

4. 实践操作步骤

(1)按组合逻辑电路的设计方法步骤进行 3 人表决电路的设计。

(2)对所设计的电路进行功能测试,检测所设计电路能否实现命题的要求。

5. 注意事项

(1)集成芯片插入插座的方向是引脚朝下,缺口在左方,不能弄错。

(2)74LS 系列 TTL 集成芯片,要注意其使用规则并严格遵守,否则将影响实验结果,甚至损坏集成芯片。

〖问题思考〗——想一想

设计一个组合逻辑电路与分析一个组合逻辑电路有什么不同?

任务 4.3 中规模组合逻辑器件的认识与应用

任务引入

实际应用中有一些组合逻辑电路在各类数字系统中经常大量地被使用。为了方便,目前已将这些电路的设计标准化,并已制成了中、小规模单片集成电路产品,其中包括编码器、译码器、数据选择器、加法器、比较器、奇偶校验器等。这些集成电路具有通用性强、兼容性好、功耗小、工作稳定等优点,所以得到了广泛应用。本任务学习编码器、译码器、数据选择器、加法器和比较器的功能及应用电路。

任务目标

熟悉编码器、译码器、数据选择器、加法器和比较器的外引脚排列图和逻辑符号;理解并能正确测试编码器、译码器、数据选择器、加法器和比较器逻辑功能及应用;能用中规模集成电路实现组合逻辑函数。

子任务 1 编码器和译码器的认识与应用

〖器件认识〗——认一认

图 4.30 所示为优先编码器 74LS148 和译码器 74LS138 的外引脚排列图,请查阅有关资料,了解它们的各自信息。

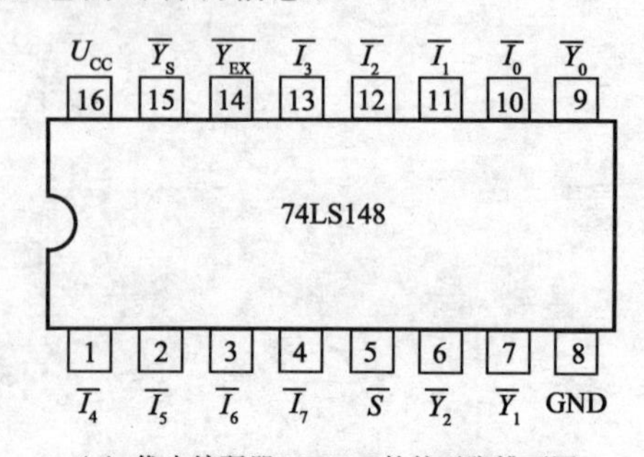

(a) 优先编码器74LS148的外引脚排列图

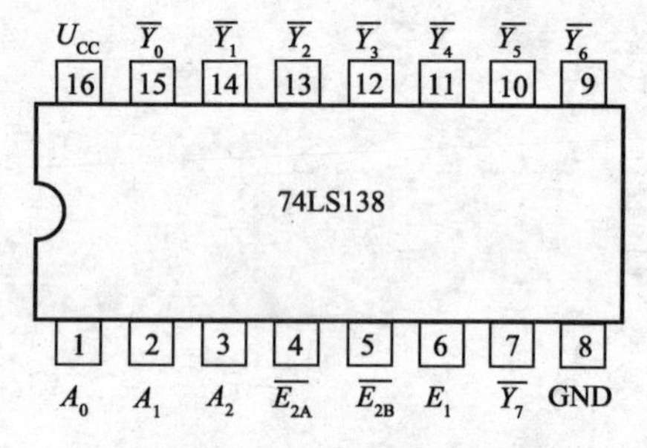

(b) 译码器74LS138的外引脚排列图

图 4.30 优先编码器 74LS148 和译码器 74LS138 的外引脚排列图

〖相关知识〗——学一学

1. 编码器

(1)编码器的概念与分类。一般地说,用文字、符号或者数码表示特定对象的过程,都可以称为编码。例如,给孩子取名,给运动员编号等,都是编码。不过他们用的是汉字或十进制数。汉字或十进制数用电路难以实现,在数字电路中一般采用二进制编码。所谓二进制编码是用二进制代码表示有关对象(信号)的过程。一般地说,n 位二进制代码有 2^n 种状态,可以表示 2^n 个信号。所以,对 N 个信号进行编码时,可用公式 $2^n \geqslant N$ 来确定需要使用的二进制代码的位数 n。

编码器是实现编码操作的电路。按照编码方式不同,编码器可分为普通编码器和优先编码器;按照输出代码种类的不同,编码器可分为二进制编码器和非二进制编码器。

二进制编码器:用 n 位二进制代码对 $N=2^n$ 个信号进行编码的电路,称为二进制编码器。如

$n=3$,可以对 8 个一般信号进行编码。这种编码器有一个特点:任何时刻只允许输入一个有效信号,不允许同时出现两个或两个以上的有效信号,因而其输入是一组有约束(互相排斥)的变量,它属于普通编码器。若编码器输入为 4 个信号,输出为两位代码,则称为 4 线-2 线编码器(或 4/2 线编码器)。若编码器输入为 8 个信号,输出为 3 位代码,则称为 8 线-3 线编码器(或 8/3 线编码器)。

二-十进制(BCD)编码器:在数字电子系统中,所处理的数据都是二进制的,而在实际生活中常用十进制数,将十进制数 0~9 转换成一组二进制代码的逻辑电路称为二-十进制编码器。它的输入是代表 0~9 这 10 个数符的状态信号,有效信号为 1(即某信号为 1 时,则表示要对它进行编码),输出是相应的 BCD 码,因此又称 10 线-4 线编码器。它和二进制编码器特点一样,任何时刻只允许输入一个有效信号。

优先编码器:上述编码器在同一时刻内只允许对一个信号进行编码,否则输出的代码会发生混乱,而实际应用中常出现多个输入信号端同时有效的情况。例如,计算机有许多输入设备,可能多台设备同时向主机发出编码请求,希望输入数据,为了避免在同时出现两个以上输入信号(均为有效)时输出产生错误,这就要求采用优先编码器。优先编码器是指在同一时刻内,当有多个输入信号请求编码时,只对优先级别高的信号进行编码的逻辑电路。

(2)集成优先编码器 74LS148:

① 集成优先编码器 74LS148 的认识。74LS148 是 8 线-3 线优先编码器,其引脚排列图如图 4.30(a)所示。图中,$\overline{I_0}\sim\overline{I_7}$为输入信号端,$\overline{S}$是使能输入端,$\overline{Y_0}\sim\overline{Y_2}$是 3 个输出端,$\overline{Y_{EX}}$和$\overline{Y_S}$是用于扩展功能的输出端。

集成优先编码器 74LS148 的功能如表 4.15 所示。其中,输入$\overline{I_0}\sim\overline{I_7}$低电平有效,$\overline{I_7}$为最高优先级,$\overline{I_0}$为最低优先级。只要$\overline{I_7}=0$,不管其他输入端是 0 还是 1,输出只对$\overline{I_7}$编码,且对应的输出为反码有效,$\overline{Y_0}\cdot\overline{Y_1}\cdot\overline{Y_2}=000$。$\overline{S}$为使能输入端,只有$\overline{S}=0$时编码器才工作,$\overline{S}=1$时编码器不工作。$\overline{Y_S}$为使能输出端,当$\overline{S}=0$允许工作时,如果$\overline{I_0}\sim\overline{I_7}$端有信号输入时,$\overline{Y_S}=1$;若$\overline{I_0}\sim\overline{I_7}$端无信号输入时,$\overline{Y_S}=0$。$\overline{Y_{EX}}$为扩展输出端,当$\overline{S}=0$时,$\overline{Y_{EX}}$只要有编码信号,其输出就是低电平。

表 4.15　集成优先编码器 74LS148 的功能表

输入									输出				
$\overline{S}$	$\overline{I_0}$	$\overline{I_1}$	$\overline{I_2}$	$\overline{I_3}$	$\overline{I_4}$	$\overline{I_5}$	$\overline{I_6}$	$\overline{I_7}$	$\overline{Y_2}$	$\overline{Y_1}$	$\overline{Y_0}$	$\overline{Y_{EX}}$	$\overline{Y_S}$
1	×	×	×	×	×	×	×	×	1	1	1	1	1
0	1	1	1	1	1	1	1	1	1	1	1	1	0
0	×	×	×	×	×	×	×	0	0	0	0	0	1
0	×	×	×	×	×	×	0	1	0	0	1	0	1
0	×	×	×	×	×	0	1	1	0	1	0	0	1
0	×	×	×	×	0	1	1	1	0	1	1	0	1
0	×	×	×	0	1	1	1	1	1	0	0	0	1
0	×	×	0	1	1	1	1	1	1	0	1	0	1
0	×	0	1	1	1	1	1	1	1	1	0	0	1
0	0	1	1	1	1	1	1	1	1	1	1	0	1

② 集成优先编码器 74LS148 的扩展。用 74LS148 优先编码器可以多级连接进行功能扩展,如用两块 74LS148 可以扩展成为一个 16 线-4 线优先编码器,如图 4.31 所示。对图 4.31 分析

可得：高位片 $\overline{S}=0$，允许高位片对输入 $\overline{I_8}\sim\overline{I_{15}}$ 编码 $\overline{Y_S}=1$。低位片 $\overline{S}=1$，则低位片禁止编码。但若 $\overline{I_8}\sim\overline{I_{15}}$ 都是高电平，即均无编码请求，则低位片的 $\overline{S}=0$ 允许低位片对输入 $\overline{I_0}\sim\overline{I_7}$ 编码。显然，高位片的编码级别优先于低位片。

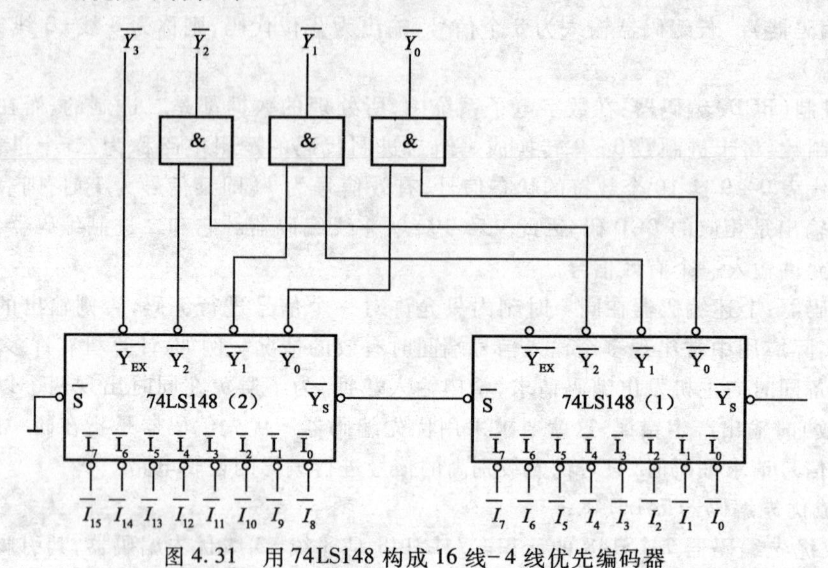

图 4.31　用 74LS148 构成 16 线-4 线优先编码器

2. 译码器

(1)译码器的概念与分类。译码是编码的逆过程，即将每一组输入二进制代码“翻译”成为一个特定的输出信号。实现译码功能的数字电路称为译码器。假设译码器有 n 个输入信号和 N 个输出信号，如果 $N=2^n$，称为全译码器，常见的全译码器有 2 线-4 线译码器、3 线-8 线译码器、4 线-16 线译码器等。如果 $N<2^n$，称为部分译码器，常见的部分译码器有二-十进制译码器（又称 4 线-10 线译码器）等。译码器的种类很多，可归纳为二进制译码器、二-十进制译码器和显示译码器等。

(2)集成二进制译码器（变量译码器）。集成二进制译码器的种类很多。常用的有 TTL 系列中的 54/74H138、54/74LS138；CMOS 系列中的 54/74HC138、54/74HCT138 等。图 4.30(b)所示为译码器 74LS138 的外引脚排列图，逻辑功能表如表 4.16 所示。

表 4.16　74LS138 的逻辑功能表

输入					输出							
E_1	$\overline{E_{2A}+E_{2B}}$	A_2	A_1	A_0	$\overline{Y_0}$	$\overline{Y_1}$	$\overline{Y_2}$	$\overline{Y_3}$	$\overline{Y_4}$	$\overline{Y_5}$	$\overline{Y_6}$	$\overline{Y_7}$
×	1	×	×	×	1	1	1	1	1	1	1	1
0	×	×	×	×	1	1	1	1	1	1	1	1
1	0	0	0	0	0	1	1	1	1	1	1	1
1	0	0	0	1	1	0	1	1	1	1	1	1
1	0	0	1	0	1	1	0	1	1	1	1	1
1	0	0	1	1	1	1	1	0	1	1	1	1
1	0	1	0	0	1	1	1	1	0	1	1	1
1	0	1	0	1	1	1	1	1	1	0	1	1
1	0	1	1	0	1	1	1	1	1	1	0	1
1	0	1	1	1	1	1	1	1	1	1	1	0

由逻辑功能表 4.16 可知，它有 3 个输入端 A_2、A_1、A_0，8 个输出端 $\overline{Y_0}\sim\overline{Y_7}$，所以常称为 3 线-8

线译码器，属于全译码器。输出为低电平有效，E_1、$\overline{E_{2A}}$和$\overline{E_{2B}}$为使能输入端。$E_1=0$时，译码器停止工作，输出全部为高电平；$\overline{E_{2A}}+\overline{E_{2B}}=1$时，译码器也不工作。只有$E_1=1$，$\overline{E_{2A}}+\overline{E_{2B}}=0$时译码器才工作。

(3)集成非二进制译码器。集成非二进制译码器种类很多，其中二-十进制译码器应用广泛。二-十进制译码器常用型号有TTL系列的54/7442、54/74LS42和CMOS系列的54/74HC42、54/74HCT42等。图4.32所示为74LS42的外引脚排列图。74LS42的逻辑功能表如表4.17所示。

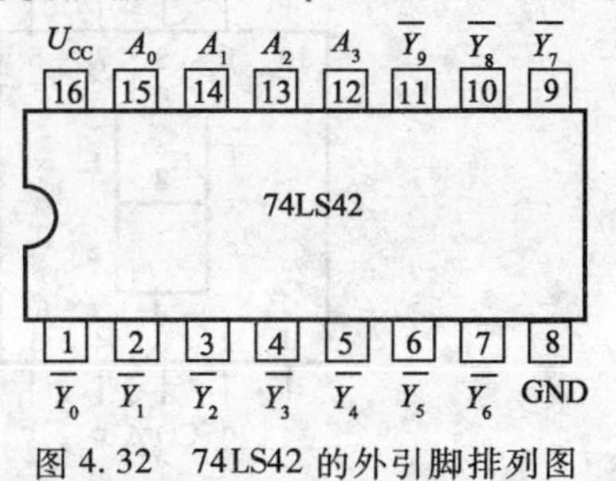

图4.32　74LS42的外引脚排列图

表4.17　74LS42的逻辑功能表

输入				输出									
A_3	A_2	A_1	A_0	$\overline{Y_9}$	$\overline{Y_8}$	$\overline{Y_7}$	$\overline{Y_6}$	$\overline{Y_5}$	$\overline{Y_4}$	$\overline{Y_3}$	$\overline{Y_2}$	$\overline{Y_1}$	$\overline{Y_0}$
0	0	0	0	1	1	1	1	1	1	1	1	1	0
0	0	0	1	1	1	1	1	1	1	1	1	0	1
0	0	1	0	1	1	1	1	1	1	1	0	1	1
0	0	1	1	1	1	1	1	1	1	0	1	1	1
0	1	0	0	1	1	1	1	1	0	1	1	1	1
0	1	0	1	1	1	1	1	0	1	1	1	1	1
0	1	1	0	1	1	1	0	1	1	1	1	1	1
0	1	1	1	1	1	0	1	1	1	1	1	1	1
1	0	0	0	1	0	1	1	1	1	1	1	1	1
1	0	0	1	0	1	1	1	1	1	1	1	1	1

(4)集成显示译码器。在数字系统中，常常需要将数字、字母、符号等直观地显示出来，供人们读取或监视系统的工作情况。能够显示数字、字母或符号的器件称为数码显示器。

在数字电路中，数字量都是以一定的代码形式出现的，所以这些数字量要先经过译码，才能送到数字显示器中显示。这种能把数字量翻译成数码显示器所能识别的信号的译码器称为显示译码器。

常用的数码显示器有多种类型。按显示方式分，有字形重叠式、点阵式、分段式等；

按发光物质分，有半导体显示器，又称发光二极管(LED)显示器、荧光显示器、液晶显示器、气体放电管显示器等。目前应用最广泛的是由发光二极管构成的七段数码显示器。

① 七段数码显示器原理。七段数码显示器就是将七个发光二极管(加小数点为八个)按一定的方式排列起来，七段a、b、c、d、e、f、g(小数点h)各对应一个发光二极管，利用不同发光段的组合，显示不同的阿拉伯数字，如图4.33所示。按内部连接方式不同，七段数码显示器分为共阴极和共阳极两种，如图4.34所示。

七段数码显示器的优点是工作电压较低(1.5~3 V)、体积小、寿命长、亮度高、响应速度快、工作可靠性高。缺点是工作电流大，每个字段的工作电流约为10 mA。

② 七段显示译码器74LS48。七段显示译码器74LS48是一种与共阴极数码显示器配合使用的集成译码器，它的功能是将输入的4位二进制代码转换成显示器所需要的七个字段信号

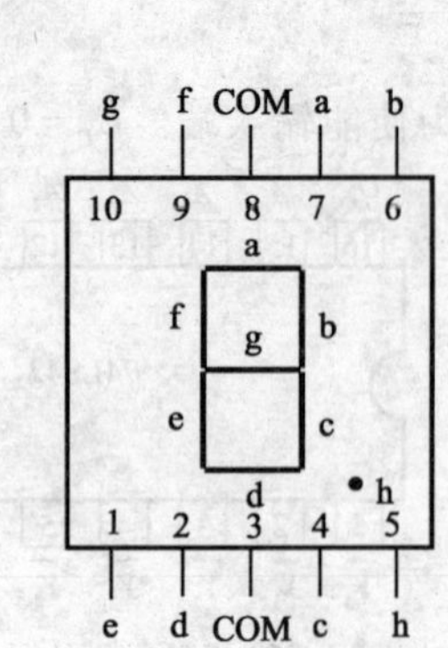

(a) 七段数码显示器

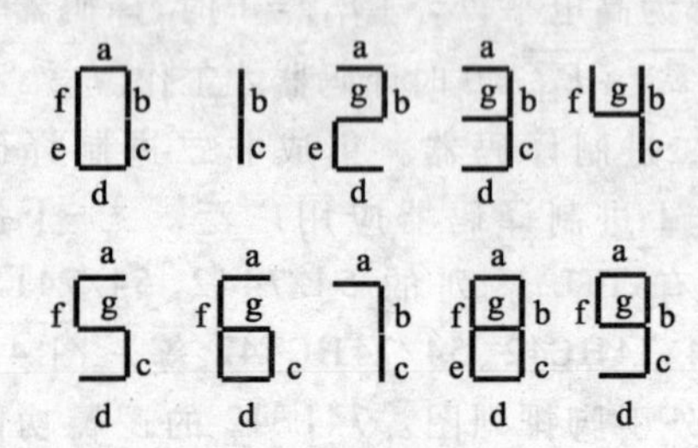

(b) 发光段组合图

图 4.33　七段数码显示器及发光段组合图

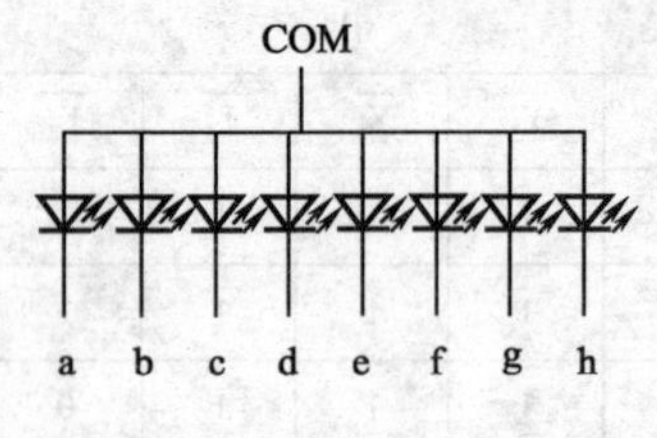

(a) 共阳极接法

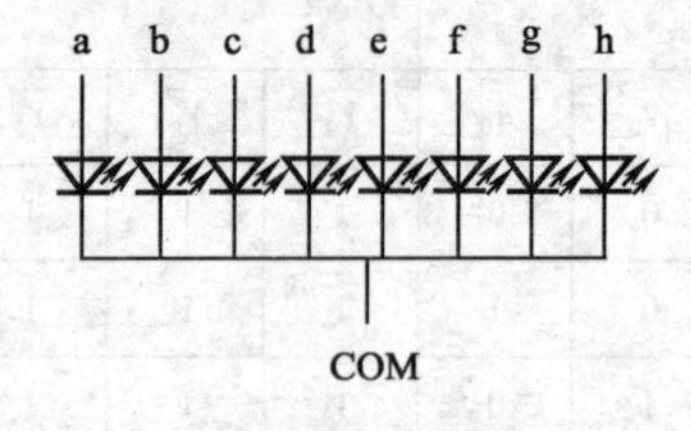

(b) 共阴极接法

图 4.34　七段数码显示器的两种接法

a ~ g,其外引脚排列图 4.35 所示,表 4.18 为它的逻辑功能表。

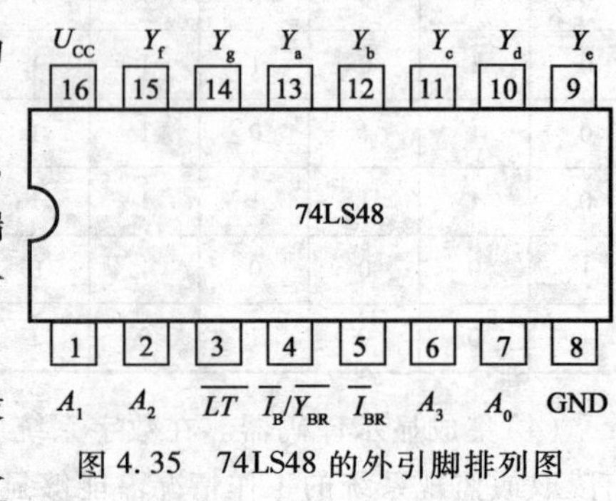

图 4.35　74LS48 的外引脚排列图

$Y_a \sim Y_g$为译码输出端。$\overline{LT}$为试灯输入:当$\overline{LT}=0$时,$\overline{I_B}/\overline{Y_{BR}}=1$时,若七段均完好,显示字形是“8”,该输入端常用于检查 74LS48 显示器的好坏;当$\overline{LT}=1$时,译码器方可进行译码显示。$\overline{I_{BR}}$用来动态灭零,当$\overline{LT}=1$时,且$\overline{I_{BR}}=0$,输入 $A_3A_2A_1A_0=0000$ 时,则$\overline{I_B}/\overline{Y_{BR}}=0$ 使数字符的各段熄灭;$\overline{I_B}/Y_{BR}$为灭灯输入/灭灯输出,当$\overline{I_B}=0$时,不管输入如何,数码管不显示数字;$\overline{Y_{BR}}$为控制低位灭零信号,当$\overline{Y_{BR}}=1$时,说明本位处于显示状态;若$\overline{Y_{BR}}=0$,且低位为零,则低位零被熄灭。

表 4.18　74LS48 的逻辑功能表

十进制数或功能	输入						$\overline{I_B}/\overline{Y_{BR}}$	输出							显示字形
	$\overline{LT}$	$\overline{I_{BR}}$	A_3	A_2	A_1	A_0		Y_a	Y_b	Y_c	Y_d	Y_e	Y_f	Y_g	
0	1	1	0	0	0	0	1	1	1	1	1	1	1	0	0
1	1	×	0	0	0	1	1	0	1	1	0	0	0	0	1
2	1	×	0	0	1	0	1	1	1	0	1	1	0	1	2
3	1	×	0	0	1	1	1	1	1	1	1	0	0	1	3
4	1	×	0	1	0	0	1	0	1	1	0	0	1	1	4
5	1	×	0	1	0	1	1	1	0	1	1	0	1	1	5

续表

十进制数或功能	输入						$\overline{I_B}/\overline{Y_{BR}}$	输出							显示字形
	$\overline{LT}$	$\overline{I_{BR}}$	A_3	A_2	A_1	A_0		Y_a	Y_b	Y_c	Y_d	Y_e	Y_f	Y_g	
6	1	×	0	1	1	0	1	0	0	1	1	1	1	1	
7	1	×	0	1	1	1	1	1	1	1	0	0	0	0	
8	1	×	0	0	0	0	1	1	1	1	1	1	1	1	
9	1	×	1	0	0	1	1	1	1	1	0	0	1	1	
10	1	×	1	0	1	0	1	0	0	0	1	1	0	1	
11	1	×	1	0	1	1	1	0	0	1	1	0	0	1	
12	1	×	1	1	0	0	1	0	1	0	0	0	1	1	
13	1	×	1	1	0	1	1	1	0	0	1	0	1	1	
14	1	×	1	1	1	0	1	0	0	0	1	1	1	1	
15	1	×	1	1	1	1	1	0	0	0	0	0	0	0	全暗
灭灯	×	×	×	×	×	×	0	0	0	0	0	0	0	0	全暗
灭零	1	0	0	0	0	0	0	0	0	0	0	0	0	0	全暗
试灯	0	×	×	×	×	×	1	1	1	1	1	1	1	1	

(5)译码器的扩展。利用译码器的使能端可以方便地扩展译码器的容量。图 4.36 所示是将两片 74LS138 扩展为 4 线-16 线译码器。

其工作原理为:利用译码器的使能端作为高位输入端 A_3,由表 4.16 可知,当 $A_3=0$(即 $E_1=0$)时,低位片 74LS138 工作,高位片 74LS138 禁止工作,对输入 A_2、A_1、A_0 进行译码,译码出 $\overline{Y_0}\sim\overline{Y_7}$;当 $A_3=1$(即 $E_1=1$)时,高位片 74LS138 工作,低位片 74LS138 禁止工作,译码出 $\overline{Y_8}\sim\overline{Y_{15}}$,从而实现了 4 线-16 线译码器功能。

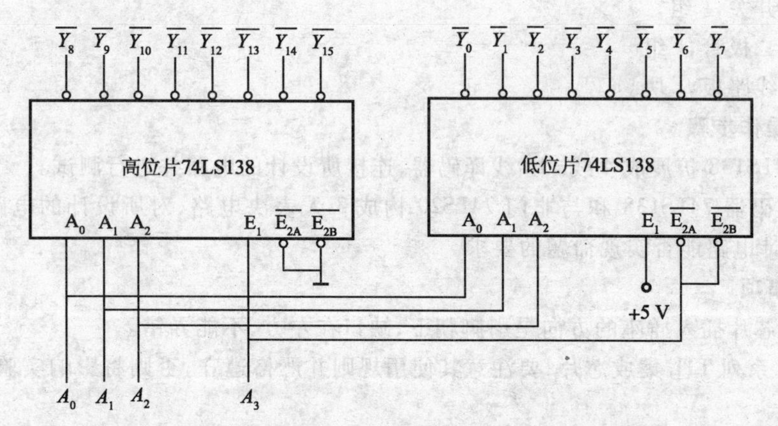

图 4.36 两片 74LS138 扩展为 4 线-16 线译码器

(6)用译码器实现逻辑函数。由变量译码器可知,它的每个输出端都表示一个最小项,而任何一个逻辑函数都可写成最小项表达式,利用这个特点,可以用来实现逻辑函数。

例 4.8 试用译码器 74LS138 和门电路实现逻辑函数 $Y=AB+BC+AC$。

解 (1)由 74LS138 的逻辑功能表可知:当 $E_1=1$,$\overline{E_{2A}}+\overline{E_{2B}}=0$ 时,译码器工作,得到对应各输入端的输出分别为

$\overline{Y_0}=\overline{\overline{A_2}\cdot\overline{A_1}\cdot\overline{A_0}}$，$\overline{Y_1}=\overline{\overline{A_2}\cdot\overline{A_1}A_0}$，$\overline{Y_2}=\overline{\overline{A_2}A_1\overline{A_0}}$，$\overline{Y_3}=\overline{\overline{A_2}A_1A_0}$，$\overline{Y_4}=\overline{A_2\overline{A_1}\cdot\overline{A_0}}$，$\overline{Y_5}=\overline{A_2\overline{A_1}A_0}$，$\overline{Y_6}=\overline{A_2A_1\overline{A_0}}$，$\overline{Y_7}=\overline{A_2A_1A_0}$。

(2)将逻辑函数转换成最小项表达式为

$$Y=AB+BC+AC=\overline{A}BC+A\overline{B}C+AB\overline{C}+ABC$$

(3)将输入变量 A、B、C 分别用 74LS138 的输入 A_2、A_1、A_0 代替，并变换与非形式，则

$$\begin{aligned}Y&=\overline{A}BC+A\overline{B}C+AB\overline{C}+ABC=\overline{A_2}A_1A_0+A_2\overline{A_1}A_0+A_2A_1\overline{A_0}+A_2A_1A_0\\&=\overline{\overline{\overline{A_2}A_1A_0}\cdot\overline{A_2\overline{A_1}A_0}\cdot\overline{A_2A_1\overline{A_0}}\cdot\overline{A_2A_1A_0}}\\&=\overline{\overline{Y_3}\cdot\overline{Y_5}\cdot\overline{Y_6}\cdot\overline{Y_7}}\end{aligned}$$

所以，用一片 74LS138 和一个与非门就可实现逻辑函数 $Y=AB+BC+AC$，逻辑图如图 4.37 所示。

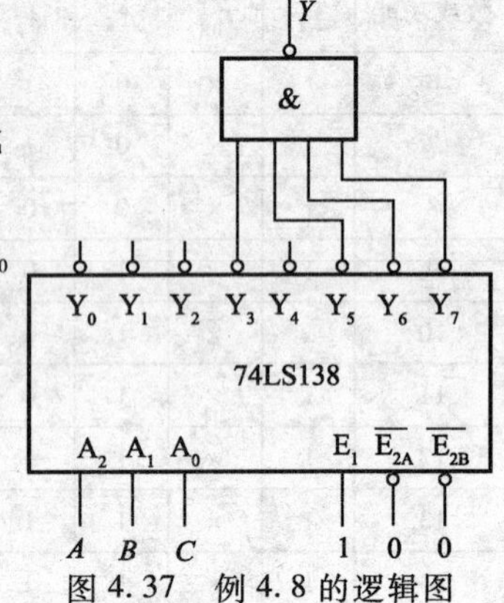

图 4.37　例 4.8 的逻辑图

〖实践操作〗——做一做

1. 实践操作内容

集成译码器的功能扩展及测试。

2. 实践操作要求

(1)熟悉所用的集成译码器的外形及外引脚排列图；

(2)掌握集成译码器的功能扩展及测试；

(3)撰写安装与测试报告。

3. 设备器材

(1)16 孔集成块底座，2 块；

(2)74LS138，2 块；

(3)直流稳压电源(+5 V)，1 台；

(4)置数开关，1 组；

(5)发光二极管，1 组

(6)实验线路板，1 块。

4. 实践操作步骤

(1)将 74LS138 扩展成 4 线-16 线译码器，连接所设计的电路并进行测试。

(2)用译码器 74LS138 和与非门 74LS20 构成 3 人表决电路，对所设计的电路进行功能测试，检测所设计电路能否实现命题的要求。

5. 注意事项

(1)集成芯片插入插座的方向是引脚朝下，缺口在左方，不能弄错。

(2)74LS 系列 TTL 集成芯片，要注意其使用规则并严格遵守，否则将影响实验结果，甚至损坏集成芯片。

〖问题思考〗——想一想

(1)二进制编码器、二-十进制编码器的输入信号的个数与输出变量的位数之间的关系如何?

(2)如何进行优先编码器的扩展?

(3)为什么说译码是编码的逆过程?

(4)译码器 74LS48 的 $\overline{LT}$、$\overline{I_{BR}}$、$\overline{I_B}/\overline{Y_{BR}}$ 的功能是什么? 译码器 74LS138 进行扩展时，E_1、$\overline{E_{2A}}$、$\overline{E_{2B}}$ 如何连接?

子任务2　数据选择器的认识与应用

〖器件认识〗——认一认

图4.38所示为数据选择器74LS153和74LS151的外引脚排列图，请查阅有关资料，了解它们的各自信息。

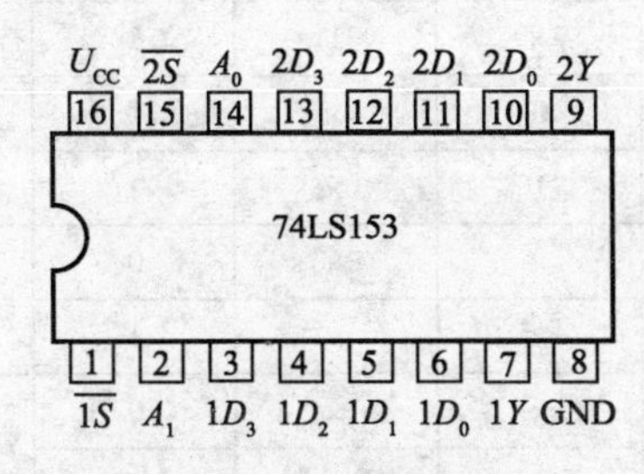

（a）74LS153的外引脚排列图

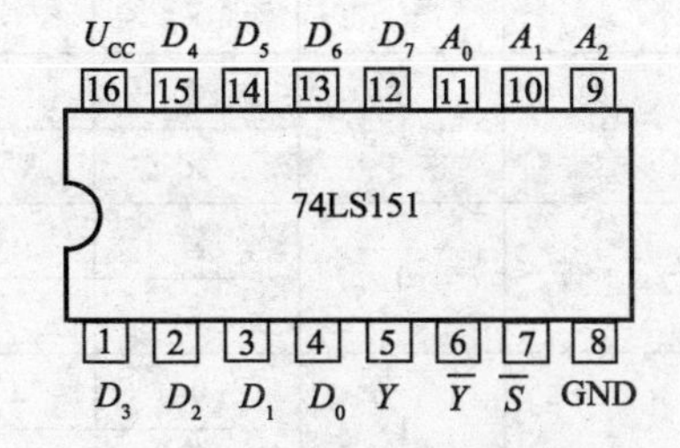

（b）74LS151的外引脚排列图

图4.38　数据选择器74LS153和74LS151的外引脚排列图

〖相关知识〗——学一学

1. 数据选择器概述

数据选择器是根据地址选择码从多路输入数据中选择一路，送到输出。它的作用与图4.39所示的单刀多掷开关相似。

常用的数据选择器有4选1、8选1、16选1等多种类型。下面以4选1数据选择器为例介绍数据选择器的基本功能、工作原理及设计方法。

4选1数据选择器的逻辑图和符号图如图4.40所示。其中，A_1、A_0为控制数准确传送的地址输入信号，$D_0 \sim D_3$为供选择的电路并行输入信号，$\overline{S}$为选通端或称使能端，低电平有效。当$\overline{S}=1$时，数据选择器不工作，禁止数据输入，输出$Y=0$；当$\overline{S}=0$时，数据选择器正常工作，允许数据选通。由图4.40可以写出在$\overline{S}=0$数据选择器工作时，4选1数据选择器输出逻辑表达式为

$$Y=\overline{A_1}\cdot\overline{A_0}D_0+\overline{A_1}A_0D_1+A_1\overline{A_0}D_2+A_1A_0D_3$$

由逻辑表达式可列出4选1数据选择器的逻辑功能表如表4.19所示。

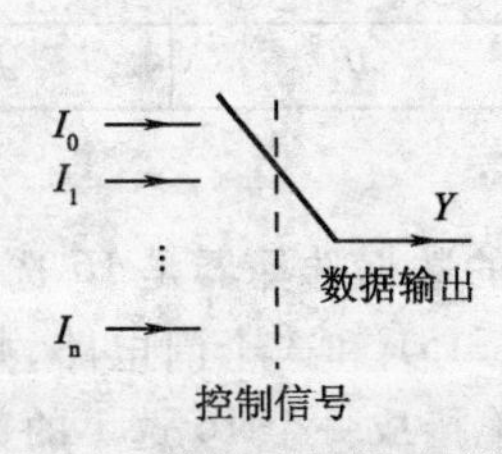

图4.39 数据选择器示意图

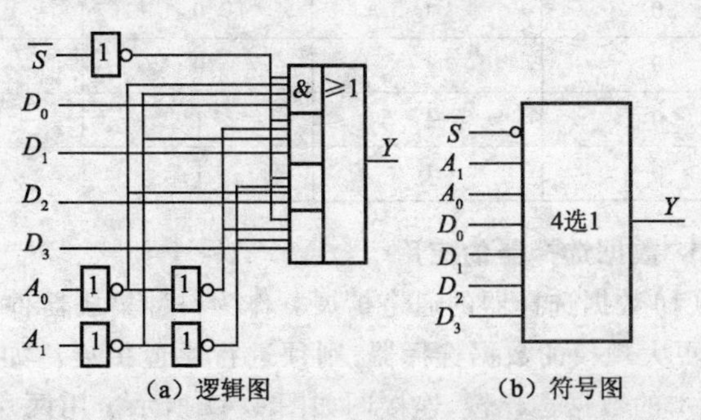

图4.40　4选1数据选择器的逻辑图和符号图

表 4.19　4 选 1 数据选择器的逻辑功能表

输入							输出	
S	A_1	A_0	D_3	D_2	D_1	D_0	Y	
1	×	×	×	×	×	×	0	
0	0	0	×	×	×	0	0	D_0
			×	×	×	1	1	
	0	1	×	×	0	×	0	D_1
			×	×	1	×	1	
	1	0	×	0	×	×	0	D_2
			×	1	×	×	1	
	1	1	0	×	×	×	0	D_3
			1	×	×	×	1	

2. 集成数据选择器

(1)74LS153 为双 4 选 1 数据选择器,它内部含有两个 4 选 1 数据选择器,其外引脚排列图如图 4.38(a)所示,公用地址控制端 A_1、A_0,74LS153 的逻辑功能表同表 4.19。

(2)74LS151 为集成 8 选 1 数据选择器,其外引脚排列图如图 4.38(b)所示。它有 8 个数据输入端 $D_0 \sim D_7$,3 个地址输入端 A_2、A_1、A_0,2 个互补的输出端 Y 和 $\overline{Y}$,1 个使能输入端 $\overline{S}$,使能端 $\overline{S}$ 为低电平有效。74LS151 的逻辑功能表如表 4.20 所示。

表 4.20　74LS151 的逻辑功能表

输入				输出	
$\overline{S}$	A_2	A_1	A_0	Y	$\overline{Y}$
1	×	×	×	0	1
0	0	0	0	D_0	$\overline{D_0}$
0	0	0	1	D_1	$\overline{D_1}$
0	0	1	0	D_2	$\overline{D_2}$
0	0	1	1	D_3	$\overline{D_3}$
0	1	0	0	D_4	$\overline{D_4}$
0	1	0	1	D_5	$\overline{D_5}$
0	1	1	0	D_6	$\overline{D_6}$
0	1	1	1	D_7	$\overline{D_7}$

3. 数据选择器的应用

(1)数据选择器的通道扩展。作为一种集成器件,最大规模的数据选择器是 16 选 1。如果需要更大规模的数据选择器,则须进行通道扩展。如用两片 74LS151 和 3 个门电路,则可构成 16 选 1 的数据选择器,连接图如图 4.41 所示。用两片 74LS151 连接成一个 16 选 1 的数据选择器的地址输入端有 4 位,最高位 A_3 的输入可以由两片 8 选 1 数据选择器的使能端接非门来实现,低 3 位地址输入端由两片 74LS151 的地址输入端相连而成。当 $A_3=0$ 时,由表 4.20 知,低位片 74LS151 工作,高位片 74LS151 不工作,根据地址控制信号 $A_3A_2A_1A_0$ 选择数据 $D_0 \sim D_7$ 输出;$A_3=1$ 时,高位片 74LS151 工作,低位片 74LS151 不工作,选择 $D_8 \sim D_{15}$ 进行输出。

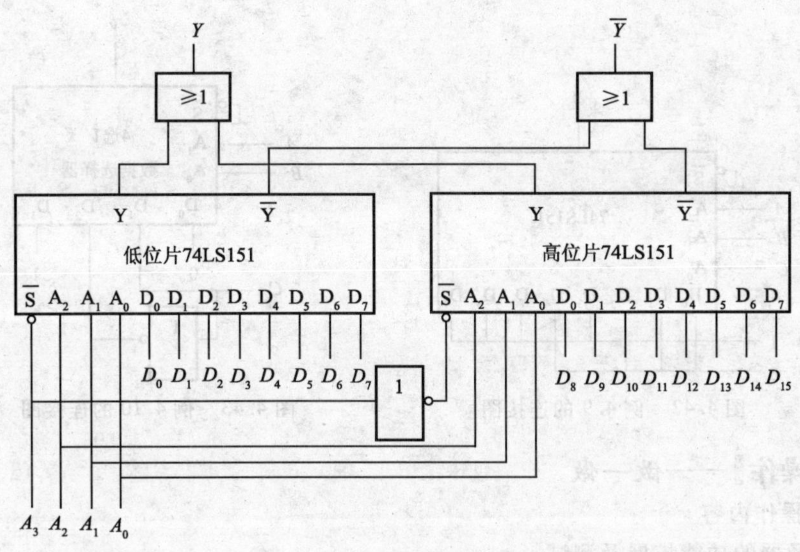

图 4.41　用两片 74LS151 组成的 16 选 1 数据选择器的连接图

(2)实现逻辑函数：

① 当逻辑函数的变量个数和数据选择器的地址输入变量个数相同时，可直接用数据选择器来实现逻辑函数。

② 当逻辑函数的变量个数多于数据选择器的地址输入变量个数时，不能用前述的简单办法，应分离出多余的变量，把它们加到适当的数据输入端。

例 4.9　试用 8 选 1 数据选择器 74LS151 实现逻辑函数 $Y = AB + BC + AC$。

解　逻辑函数转最小项表达式为

$$Y = AB + BC + AC = \overline{A}BC + A\overline{B}C + AB\overline{C} + ABC$$

8 选 1 数据选择器的输出逻辑函数表达式为

$$Y = \overline{A_2}\cdot\overline{A_1}\cdot\overline{A_0}D_0 + \overline{A_2}\cdot\overline{A_1}A_0D_1 + \overline{A_2}A_1\overline{A_0}D_2 + \overline{A_2}A_1A_0D_3 + A_2\overline{A_1}\cdot\overline{A_0}D_4 + A_2\overline{A_1}A_0D_5 + A_2A_1\overline{A_0}D_6 + A_2A_1A_0D_7$$

若将式中 A_2、A_1、A_0用 A、B、C 来代替，并令 $D_3 = D_5 = D_6 = D_7 = 1$，$D_0 = D_1 = D_2 = D_4 = 0$，则此时的选择器的输出逻辑函数与 $Y = AB + BC + AC$ 相同，画出实现该逻辑函数的逻辑图，如图 4.42 所示。

例 4.10　试用 4 选 1 数据选择器实现逻辑函数 $Y = AB + BC + A\overline{C}$。

解　由于函数 Y 有 3 个输入信号 A、B、C，而 4 选 1 仅有两个地址端 A_1 和 A_0，

逻辑函数 $Y = AB + BC + A\overline{C}$的最小项表达式为

$$Y = AB + BC + A\overline{C} = AB\overline{C} + \overline{A}BC + A\overline{B}\cdot\overline{C} + ABC$$

4 选 1 数据选择器的输出逻辑函数表达式为

$$Y_{(4选1)} = \overline{A_1}\cdot\overline{A_0}D_0 + \overline{A_1}A_0D_1 + A_1\overline{A_0}D_2 + A_1A_0D_3$$

比较以上两式得，将 A、B 接到 4 选 1 数据选择器的地址输入端，且 $A = A_1$，$B = A_0$，令 $D_0 = 0$，$D_3 = 1$，$D_1 = C$，$D_2 = \overline{C}$。

则此时数据选择器的输出表达式为

$$Y_{(4选1)} = \overline{A_1}A_0C + A_1\overline{A_0}\cdot\overline{C} + A_1A_0 = \overline{A}BC + A\overline{B}\cdot\overline{C} + AB = AB + BC + A\overline{C}$$

即可用 4 选 1 数据选择器实现逻辑函数 $Y = AB + BC + A\overline{C}$，画出连接图如图 4.43 所示。

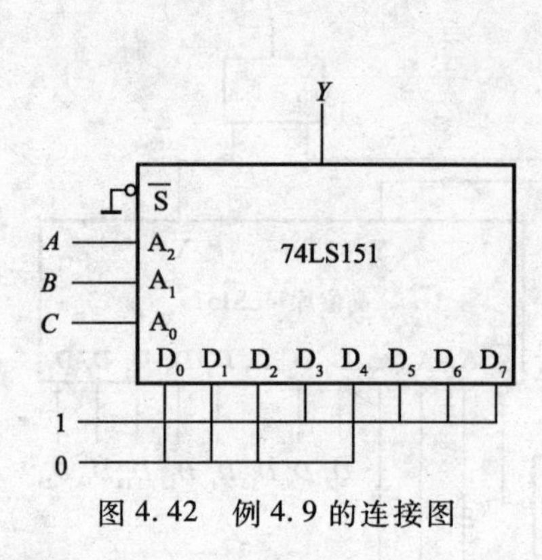

图 4.42　例 4.9 的连接图

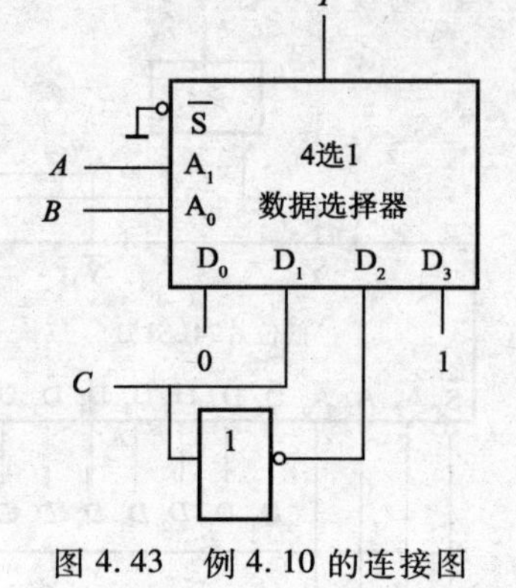

图 4.43　例 4.10 的连接图

〖实践操作〗——做一做

1. 实践操作内容

数据选择器的功能扩展及测试。

2. 实践操作要求

(1)熟悉所用的集成数据选择器的外形及外引线排列图；

(2)掌握集成数据选择器的功能扩展、应用及测试；

(3)撰写安装与测试报告。

3. 设备器材

(1)16 孔集成块底座,1 块；

(2)74LS151,1 块；

(3)直流稳压电源(+5 V),1 台；

(4)置数开关,1 组；

(5)发光二极管,1 组；

(6)实验线路板,1 块。

4. 实践操作步骤

(1)验证数据选择器 74LS151 的逻辑功能。

(2)用数据选择器 74LS151 构成 3 人表决电路,对所设计的电路进行功能测试,检测所设计电路能否实现命题的要求。

5. 注意事项

(1)集成芯片插入插座的方向是引脚朝下,缺口在左方,不能弄错。

(2)74LS 系列 TTL 集成芯片,要注意其使用规则并严格遵守,否则将影响实验结果,甚至损坏集成芯片。

〖问题思考〗——想一想

(1)能否用译码器和与或非门组成数据选择器?

(2)若函数变量与数据选择器地址控制端数量不同时,如何实现逻辑函数?

子任务 3　加法器和数值比较器的认识与应用

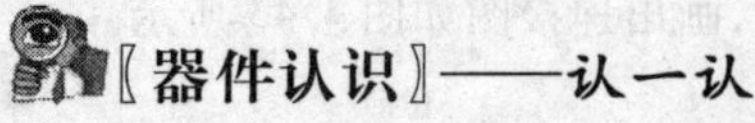

〖器件认识〗——认一认

图 4.44 为集成全加器 74LS183 和数值比较器 74LS85 的外引脚排列图,请查阅有关资料,了

解它们的各自信息。

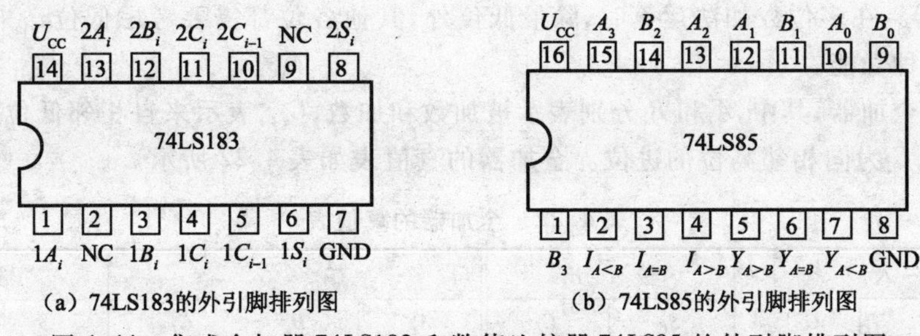

(a) 74LS183的外引脚排列图　　(b) 74LS85的外引脚排列图

图 4.44　集成全加器 74LS183 和数值比较器 74LS85 的外引脚排列图

〖相关知识〗——学一学

1. 加法器认识与应用

数字系统的基本任务之一是进行算术运算。在系统中加、减、乘、除均可利用加法器来实现,所以加法器便成为数字系统中最基本的运算单元。

(1)半加器。半加器是只考虑两个加数本身,而不考虑来自低位进位的逻辑电路。

设计一位二进制半加器,输入变量有两个,分别为加数 A 和被加数 B;输出也有两个,分别为和数 S 和进位 C。列真值表如表 4.21 所示。

表 4.21　半加器的真值表

输入		输出	
A	B	S	C
0	0	0	0
0	1	1	0
1	0	1	0
1	1	0	1

由真值表写出和数 S、进位 C 的逻辑表达式分别为

$$S = \overline{A}B + A\,\overline{B} = A \oplus B$$

$$C = AB$$

画出逻辑图如图 4.45(a)所示,它是由一个异或门和一个与门组成的,也可以用与非门实现。图 4.45(b)是其逻辑符号。

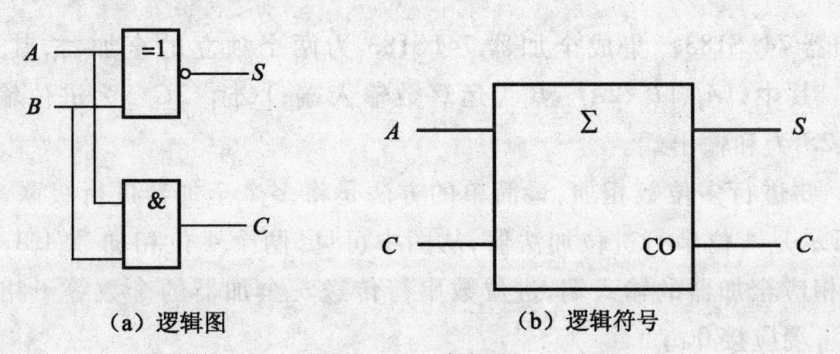

(a) 逻辑图　　(b) 逻辑符号

图 4.45　半加器

(2)全加器：

① 全加器。在多位数加法运算时，除最低位外，其他各位都需要考虑低位送来的进位。全加器就具有这种功能。

设计一个全加器，其中，A_i和B_i分别表示被加数和加数，C_{i-1}表示来自相邻低位的进位输入。S_i为本位的和，C_i为向相邻高位的进位。全加器的真值表如表4.22所示。

表4.22　全加器的真值表

输入			输出		输入			输出	
A_i	B_i	C_{i-1}	S_i	C_i	A_i	B_i	C_{i-1}	S_i	C_i
0	0	0	0	0	1	0	0	1	0
0	0	1	1	0	1	0	1	0	1
0	1	0	1	0	1	1	0	0	1
0	1	1	0	1	1	1	1	1	1

由真值表直接写出S_i和C_i的输出逻辑函数表达式，再经代数法化简和转换可得

$$S_i = \overline{A_i} \cdot \overline{B_i}C_{i-1} + \overline{A_i}B_i\overline{C_{i-1}} + A_iB_iC_{i-1} = (A_i \oplus B_i)\overline{C_{i-1}} + \overline{A_i \oplus B_i}C_{i-1} = A_i \oplus B_i \oplus C_{i-1}$$

$$C_i = \overline{A_i}B_iC_{i-1} + A_i\overline{B_i}C_{i-1} + A_iB_i\overline{C_{i-1}} + A_iB_iC_{i-1} = A_iB_i + B_iC_{i-1} + A_iC_{i-1}$$

根据上式可画出全加器的逻辑图如图4.46(a)所示。图4.46(b)所示为全加器的逻辑符号。

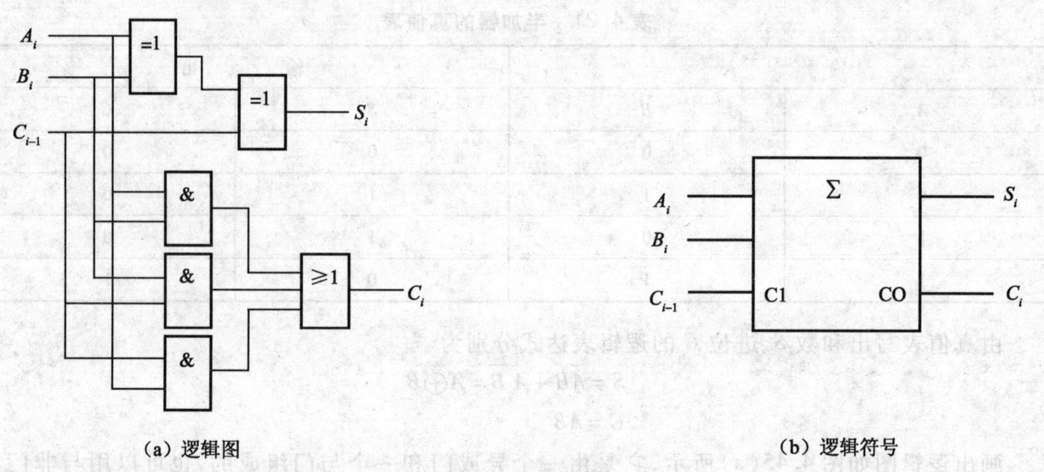

(a) 逻辑图　　(b) 逻辑符号

图4.46　全加器

② 集成全加器74LS183。集成全加器74LS183为两个独立的全加器，其外引脚排列图如图4.44(a)所示。其中，$1A_i$、$1B_i$，$2A_i$、$2B_i$为运算数输入端；$1C_{i-1}$、$2C_{i-1}$为进位输入端；$1C_i$、$2C_i$为进位输出端；$1S_i$、$2S_i$为和输出端。

(3)加法器。要进行多位数相加，最简单的方法是将多个全加器进行级联，称为串行进位加法器。图4.47所示是4位串行进位加法器，从图中可见，两个4位相加数$A_3A_2A_1A_0$和$B_3B_2B_1B_0$的各位同时送到相应全加器的输入端，进位数串行传送。全加器的个数等于相加数的位数。最低位全加器的C_{i-1}端应接0。

串行进位加法器的优点是电路比较简单，缺点是速度比较慢。因为进位信号是串行传递，图4.47中最后一位的进位输出C_3要经过4位全加器传递之后才能形成。如果位数增加，传输延迟时间将更长，工作速度更慢。为了提高速度，人们又设计了一种多位数快速进位(又称超前

进位)的加法器,请读者参阅相关资料。

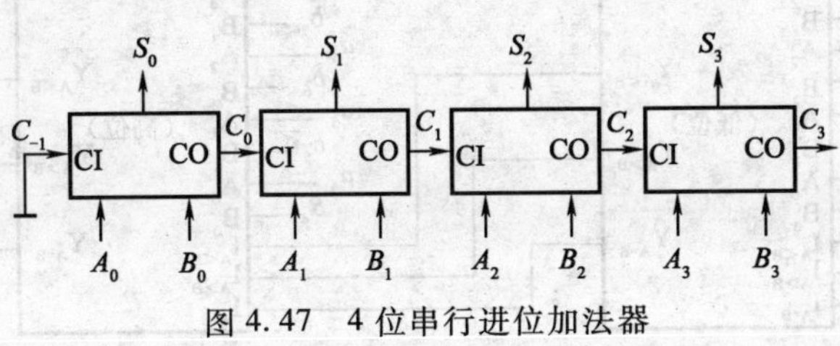

图 4.47　4 位串行进位加法器

2. 集成数值比较器的认识与应用

(1)集成数值比较器 74LS85。集成数值比较器 74LS85 是 4 位二进制数比较器。其外引脚排列图如图 4.44(b)所示。A、B 为数据输入端;它有 3 个级联输入端:$I_{A<B}$、$I_{A>B}$、$I_{A=B}$,表示低 4 位比较的结果输入;它有 3 个级联输出端:$Y_{A<B}$、$Y_{A>B}$、$Y_{A=B}$,表示末级比较结果的输出。其逻辑功能表如表 4.23 所示。从表中可以看出,若比较两个 4 位二进制数 $A(A_3A_2A_1A_0)$ 和 $B(B_3B_2B_1B_0)$ 的大小,从最高位开始进行比较,如果 $A_3>B_3$,则 A 一定大于 B;反之,若 $A_3<B_3$,则一定有 A 小于 B;若 $A_3=B_3$,则比较次高位 A_2 和 B_2,依次类推直到比较到最低位,若各位均相等,则 $A=B$。

表 4.23　4 位二进制数比较器逻辑功能表

输入							输出		
A_3B_3	A_2B_2	A_1B_1	A_0B_0	$I_{A>B}$	$I_{A<B}$	$I_{A=B}$	$Y_{A>B}$	$Y_{A<B}$	$Y_{A=B}$
$A_3>B_3$	×	×	×	×	×	×	1	0	0
$A_3<B_3$	×	×	×	×	×	×	0	1	0
$A_3=B_3$	$A_2>B_2$	×	×	×	×	×	1	0	0
$A_3=B_3$	$A_2<B_2$	×	×	×	×	×	0	1	0
$A_3=B_3$	$A_2=B_2$	$A_1>B_1$	×	×	×	×	1	0	0
$A_3=B_3$	$A_2=B_2$	$A_1<B_1$	×	×	×	×	0	1	0
$A_3=B_3$	$A_2=B_2$	$A_1=B_1$	$A_0>B_0$	×	×	×	1	0	0
$A_3=B_3$	$A_2=B_2$	$A_1=B_1$	$A_0<B_0$	×	×	×	0	1	0
$A_3=B_3$	$A_2=B_2$	$A_1=B_1$	$A_0=B_0$	1	0	0	1	0	0
$A_3=B_3$	$A_2=B_2$	$A_1=B_1$	$A_0=B_0$	0	1	0	0	1	0
$A_3=B_3$	$A_2=B_2$	$A_1=B_1$	$A_0=B_0$	0	0	1	0	0	1

(2)集成数值比较器的应用。74LS85 数值比较器的级联输入端 $I_{A<B}$、$I_{A>B}$、$I_{A=B}$,是为了扩大比较器功能设置的,当不需要扩大比较位数时 $I_{A<B}$、$I_{A>B}$ 接低电平,$I_{A=B}$ 接高电平;若需要扩大比较器的位数时,只要将低位的 $Y_{A<B}$、$Y_{A>B}$、$Y_{A=B}$,分别接高位相应的串接输入端 $I_{A<B}$、$I_{A>B}$、$I_{A=B}$ 即可。

① 单片应用。一片 74LS85 可以对两个 4 位二进制数进行比较,此时级联输入端 $I_{A>B}$、$I_{A<B}$ 接低电平,$I_{A=B}$ 接高电平。当参与比较的二进制数少于 4 位时,高位多余输入端可同时接 0 或 1。

② 数值比较器的位数扩展。数值比较器位数扩展时,可采用串联扩展方式和并联扩展方式。

a. 串联扩展方式。74LS85 数值比较器采用串联方式进行数值比较器的位数扩展时,只要将低位的 $Y_{A<B}$、$Y_{A>B}$、$Y_{A=B}$,分别接高位相应的串接输入端 $I_{A<B}$、$I_{A>B}$、$I_{A=B}$ 即可。采用串联方式用两片 74LS85 组成 8 位数值比较器的连接图如图 4.48 所示。

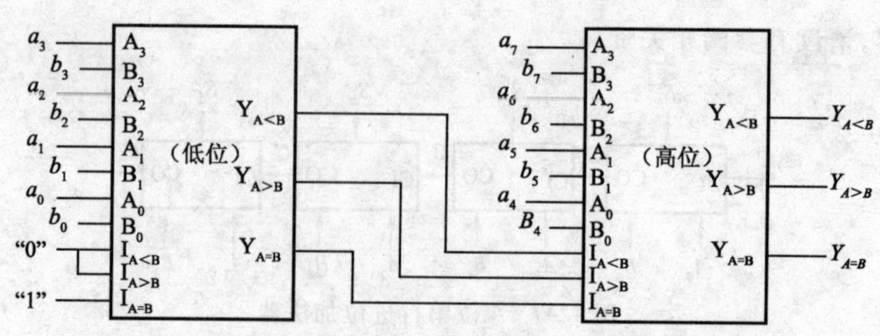

图 4.48　采用串联方式用两片 74LS85 组成的 8 位数值比较器的连接图

原则上讲，按照上述级联方式可以扩展成任何位数的二进制数比较器。但是，由于这种级联方式中比较结果是逐级进位的，工作速度较慢。级联芯片数越多，传递时间越长，工作速度越慢。因此，当扩展位数较多时，常采用并联方式。

b. 并联扩展方式。图 4.49 所示是采用并联方式用 5 片 74LS85 组成的 16 位二进制数比较器的连接图。将 16 位二进制数按高低位次序分成 4 组，每组用 1 片 74LS85 进行比较，各组的比较是并行的。将每组的比较结果再经 1 片 74LS85 进行比较后得出比较结果。这样总的传递时间为 2 倍的 74LS85 的延迟时间。若用串联方式，则总的传递时间为 4 倍的 74LS85 的延迟时间。

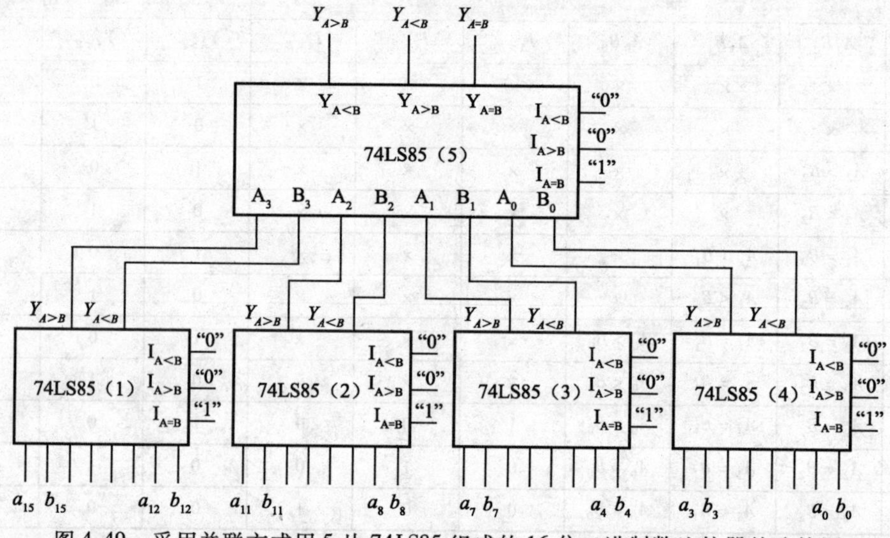

图 4.49　采用并联方式用 5 片 74LS85 组成的 16 位二进制数比较器的连接图

〖实践操作〗——做一做

1. 实践操作内容

集成全加器、集成数值比较器的功能测试。

2. 实践操作要求

(1)熟悉所用的集成全加器、集成数值比较器的外形及外引脚排列图。

(2)掌握集成全加器、集成数值比较器的测试。

(3)撰写安装与测试报告。

3. 设备器材

(1)14、16 孔集成块底座，各 1 块；

(2)74LS183、74LS85,各 1 块;
(3)直流稳压电源(+5 V),1 台;
(4)置数开关,1 组;
(5)发光二极管,1 组;
(6)实验线路板,1 块。

4. 实践操作步骤

(1)验证集成全加器 74LS183 的逻辑功能。
(2)验证集成数值比较器 74LS85 的逻辑功能。

5. 注意事项

集成芯片插入插座的方向是引脚朝下,缺口在左方,不能弄错。

〖问题思考〗——想一想

(1)串行进位加法器和快速进位加法器各有何特点?

(2)74LS85 的三个级联输入端 $I_{A<B}$、$I_{A>B}$、$I_{A=B}$ 的作用是什么? 单片使用和串行扩展时,如何连接 $I_{A<B}$、$I_{A>B}$、$I_{A=B}$?

思考题和习题

4.1 填空题

(1)在大幅度的脉冲信号作用下,三极管仅工作在截止区和______,并作为______来使用。

(2)$(110010111)_B = (\quad)_D = (\quad)_H = (\quad)_O$

(3)$(45)_D = (\quad)_B = (\quad)_H = (\quad)_O$

(4)$(010000000111)_{8421} = (\quad)_D$

(5)将某二进制数的小数点向右移一位其值______,左移一位其值______。

(6)数字集成逻辑器件可分为______和______两大类。

(7)TTL 与非门典型电路中输出电路一般采用______电路。

(8)TTL 与非门空载时输出高电平为______V,输出低电平______V,阈值电平 U_{th} 约为______V。

(9)集成逻辑门电路的发展方向是提高______,降低______。

(10)CMOS 门电路中不用的输入端不允许______。CMOS 电路中通过大电阻将输入端接地,相当于接______;而通过电阻器,U_{DD} 相当于接______。

(11)TTL 与非门是______极型集成电路,由______管组成;CMOS 与非门是______极型集成电路,由______管组成。

(12)图 4.50(a)所示电路的最简表达式为 $Y=$______;图 4.50(b)所示电路的最简表达式为 $Y=$______;图 4.50(c)所示电路的最简表达式为 $Y=$______;图 4.50(d)所示电路的最简表达式为 $Y=$______。

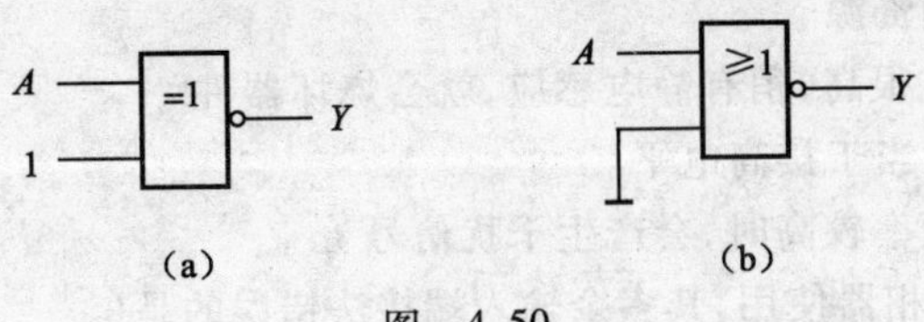

图 4.50

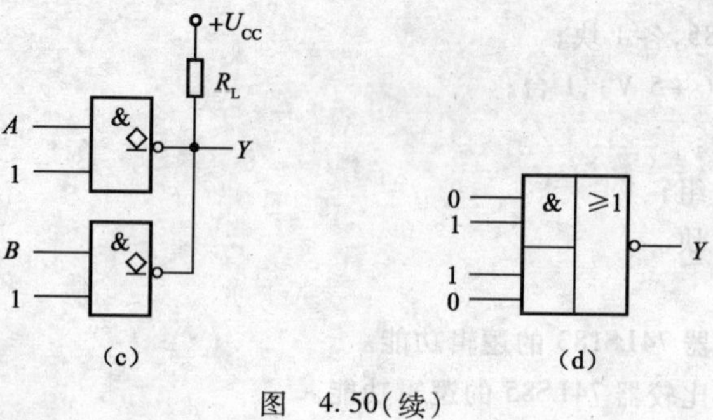

图 4.50(续)

(13)组合逻辑电路的特点:任意时刻的______状态仅取决于该时刻______的状态,而与信号作用前电路的______。

(14)组合逻辑电路在结构上不存在输出到输入的______,因此______不影响______状态。

(15)数据选择器又称______,它是一种______输入端______输出端的逻辑器件。控制信号端实现对______的选择。

(16)译码器的逻辑功能是将某一时刻的______输入信号译成______输出信号。

(17)优先编码器只对优先级别______的输入信号编码,而对______的输入信号不予编码。

(18)数据比较器的逻辑功能是对输入的______数据进行比较,它有______、______3 个输出端。

4.2 选择题

(1)数字电路主要研究的对象是(　　)。

a. 时间和数值都离散的数字信号　　b. 电路的输入和输出之间的逻辑关系

c. 三极管的开关特性　　d. 数字信号传输、转换的过程

(2)二进制数字系统中,对码制叙述不正确的是(　　)。

a. 码制实际上是“编码”结束后的结果

b. 码制是二进制组合被赋予固定含义的具体体现

c. 采用不同编码方案时,可以得到不同的形式的码制

d. 码制和数制一样,都是表示数值大小的

(3)对于关门电平 U_{OFF}、开门电平 U_{ON} 及阈值电平 U_{th} 叙述正确的是(　　)。

a. 关门电平 U_{OFF} 是允许的最大输入电平

b. 开门电平 U_{ON} 是允许的最小输入电平

c. 关门电平 U_{OFF} 和开门电平 U_{ON} 能够反映出电路的抗干扰能力

d. 阈值电平 U_{th} 是饱和区的中值电压

(4)有两个 TTL 与非门 G_1 和 G_2,测得它们的输出高电平和低电平相等,关门电平分别为 $U_{OFF1}=1.1V$,$U_{OFF2}=1.2V$;开门电平分别为 $U_{ON1}=1.9V$,$U_{ON2}=1.5V$,则其性能(　　)。

a. G_1 优于 G_2　　b. G_2 优于 G_1　　c. G_1 与 G_2 相同

(5)对于 CMOS 与非门来说,多余输入端不允许悬空的原因是(　　)。

a. 浪费芯片引脚资源

b. 由于输入阻抗很高,稍有静电感应,就会烧坏器件

c. 输入端悬空相当于接高电平

d. 当输入信号频率较高时,会产生干扰信号

(6)欲将与非门作反相器使用,其多余输入端接法错误的是(　　)。

a. 接高电平　　　　b. 接低电平　　　　c. 并联使用

(7)欲将或非门作反相器使用,其输入端接法错误的是(　　)。

a. 将逻辑变量接入某一输入端,多余端子接电源

b. 将逻辑变量接入某一输入端,多余端子接地

c. 将逻辑变量接入某一输入端,多余端子与输入端子并联使用

(8)异或门作反相器使用,其输入端接法应是(　　)。

a. 将逻辑变量接入某一输入端,多余端子接电源

b. 将逻辑变量接入某一输入端,多余端子接地

c. 将逻辑变量接入某一输入端,多余端子与输入端子并联使用

(9)组合逻辑电路通常由(　　)组合而成。

a. 门电路　　b. 触发器　　c. 计数器　　d. 寄存器

(10)在下列逻辑电路中,是组合逻辑电路的有(　　)。

a. 译码器　　b. 编码器　　c. 全加器　　d. 寄存器

(11) A_1、A_2、A_3是3个开关,设它们闭合时为逻辑1,断开时为逻辑0,$Y=1$时表示灯亮,$Y=0$时表示灯灭。若在3个不同的地方控制同一个电灯的灭亮,逻辑函数Y的表达式是(　　)。

a. $A_1A_2A_3$　　b. $A_1+A_2+A_3$

c. $A_1 \oplus A_2 \oplus A_3$　　d. $A_1 \odot A_2 \odot A_3$

(12)16路数据选择器,其地址输入(选择控制输入)端有(　　)个。

a. 16　　b. 2　　c. 4　　d. 8

(13)3线-8线译码器(74LS138)的输出有效电平是(　　)电平。

a. 高　　b. 低　　c. 三态　　d. 任意

(14)一位8421BCD码译码器的数据输入线与译码输出线组合是(　　)。

a. 4∶16　　b. 1∶10　　c. 4∶10　　d. 2∶4

(15)采用4位比较器(74LS85)对两个4位数比较时,先比较(　　)位。

a. 最低　　b. 次高　　c. 次低　　d. 最高

(16)四位比较器(74LS85)的3个输出信号$Y_{A>B}$、$Y_{A=B}$、$Y_{A<B}$中,只有一个是有效信号,它呈现(　　)电平。

a. 高　　b. 低　　c. 高阻　　d. 任意

4.3　判断题

(1)数字电路在所有电路结构中是最复杂的,因此其有1和0两种取值。(　　)

(2)集成电路中,在输入高电平时的噪声容限大于低电平时的噪声容限,所以输入低电平抗干扰能力比输入高电平抗干扰能力强。(　　)

(3)TTL或非门多余输入端可以接高电平。(　　)

(4)CMOS逻辑门电路多余端子在驱动门扇出系数允许条件下可并联使用。(　　)

(5)因为$A+AB=A$,所以$AB=0$。(　　)

(6)因为$A(A+B)=A$,所以$A+B=1$。(　　)

4.4　分析与计算题

(1)将十进制数3,6,8,12和36分别转换为二进制数。

(2)将二进制数$(1001)_2$和$(011010)_2$分别转换成十进制数。

(3)已知真值表如表4.24所示,试写出对应的逻辑表达式。

表 4.24

A	B	C	Y	A	B	C	Y
0	0	0	0	1	0	0	1
0	0	1	1	1	0	1	0
0	1	0	1	1	1	0	0
0	1	1	0	1	1	1	1

(4)用公式化简下列逻辑函数。

① $Y = A\overline{B} + B + \overline{A}B$

② $Y = A\overline{B}C + A + \overline{B} + C$

③ $Y = \overline{A + B + C} + A\overline{B} \cdot \overline{C}$

④ $Y = A\overline{B}CD + ABD + A\overline{C}D$

⑤ $Y = A\overline{C} + ABC + AC\overline{D} + CD$

⑥ $Y = \overline{A} \cdot \overline{B} \cdot \overline{C} + A + B + C$

⑦ $Y = AD + A\overline{D} + \overline{A}B + \overline{A}C + BFE + CEFG$

(5)已知与门的输入 A、B 波形如图 4.51 所示,画出其输出波形。

(6)已知或门的输入 A、B 波形如图 4.52 所示,画出其输出波形。

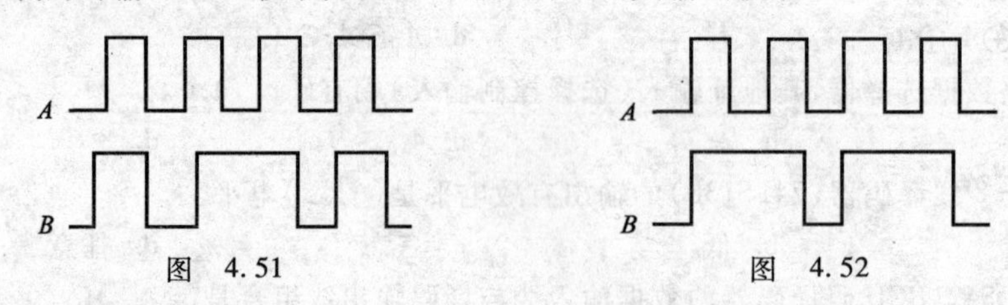

图 4.51　　　　图 4.52

(7)已知与非门、或非门的输入 A、B 波形如图 4.53 所示,试分别画出与非门、或非门的输出波形。

(8)图 4.54 所示是一种“与或非”门的逻辑电路,试根据逻辑电路写出它的逻辑表达式。

图 4.53　　　　图 4.54

(9)图 4.55 中,哪个电路是正确的? 正确的写出其表达式。

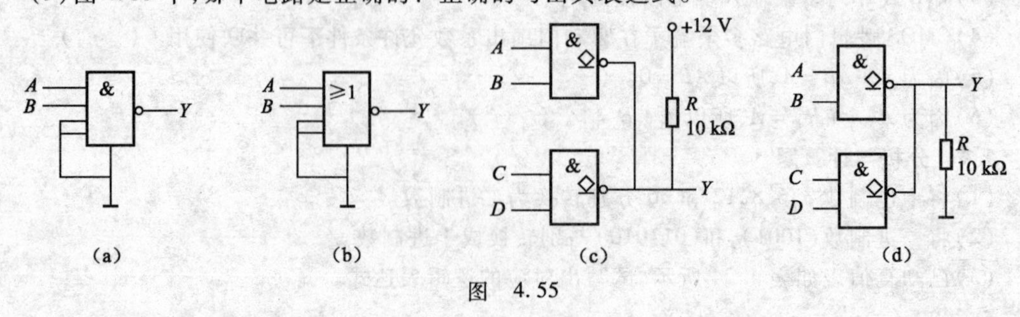

图 4.55

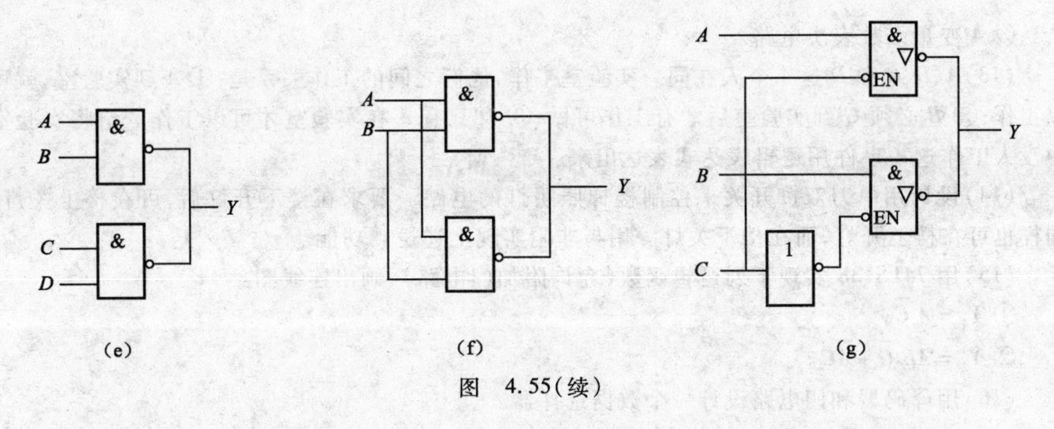

图 4.55(续)

(10)试按图 4.56 所示电路的对应逻辑关系,写出各图多余输入端的处理方法。

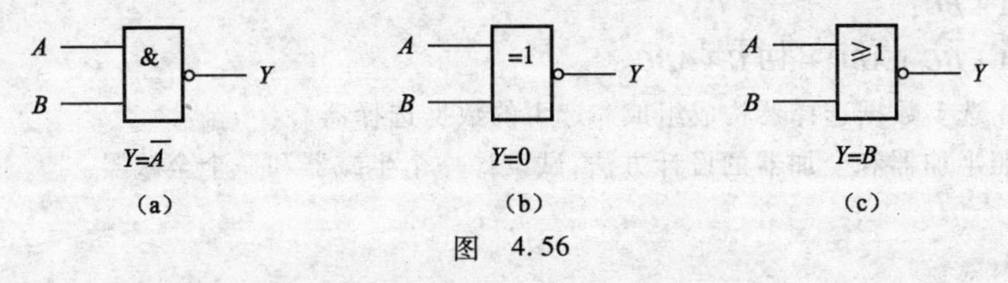

图 4.56

(11)试分析图 4.57 所示各组合逻辑电路的逻辑功能。

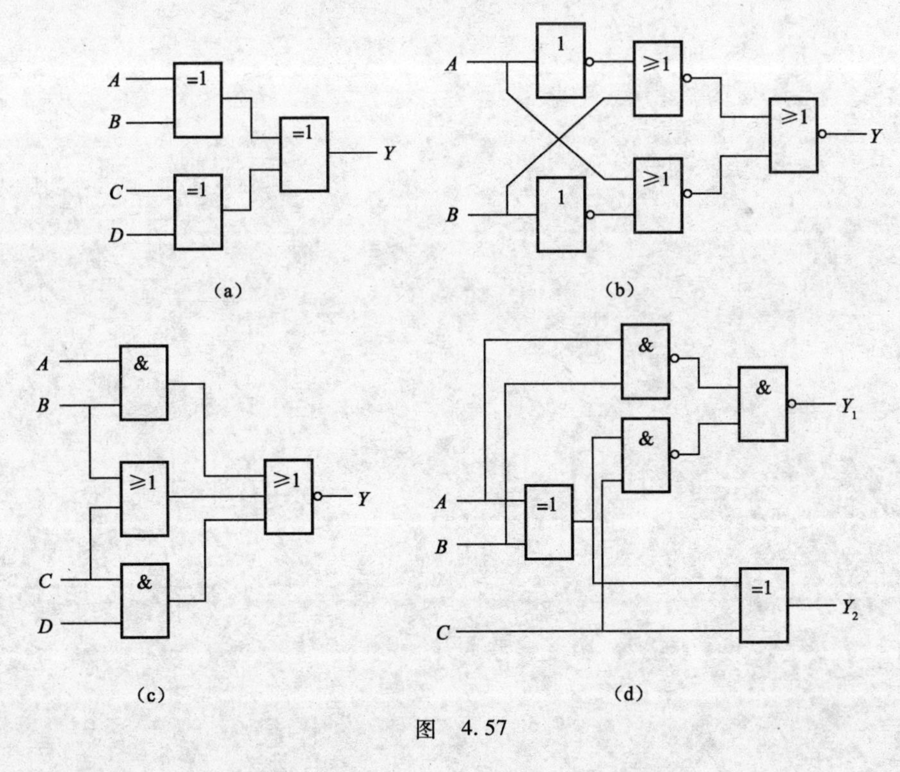

图 4.57

(12)采用与非门设计下列逻辑电路:

① 3 变量非一致电路;

② 3 变量多数表决电路;

③ 4 变量多数表决电路。

(13) A、B、C 和 D 这 4 个人在同一实验室工作，他们之间的工作关系是：① A 到实验室，就可以工作；② B 必须 C 到实验室后才有工作可做；③ D 只有 A 在实验室才可以工作。请将实验室中没人工作这一事件用逻辑表达式表达出来。

(14) 设计用单刀双掷开关来控制楼梯照明灯的电路。要求在楼下开灯后，可在楼上关灯；同样也可在楼上开灯，而在楼下关灯。用与非门实现上述逻辑功能。

(15) 用 74LS138 实现下列逻辑函数（允许附加门电路），画出连线图。

① $Y_1 = A\overline{C}$；

② $Y_2 = AB\overline{C} + \overline{A}C$。

(16) 用译码器和门电路设计一个数据选择器。

(17) 试用 74LS151 数据选择器实现以下逻辑函数。

① $Y_1 = A + BC$；

② $Y_2 = \overline{A} \cdot \overline{B}C + \overline{A}BC + AB\overline{C} + ABC$。

(18) 用 4 选 1 数据选择器构成组成 8 选 1 的数据选择器。

(19) 仿照半加器和全加器的设计方法，试设计一个半减器和一个全减器。

时序逻辑电路的分析与测试

项目内容

- RS、JK、D 触发器的逻辑符号、功能及触发器的使用常识。
- 数码寄存器和移位寄存器的工作原理分析与应用。
- 集成同步计数器及集成异步计数器的认识与应用。
- 集成 555 定时器的认识与应用。

知识目标

- 了解时序逻辑电路与组合逻辑电路的区别。
- 熟悉基本 RS 触发器的组成,理解基本 RS 触发器的工作原理。
- 掌握 JK、D 触发器的逻辑符号、逻辑功能。
- 掌握寄存器的功能;了解寄存器的应用。
- 掌握集成计数器的逻辑功能及应用,能利用集成计数器构成任意进制计数器。
- 了解 555 定时器的电路组成;掌握 555 定时器的功能;理解用 555 定时器构成多谐振荡器、单稳态触发器和施密特触发器的工作原理。

能力目标

- 会识别集成触发器,并能描述集成触发器各引脚的功能。能正确选择使用、测试集成触发器。
- 能使用触发器、寄存器、计数器等典型逻辑器件,并能熟练地查找各种信息、资料进行芯片功能分析和应用。

任务 5.1　集成触发器的认识与测试

任务引入

在数字电路中,将能够存储一位二进制信息的逻辑电路称为触发器(Filp - Flop,FF),每个触发器都有两个互补的输出端 Q 和 $\overline{Q}$。它是构成时序逻辑电路的基本逻辑单元,是具有记忆功能的逻辑器件。本任务学习 RS 触发器、JK 触发器和 D 触发器的逻辑符号、功能及测试。

任务目标

熟悉 RS 触发器的组成;掌握 RS 触发器的逻辑功能及功能表述方式和逻辑功能的测试;掌握 JK 触发器、D 触发器的触发器时刻、逻辑功能及功能表述方式和逻辑功能的测试。

子任务1 RS 触发器的认识与测试

〖现象观察〗——看一看

在实验线路板上连接图 5.1 所示的用与非门（可用 74LS00）构成的基本 RS 触发器。$\overline{R}_d$、$\overline{S}_d$ 接逻辑开关置数开关，Q、$\overline{Q}$ 的接发光二极管，发光二极管亮表明为 1（即高电平），发光二极管不亮表明为 0（即低电平）。将 $\overline{R}_d$、$\overline{S}_d$ 分别置成 1 和 0，观察 Q、$\overline{Q}$ 的状态。

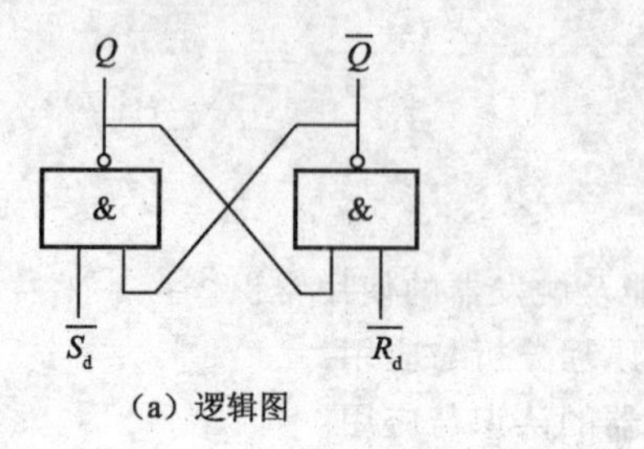

（a）逻辑图

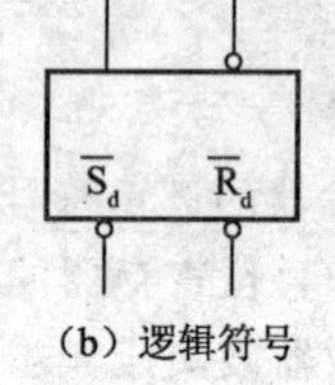

（b）逻辑符号

图 5.1 基本 RS 触发器

〖相关知识〗——学一学

时序逻辑电路简称时序电路。时序逻辑电路与组合逻辑电路并驾齐驱，是数字电路两大重要分支之一。

（1）时序逻辑电路与组合逻辑电路的区别。组合逻辑电路在任一时刻的输出信号仅与当时的输入信号有关；而时序逻辑电路在任一时刻的输出不仅与当时的输入信号有关，而且还与电路原来的状态有关。

从结构上看，组合逻辑电路仅由若干逻辑门组成，没有存储电路，因而无记忆能力；而时序逻辑电路除包含组合逻辑电路外，还含有存储电路，因而具有记忆功能。

组合逻辑电路的基本单元是门电路；时序逻辑电路的基本单元是触发器。

（2）触发器的性质。触发器是能够存储一位二值信号的基本单元电路，因此触发器具有记忆功能。对双稳态触发器的基本性质有：

① 触发器有 0 和 1 两个稳定的工作状态，一般定义 Q 端的状态为触发器的输出状态。在没有外加信号作用时，触发器维持原来的稳定状态不变。

② 触发器在一定外加信号作用下，可以从一个稳态转变为另一个稳态，称为触发器的状态翻转。

③ 当输入信号撤销以后，电路能保持更新后的状态不变。

（3）触发器的分类。触发器按逻辑功能分为：RS 触发器、D 触发器、JK 触发器、T 触发器等；按结构分为：主从型触发器、维持阻塞型触发器和边沿型触发器等；按有无统一动作的时间节拍分为：基本触发器和时钟触发器。

1. 基本 RS 触发器

（1）基本 RS 触发器的组成。基本 RS 触发器是一种最简单的触发器，是构成各种触发器的基础。它由两个与非门（或者或非门）的输入和输出交叉连接而成，如图 5.1（a）所示是用两个与非门构成的基本 RS 触发器，图 5.1（b）是它的逻辑符号。它有两个输入端 $\overline{R}_d$ 和 $\overline{S}_d$（又称触发信号端），$\overline{R}_d$ 为复位端，当 $\overline{R}_d$ 有效时，Q 变为 0，故又称 $\overline{R}_d$ 为置“0”端；$\overline{S}_d$ 为置位端，当 $\overline{S}_d$ 有效时，Q 变为 1，故又称 $\overline{S}_d$ 为置“1”端；还有两个互补输出端 Q 和 $\overline{Q}$：$Q=1$ 时，$\overline{Q}=0$；$Q=0$ 时，$\overline{Q}=1$。

(2)基本 RS 触发器的功能分析。在触发器中，把 Q^n 称为触发器的原状态（现态、初态），即触发信号输入前的状态；把 Q^{n+1} 称为触发器的新状态（次态），即触发信号输入后的状态。其功能可采用状态表、特性方程、逻辑符号图以及波形图（又称时序图）来描述。

① 状态表。状态表以表格的形式表达在一定的控制输入条件下，在时钟脉冲作用前后，初态向次态的转化规律，称为状态转换真值表，简称状态表，又称功能真值表。

分析图 5.1(a)基本 RS 触发器可知：当 $\overline{R_d}=0$，$\overline{S_d}=1$ 时，无论 Q^n 为何种状态，$Q^{n+1}=0$。当 $\overline{R_d}=1$，$\overline{S_d}=0$ 时，无论 Q^n 为何种状态，$Q^{n+1}=1$。当 $\overline{R_d}=1$，$\overline{S_d}=1$ 时，由逻辑图分析可知：触发器将保持原有的状态不变，即原来的状态被触发器存储起来，体现了触发器的记忆作用。

当 $\overline{R_d}=0$，$\overline{S_d}=0$ 时，两个与非门的输出 Q^{n+1} 与 $\overline{Q^{n+1}}$ 全为 1，则破坏了触发器两输出端的互补关系。另外，当输入的低电平信号同时撤销时，两个与非门的输入端全为“1”，两个与非门均有变“0”的趋势，但究竟哪个先变为“0”，取决于两个与非门的开关速度，这就形成了“竞争”。因此，由于门电路的传输延迟时间 t_{pd} 的随机性和离散性，致使触发器的最终状态难以预定，所以称为不定状态，在正常工作时，应当避免这种情况出现。基本 RS 触发器的状态表如表 5.1 所示。

从表 5.1 可知：基本 RS 触发器具有置“0”、置“1”功能。$\overline{R_d}$、$\overline{S_d}$ 均在低电平有效，可使触发器的输出状态转换为相应的 0 或 1。图 5.1(b)所示的逻辑符号中，$\overline{R_d}$、$\overline{S_d}$ 文字符号上的“非号”和输入端上的“小圆圈”均表示这种触发器的触发信号是低电平有效。

表 5.1　基本 RS 触发器的状态表

输入			输出	逻辑功能
$\overline{R_d}$	$\overline{S_d}$	Q^n	Q^{n+1}	
0	1	0	0	置 0
		1	0	
1	0	0	1	置 1
		1	1	
1	1	0	0	保持不变
		1	1	
0	0	0	×	不定
		1	×	

② 特性方程。特性方程是以方程的形式表达在时钟脉冲作用下，次态与初态及控制输入信号间的逻辑函数关系的方程。

基本 RS 触发器的特性方程为

$$Q^{n+1}=S_d+\overline{R_d}Q^n \tag{5.1}$$

$$\overline{R_d}+\overline{S_d}=1\text{（约束条件）}$$

从特性方程(5.1)可知，Q^{n+1} 不仅与输入触发信号 $\overline{R_d}$、$\overline{S_d}$ 的组合状态有关，而且与前一时刻的输出状态 Q^n 有关，故触发器具有记忆功能。

③ 时序图。时序图是反映时钟脉冲 CP，控制输入及触发器状态对应关系的工作波形图，又称波形图。基本 RS 触发器的时序图如图 5.2 所示，画波形图时，对应一个时刻，时刻以前为 Q^n，时刻以后为 Q^{n+1}，故时序图上只标注 Q 与 $\overline{Q}$，因其有不定状态，则 Q 与 $\overline{Q}$ 要同时画出。画图时应根据状态表来确定各个时间段 Q 与 $\overline{Q}$ 的状态。

综上所述，基本 RS 触发器具有如下特点：它具有两个稳定状态，分别为 1 和 0，称为双稳态触发器。如果没有外加触发信号作用，它将保持原有状态不变，触发器具有记忆功能。在外加触发信号作用下，触发器输出状态才可能发生变化，输出状态直接受输入信号的控制，又称直接复位-置位触发器。当$\overline{R_d}$、$\overline{S_d}$端输入均为低电平时，输出状态不定，即$\overline{R_d}=\overline{S_d}=0$，$Q=\overline{Q}=1$，违反了互补关系。当$\overline{R_d}\cdot\overline{S_d}$从00变为11时，$Q(\overline{Q})=1(0)$，$Q(\overline{Q})=0(1)$，状态不能确定，如图5.2所示。

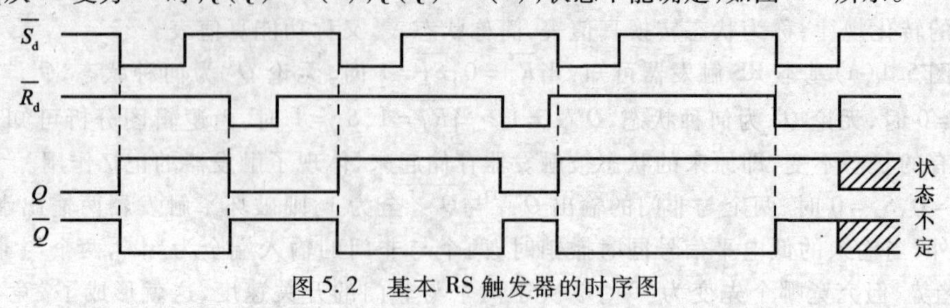

图5.2　基本RS触发器的时序图

由与非门构成的基本RS触发器的功能，可简化为如表5.2所示。

表5.2　基本RS触发器的状态表

$\overline{R_d}$	$\overline{S_d}$	Q^{n+1}	功 能
0	1	0	置0
1	0	1	置1
1	1	Q^n	保持
0	0	×	不定

2. 同步RS触发器

在实际应用中，常常要求某些触发器按一定节拍同步动作，以取得系统的协调。为此，产生了由时钟信号CP控制的触发器（又称时钟触发器），此触发器的输出在CP信号有效时才根据输入信号改变状态，故称为同步触发器。

(1)同步RS触发器的电路组成。同步RS触发器的电路组成如图5.3所示。图中，$\overline{R_d}$、$\overline{S_d}$是直接置0、置1端（不受CP脉冲的限制，又称异步置位端和异步复位端），用来设置触发器的初始状态。

(2)同步RS触发器的功能分析：

当$CP=0$，$R'=S'=1$时，Q与$\overline{Q}$保持不变。

当$CP=1$，$R'=\overline{R\cdot CP}=\overline{R}$，$S'=\overline{S\cdot CP}=\overline{S}$，代入基本RS触发器的特性方程得：

$$Q^{n+1}=S+\overline{R}Q^n \tag{5.2}$$

$$R\cdot S=0（约束条件）$$

利用基本RS触发器的状态表可得同步RS触发器的状态表如表5.3所示，时序图如图5.4所示。

表5.3　同步RS触发器的状态表

CP	R	S	Q^{n+1}	功能
1	0	0	Q^n	保持
1	0	1	1	置1
1	1	0	0	置0
1	1	1	×	不定

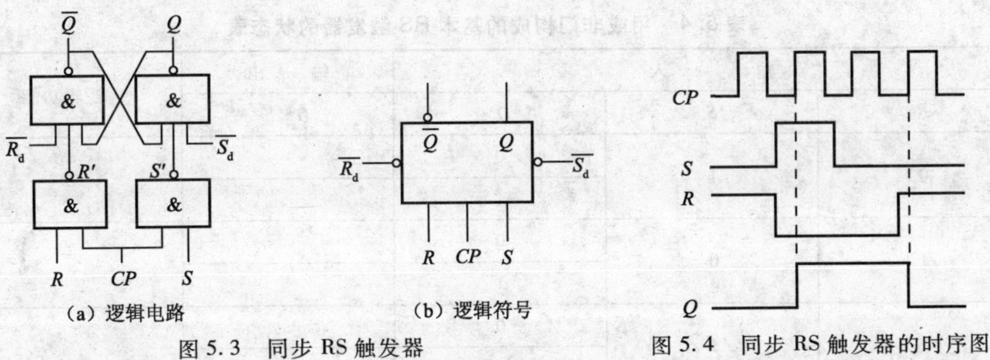

图 5.3　同步 RS 触发器

图 5.4　同步 RS 触发器的时序图

同步 RS 触发器的 CP 脉冲、R、S 均为高电平，触发器状态才能改变。与基本 RS 触发器相比，对触发器增加了时间控制，但其输出的不定状态直接影响触发器的工作质量。

(3) 同步触发器的空翻问题。时序逻辑电路增加时钟脉冲的目的是为了统一电路动作的节拍。对触发器而言，在一个时钟脉冲作用下，要求触发器的状态只能翻转一次。而同步型触发器在一个时钟脉冲作用下（即 $CP=1$ 期间），如果 R、S 端输入信号多次发生变化，可能引起输出端 Q 状态翻转两次或两次以上，时钟失去控制作用，这种现象称为"空翻"。要避免"空翻"现象，则要求在时钟脉冲作用期间，不允许输入信号（R、S）发生变化；另外，必须要求 CP 的脉冲宽度不能太大，显然，这种要求是较为苛刻的。

由于同步触发器存在空翻问题，限制了其在实际中的使用。为了克服该现象，对触发器电路进行了进一步改进，进而产生了主从型、边沿型等各类触发器。

〖实践操作〗——做一做

1. 实践操作内容

基本 RS 触发器的功能测试。

2. 实践操作要求

(1) 进一步熟悉所用的集成或非门的外形及外引脚排列图；

(2) 掌握基本 RS 触发器的测试；

(3) 撰写安装与测试报告。

3. 设备器材

(1) 14 孔集成块底座，1 块；

(2) 集成或非门（74LS02），1 块；

(3) 直流稳压电源（+5 V），1 台；

(4) 置数开关，1 组；

(5) 逻辑电平显示器，1 组；

(6) 实验线路板，1 块。

4. 实践操作步骤

在实验线路板上连接图 5.5 所示的用或非门（74LS02）构成的基本 RS 触发器。R、S 端接逻辑开关置数开关，Q、$\overline{Q}$ 端的接发光二极管。按表 5.4 的要求改变 R、S 的状态，观察 Q、$\overline{Q}$ 的状态，将结果填入表 5.4 中。

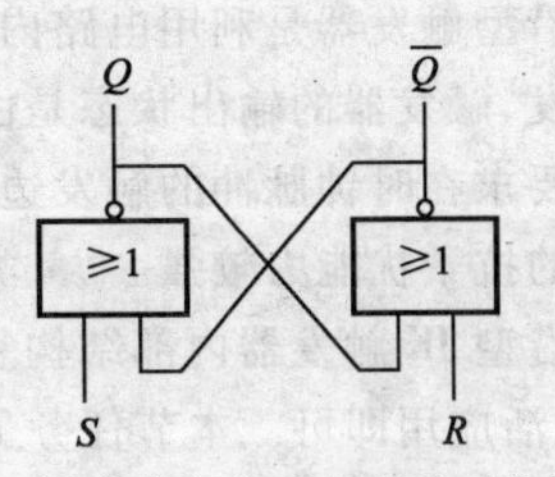

图 5.5　用或非门构成的基本 RS 触发器

表 5.4　用或非门构成的基本 RS 触发器的状态表

输　入			输　出	逻辑功能
R	S	Q^n	Q^{n+1}	
0	1	0		
		1		
1	0	0		
		1		
1	1	0		
		1		
0	0	0		
		1		

5. 注意事项

集成芯片插入插座的方向是引脚朝下，缺口在左方，不能弄错。

〖问题思考〗——想一想

(1)用或非门构成的基本 RS 触发器与用与非门构成的基本 RS 触发器有何异同点？

(2)查阅资料，了解 74LS279、CC4044 的有关信息。

子任务 2　集成 JK 触发器和集成 D 触发器的认识与测试

〖器件认识〗——认一认

图 5.6 所示为集成 JK 触发器 74LS112 和集成 D 触发器 74LS74 的外引脚排列图，请查阅有关资料，了解它们的各自信息。

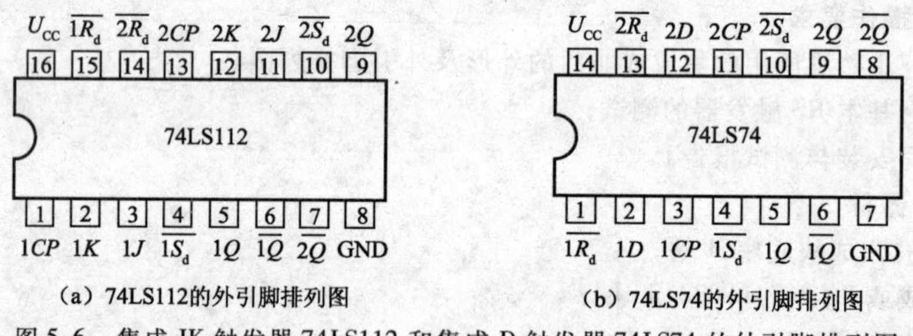

图 5.6　集成 JK 触发器 74LS112 和集成 D 触发器 74LS74 的外引脚排列图

1. 集成 JK 触发器

边沿型触发器是利用电路内部的传输延迟时间实现边沿触发来克服空翻现象的。它采用边沿触发，触发器的输出状态是由 CP 脉冲触发沿到来时刻输入信号的状态来决定的。边沿触发器只要求在时钟脉冲的触发边沿前后的几个门延迟时间内保持激励信号不变即可，因而这种触发器的抗干扰能力较强。

边沿型 JK 触发器内部结构复杂，因此不再讲述其内部结构和工作原理，只需掌握其触发特点，会灵活应用即可。本节任务 74LS112 为例介绍集成 JK 触发器。

74LS112 为集成双下降沿 JK 触发器(带预置和清除端)，内部集成两个 JK 触发器，其外引脚排列图如图 5.6(a)所示，其逻辑符号如图 5.7 所示，功能表如表 5.5 所示。

$\overline{S_d}$和$\overline{R_d}$分别是直接置位端和直接复位端。当$\overline{S_d}=0$时,触发器被置位为1状态;当$\overline{R_d}=0$时,触发器复位为0状态。它们不受时钟脉冲CP的控制,所以,有异步输入端之称,主要用于触发器工作前或工作过程中强制置位和复位,不用时让它们处于1状态(高电平或悬空)。Q和$\overline{Q}$是两个互补输出端。J、K是两个输入端。CP是时钟脉冲输入端,用来控制触发器状态改变的时刻。GND端是电源地端,U_{CC}端是电源正极端,接+5 V电压。

JK触发器的特性方程为

$$Q^{n+1}=J\overline{Q^n}+\overline{K}Q^n \tag{5.3}$$

如当输入信号J,K波形如图5.8所示时,触发器的输出波形(设触发器的初态均为0态)如图5.8所示。边沿型触发器因其为下降沿触发方式,仅在CP脉冲负跳变时接收控制端输入信号并改变触发器输出状态。

表5.5　主从JK触发器的逻辑状态表

J	K	Q	逻辑功能
0	0	原状态	保持
0	1	0	置0
1	0	1	置1
1	1	$\overline{Q}$	翻转

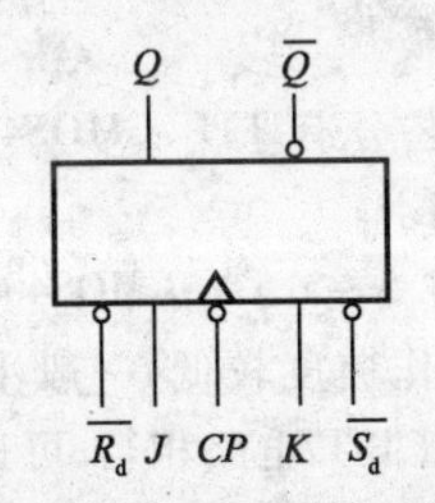

图5.7　集成双下降沿JK触发器的逻辑符号

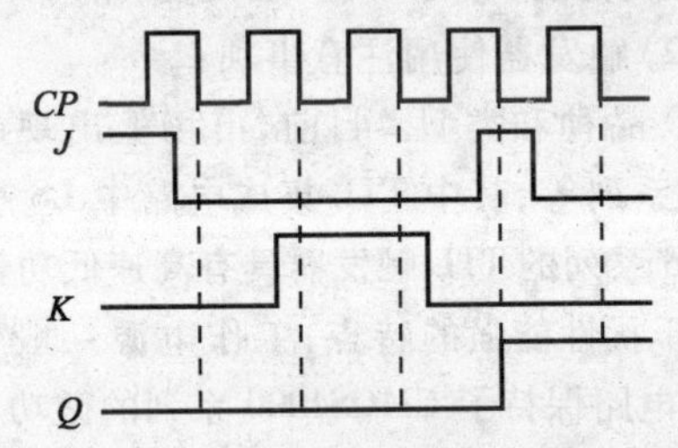

图5.8　边沿型JK触发器的波形图

2. 集成D触发器

以74LS74为例介绍集成D触发器。74LS74为集成双上升沿D触发器(带预置和清除端),内部集成两个D触发器,其外引脚排列图如图5.6(b)所示,逻辑符号如图5.9所示,功能表如表5.6所示。

$\overline{S_d}$和$\overline{R_d}$分别是直接置位端和直接复位端,不用时让它们处于1状态(高电平或悬空)。Q和$\overline{Q}$是两个互补输出端。D是输入端。CP是时钟脉冲输入端,用来控制触发器状态改变的时刻。GND端是电源地端,U_{CC}端是电源正极端,接+5V电压。

D触发器的特性方程为

$$Q^{n+1}=D^n \tag{5.4}$$

当输入信号D波形如图5.10所示时,触发器的输出波形(设触发器的初态均为1态)如图5.10所示。

表5.6　D触发器的功能表

D	Q
0	0
1	1

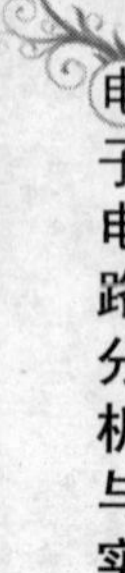

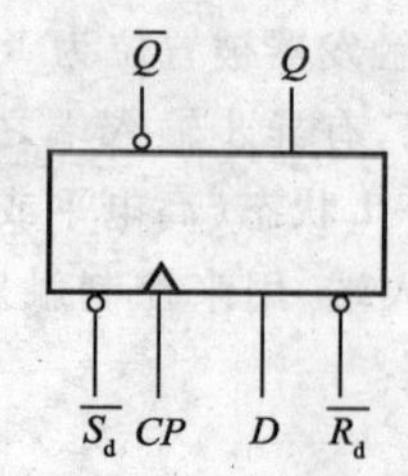

图 5.9 集成双上升沿 D 触发器的逻辑符号

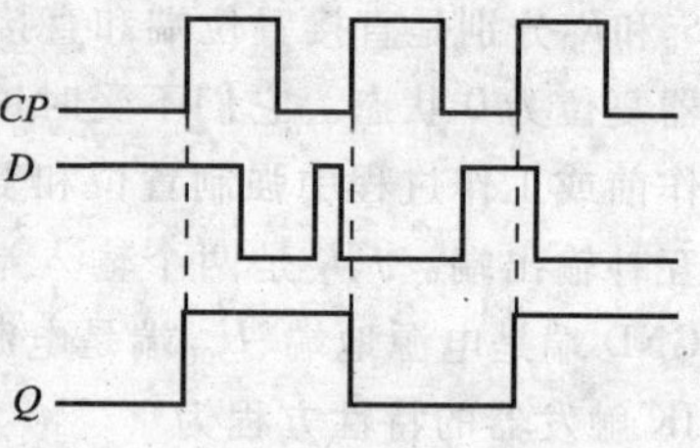

图 5.10 正边沿 D 触发器的波形

3. 其他类型的触发器及触发器使用常识

(1)T 和 T′触发器。根据边沿 JK 触发器的状态表,可非常方便地将边沿 JK 触发器转换成边沿触发的 T 和 T′触发器。

① T 触发器。将 JK 触发器的输入端 J 与 K 相连,引入一个新的输入信号 T,JK 触发器就变为 T 触发器。在 CP 脉冲作用下,根据输入信号 T 的取值,T 触发器具有保持和计数功能,其特性方程为 $Q^{n+1}=T\overline{Q^n}+\overline{T}Q^n$。

② T′触发器。将 T 触发器的输入端 T 置 1,就构成了 T′触发器。在 CP 脉冲作用下,触发器实现计数功能,其特性方程为 $Q^{n+1}=\overline{Q^n}$。

需要说明的是,同样有 CMOS 触发器,CMOS 触发器与 TTL 触发器一样,种类繁多。常用的集成触发器有 74HC74(D 触发器)和 CC4027(JK 触发器)等。

(2)触发器使用注意事项:

① 品种和类型。目前,市场上出现的集成触发器按工艺分有 TTL、CMOS4000 系列和高速 CMOS 系列等,其中 TTL 集成电路中 LS 系列市场占有率最高。

LS 系列的 TTL 触发器具有高速低功耗特点,工作电源为 4.5 ~ 5.5 V;CMOS4000 系列具有微功耗、抗干扰性能强的特点,工作电源一般为 3 ~ 18 V,但其工作速度较低,一般小于 5 MHz;高速 CMOS 电路保持了 CMOS4000 系列的微功耗特性,速度与 LS 型 TTL 电路相当,可达 50 MHz。其外引脚排列与相同代号的 TTL 电路相同。高速 CMOS 有两个常用的子系列:HC 系列和 HCT 系列。HC 系列的工作电源为 2 ~ 6 V;HCT 系列与 TTL 系列兼容,工作电源为 4.5 ~ 5.5 V。

② 触发器的逻辑符号。实用的集成触发器种类很多,各种功能的触发器又具有不同的电路结构。因而,对于一般使用者来说,熟悉集成触发器的逻辑符号的定义规律对分析电路功能和实际应用是有帮助的。触发器符号中 CP 端加“ > ”(或“∧”),表示为边沿触发;不加“ > ”则表示电平触发。CP 端加“ > ”且有“○”表示下降沿触发;不加“○”表示上升沿触发。主从型触发器的 $\overline{Q}$ 和 Q 加“¬ ”表示 CP 脉冲由高电平变低时,从触发器向主触发器看齐,表示延迟输出。

③ 触发器的有关时间参数。由于触发器都是由门电路组成的,因此其输入、输出特性与门电路大致相似,主要参数也大致相近。这里主要介绍几个与触发器动态特性有关的参数。

a. 触发器对时钟脉冲的要求。为使触发器可靠工作,CP 脉冲必须遵循手册中给出的最高时钟频率 f_{max} 的要求,使用时,CP 脉冲的重复频率 f 应小于 f_{max},否则触发器来不及反应而造成误动作。f_{max} 越高,表示触发器的工作速度越快。f_{max} 的典型值:TTL 电路的 f_{max} 为 30 MHz;CMOS4000 系列的 f_{max} 为 1.5 MHz;高速 CMOS 的 f_{max} 为 20 MHz。

b. 传输延迟时间。从时钟脉冲的触发边沿到触发器完成状态转换所经历的延迟时间。

t_{PdHL}——从 CP 脉冲作用时刻到输出完成由高电平向低电平的延迟时间。

t_{PdLH}——从 CP 脉冲作用时刻到输出完成由低电平向高电平的延迟时间。

传输延迟时间反映了触发器的工作速度,一般 74 系列的 JK 触发器中 $t_{PdHL}\approx t_{PdLH}\approx 50$ ns。

c. 建立和保持时间。为使触发器能可靠工作,输入控制信号应在 CP 有效触发沿作用前一段时间建立，即要有建立时间 t_{SET}；而且输入信号还应在 CP 脉冲作用后保持一定时间，即要有保持时间 t_H。这两者之和称为触发器的"非稳定时间"。为了稳定可靠地工作，任何触发器的输入控制信号都不允许在短时间内变化。

显然，边沿触发器的"非稳定时间"越短，工作越可靠。

〖实践操作〗——做一做

1. 实践操作的内容

集成 JK 触发器和集成 D 触发器的功能测试。

2. 实中操作要求

(1)熟悉所用的集成 JK 触发器、集成 D 触发器的外形及外引脚排列图；

(2)掌握集成 JK 触发器、集成 D 触发器的功能测试；

(3)撰写安装与测试报告。

3. 设备器材

(1)14、16 孔集成块底座，各 1 块；

(2)触发器 74LS112、74LS74，各 1 块；

(3)直流稳压电源(+5 V)，1 台；

(4)置数开关，1 组；

(5)逻辑电平显示器，1 组

(6)时钟脉冲信号源，1 台。

4. 实践操作步骤

(1)测试双 JK 触发器 74LS112 逻辑功能：

① 测试$\overline{R_d}$、$\overline{S_d}$的复位和置位功能。选取 74LS112 中的一只 JK 触发器，$\overline{R_d}$、$\overline{S_d}$、J、K 端接置数开关输出插口，CP 端接单次脉冲源，Q、$\overline{Q}$ 端接至逻辑电平显示器的输入插口。要求改变$\overline{R_d}$、$\overline{S_d}$(J、K 和 CP 处于任意状态)，并在$\overline{R_d}=0$、$\overline{S_d}=1$ 或$\overline{R_d}=1$、$\overline{S_d}=0$ 作用期间任意改变 J、K 及 CP 的状态，观察 Q、$\overline{Q}$ 状态，将结果记入表 5.6 中。

② 测试 JK 触发器的逻辑功能。按表 5.7 的要求改变 J、K、CP 端状态，观察 Q、$\overline{Q}$ 状态变化，将结果记入表 5.7 中。

表 5.7 JK 触发器功能测试

$\overline{R_d}$	$\overline{S_d}$	J	K	CP	Q^{n+1}	
					$Q^n=0$	$Q^n=1$
0	1	×	×	×		
1	0	×	×	×		
1	1	0	0	↓		
1	1	0	1	↓		
1	1	1	0	↓		
1	1	1	1	↓		

(2)测试双 D 触发器 74LS74 逻辑功能：

① 测试$\overline{R_d}$、$\overline{S_d}$的复位和置位功能。选取 74LS74 中的一只 D 触发器，$\overline{R_d}$、$\overline{S_d}$、D 端接置数开关输出插口，CP 端接单次脉冲源，Q，$\overline{Q}$ 端接至逻辑电平显示输入插口。要求改变$\overline{R_d}$，$\overline{S_d}$(D、CP 处

于任意状态)，并在$\overline{R_d}=0$、$\overline{S_d}=1$或$\overline{R_d}=1$、$\overline{S_d}=0$作用期间任意改变D及CP的状态，观察Q,$\overline{Q}$状态，将结果记入表5.7中。

②测试JK触发器的逻辑功能。按表5.8的要求改变D、CP端状态，观察Q、$\overline{Q}$状态变化，将结果记入表5.8中。

表5.8 D触发器功能测试

$\overline{R_d}$	$\overline{S_d}$	D	CP	Q^{n+1}	
				$Q^n=0$	$Q^n=1$
0	1	×	×		
1	0	×	×		
1	1	0	↑		
1	1	1	↑		

5. 注意事项

(1)将74LS112,74LS74集成块插入集成块底座时，要注意1号端的位置不能插错，插集成块时，用力要均匀，实验结束，要用起拔器拔出集成块，注意端正起拔，用力要均匀。

(2)连接导线时最好用有色导线区分输入电平的高低。

〖问题思考〗——想一想

(1)集成JK触发器、集成D触发器各有几种功能？分别在什么情况下触发的？

(2)在所学的触发器中，哪个触发器的功能最齐全？

任务5.2 集成计数器的应用与测试

任务引入

计数器是用来实现累计电路输入 CP 脉冲个数功能的时序电路。在计数功能的基础上，计数器还可以实现计时、定时、分频和自动控制等功能，应用十分广泛。

计数器按 CP 脉冲的输入方式可分为同步计数器和异步计数器；按计数规律可分为加法计数器、减法计数器和可逆计数器；按计数的进制可分为二进制计数器（$N=2^n$）和非二进制计数器（$N\neq 2^n$），其中，N 代表计数器的进制数，n 代表计数器中触发器的个数。本任务学习集成同步计数器和集成异步计数器的应用及功能测试。

任务目标

熟悉集成同步计数器 74LS161 和 74LS192、集成异步计数器 74LS290 的外引脚排列图及功能表，能利用已有的集成计数器构成其他进制计数器，并能进行测试。

子任务1 集成同步计数器的应用与测试

〖器件认识〗——认一认

图 5.11 所示为集成同步计数器 74LS161 和 74LS192 的外引脚排列图，请查阅有关资料，了解它们的信息。

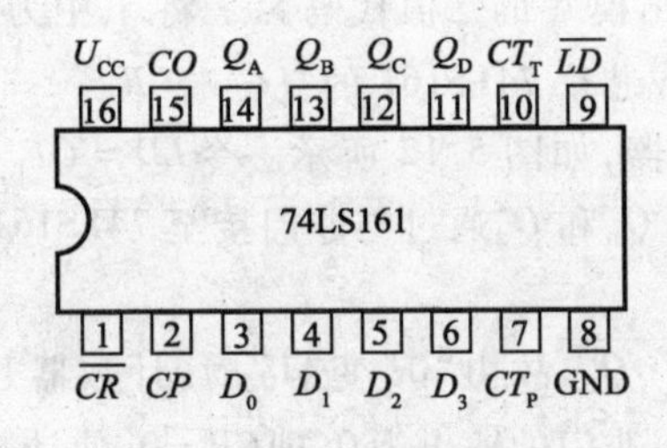

（a）74LS161外引脚排列图

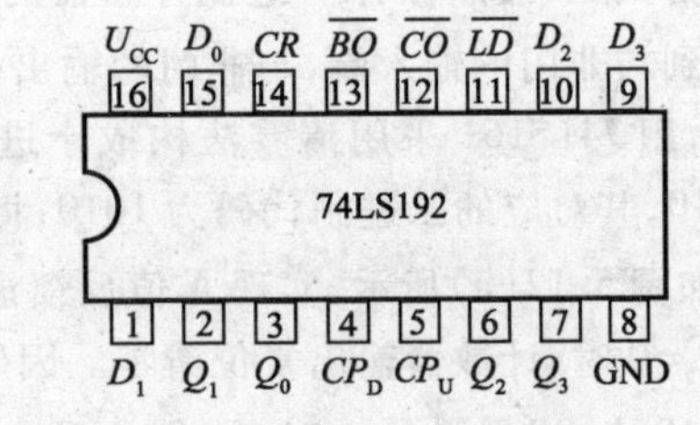

（b）74LS192外引脚排列图

图 5.11 集成同步计数器 74LS161 和 74LS192 的外引脚排列图

〖相关知识〗——学一学

1. 集成同步计数器 74LS161 认识及应用

（1）集成同步计数器 74LS161 的认识。74LS161 是同步 4 位二进制加法集成计数器，其外引脚排列如图 5.11（a）所示。其中，$\overline{CR}$端为低电平有效的异步清零端（即复位端）；CP 端为计数时钟脉冲输入端；D_3、D_2、D_1、D_0端为并行数据输入端；CT_P、CT_T端为计数控制端；$\overline{LD}$端为低电平有效的同步并行预置数控制端；Q_D、Q_C、Q_B、Q_A端为计数器的状态输出端。其逻辑功能表如表 5.9 所示。

表 5.9　74LS161 逻辑功能表

$\overline{CR}$	$\overline{LD}$	CT_T	CT_P	CP	D_3	D_2	D_1	D_0	Q_D^{n+1}	Q_C^{n+1}	Q_B^{n+1}	Q_A^{n+1}
0	×	×	×	×	×	×	×	×	0	0	0	0
1	0	×	×	↑	d_3	d_2	d_1	d_0	d_3	d_2	d_1	d_0
1	1	1	1	↑	×	×	×	×	计数			
1	1	0	×	×	×	×	×	×	保持			
1	1	×	0	×	×	×	×	×	保持			

当复位端$\overline{CR}=0$时，输出 $Q_DQ_CQ_BQ_A$全为零，实现异步清除功能（又称复位功能）。

当$\overline{CR}=1$，预置控制端$\overline{LD}=0$，并且 CP 为上升沿时，$Q_DQ_CQ_BQ_A=D_3D_2D_1D_0$，实现同步预置数功能。

当$\overline{CR}=\overline{LD}=CT_P=CT_T=1$，并且 CP 为上升沿时，计数器才开始加法计数，实现计数功能。

当$\overline{CR}=\overline{LD}=1$ 且 $CT_P\cdot CT_T=0$ 时，输出 $Q_DQ_CQ_BQ_A$保持不变。

另外，进位输出 $CO=CT_T\cdot Q_D^nQ_C^nQ_B^nQ_A^n$，说明仅当 $CT_T=1$ 且各触发器现态全为 1 时，$CO=1$。

(2)用 74LS161 构成任意(N)进制计数器的方法：

① 清零法。清零法（又称反馈归零法）是利用芯片的复位端$\overline{CR}$的复位作用来改变计数周期的一种方法。这是一种经常使用的将模 M 计数器修改为模 N 计数器的方法。清零法的基本原理是：假定原有为 M 进制的计数器，为了获得任意进制 $N(2\leqslant N\leqslant M)$，从全零初始状态开始计数，当在第 N 个脉冲作用，将第 N 个状态 S_N中所有输出状态为 1 的触发器的输出端通过一个与非门译码后，立即产生一个反馈脉冲来控制其直接复位端，迫使计数器清零（复位），即强制回到 0 状态。这样就使得 M 进制计数器在顺序计数过程中跨越了 $M-N$ 个状态，获得了有效状态为 $0\sim(N-1)$ 的 N 进制计数器。

具体方法是：按照原有 M 进制计数器的码制写出模 N 的二值代码 S_N。将 S_N中为“1”的对应输出端接到与非门的输入端，与非门的输出端接集成芯片 74LS161 的复位端$\overline{CR}$。

例如，用 74LS161 采用清零法构成十进制计数器，如图 5.12 所示。令$\overline{LD}=CT_P=CT_T=1$。因为 $N=10$，其对应的二进制代码为 1010，将输出端 Q_D和 Q_B通过与非门接至 74LS161 的复位端$\overline{CR}$，电路如图 5.12(a)所示，实现 N 值反馈清零。

当$\overline{CR}=0$ 时，计数器输出复位清零。因$\overline{CR}=\overline{Q_D\cdot Q_B}$，故由“0”变“1”时，计数器开始加法计数。当第 10 个 CP 脉冲输入时，$Q_DQ_CQ_BQ_A=1010$，与非门的输出为 0，即$\overline{CR}=0$，使计数器复位清零，与非门的输出变为“1”，即$\overline{CR}=1$ 时，计数器又开始重新计数。

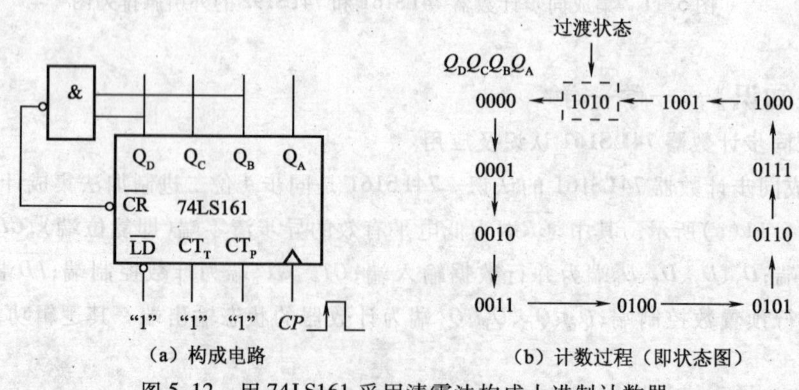

(a) 构成电路　　(b) 计数过程（即状态图）

图 5.12　用 74LS161 采用清零法构成十进制计数器

因为这种构成任意(N)进制计数器的方法简单易行,所以应用广泛,但是它存在两个问题:一是有过渡状态,在图5.12(b)所示的计数过程中输出1010就是过渡状态,其出现时间很短暂,并且是非常必要的,否则就不可能将计数器复位;二是清零方式复位的可靠性问题,因为信号在通过门电路或触发器时会有时间延迟,使计数器不能可靠清零。为了提高复位的可靠性,可以在图5.12中利用一个基本RS触发器,把反馈复位脉冲锁存起来,保证复位脉冲有足够的作用时间直到下一个计数脉冲到时才将复位信号撤销,并重新开始计数。具体做法请读者参阅相关资料。

② 置位法。置位法(又称置数法)是利用集成计数器的预置数控制端$\overline{LD}$和预置数输入端D_3、D_2、D_1、D_0,来改变计数周期的一种方法。具体方式又可分为置全0法、置最小值法和置最大值法。采用预置数控制端$\overline{LD}$来控制计数周期,不存在过渡状态。本节只讨论置全0法。置全0法又称置0复位法。利用同步预置数控制端$\overline{LD}$和预置数输入端$D_3D_2D_1D_0=0000$,所以只能采用$N-1$值反馈法,其计数过程中不会出现过渡状态。

例如,用74LS161采用置位法构成七进制计数器,如图5.13所示。令$\overline{CR}=CT_P=CT_T=1$,再令预置输入端$D_3D_2D_1D_0=0000$(即预置数"0"),以此为初态进行计数,从0到6共有7种状态,6对应的二进制代码为0110,将输出端Q_C、Q_B通过与非门接至74LS161的预置数控制端$\overline{LD}$,电路如图5.13(a)所示。若$\overline{LD}=0$,当CP脉冲上升沿到来时,计数器输出状态进行同步预置,使$Q_DQ_CQ_BQ_A=D_3D_2D_1D_0=0000$,随即$\overline{LD}=\overline{Q_CQ_B}=1$,计数器开始随外部输入的$CP$脉冲重新计数,计数过程如图5.13(b)所示。

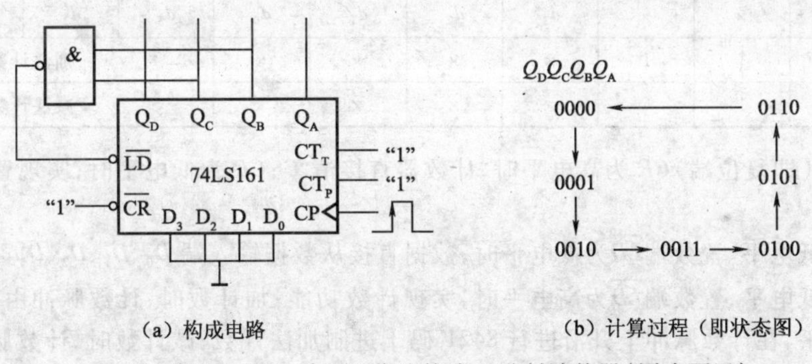

(a) 构成电路　　(b) 计算过程(即状态图)

图5.13　用74LS161采用置位法构成七进制计数器(同步预置)

③ 级联法。一片74LS161可构成从二进制到十六进制之间任意进制的计数器。利用两片74LS161,就可构成从十七进制到二百五十六进制之间任意进制的计数器。依次类推,可根据计数需要选取芯片数量。

当计数器容量需要采用两块或更多的同步集成计数器芯片时,则需要采用级联法,其具体方法是:将低位芯片的进位输出端CO端和高位芯片的计数控制端CT_T或CT_P直接连接,外部计数脉冲同时从每片芯片的CP端输入,再根据要求选取上述3种实现任意进制的方法之一,完成对应电路。

例如,用74LS161构成二十四进制计数器,如图5.14所示。因$N=24$(大于十六进制),故需要两片74LS161。每块芯片的计数时钟输入端CP端均接同一个CP信号,利用芯片的计数控制端CT_P,CT_T和进位输出端CO,采用直接清零法实现二十四进制计数,即将低位芯片的CO与高位芯片的CT_P相连,将$24\div16=$商1余8,把商作为高位输出,余数作为低位输出,对应产生的清零信号同时送到每块芯片的复位端$\overline{CR}$,从而完成二十四进制计数。

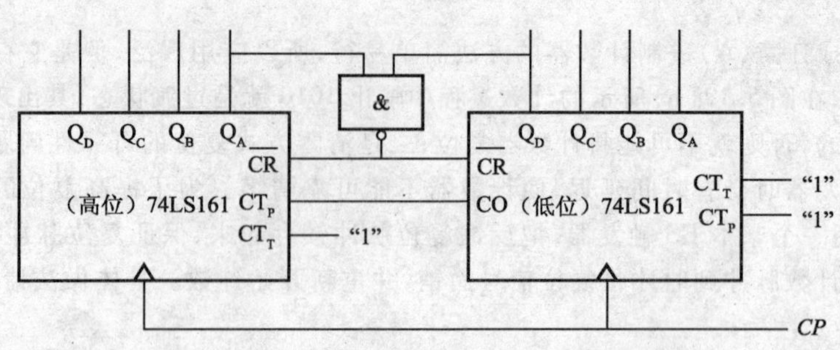

图 5.14　用 74LS161 构成二十四进制计数器

2. 集成同步计数器 74LS192 认识及应用

(1)集成同步计数器 74LS192 认识。74LS192 是 4 位十进制同步加/减(即可逆)计数器,它具有双时钟输入、清零和置数等功能,其外引脚排列图如图 5.11(b)所示。其中$\overline{LD}$端为低电平有效的异步并行预置数控制端;CR 端为高电平有效的异步清零端(即复位端);CP_U端为加计数时钟输入端;CP_D端为减计数时钟输入端;$\overline{CO}$端为进位输出端;$\overline{BO}$端为借位输出端;D_3、D_2、D_1、D_0端为并行数据输入端;Q_3、Q_2、Q_1、Q_0端为计数器的状态输出端。其逻辑功能表如表 5.10 所示。

表 5.10　74LS192 的逻辑功能表

CR	$\overline{LD}$	CP_U	CP_D	D_3	D_2	D_1	D_0	Q_D^{n+1}	Q_C^{n+1}	Q_B^{n+1}	Q_A^{n+1}
1	×	×	×	×	×	×	×	0	0	0	0
0	0	×	×	d_3	d_2	d_1	d_0	d_3	d_2	d_1	d_0
0	1	↑	1	×	×	×	×	加法计数			
0	1	1	↑	×	×	×	×	减法计数			

当清零端(即复位端)CR 为高电平时,计数器直接清零;CR 为低电平时,实现置数、加计数、减计数功能。

当 CR 为低电平、置数端$\overline{LD}$为低电平时,数据直接从数据输入端 D_0、D_1、D_2、D_3置入计数器。

当 CR 为低电平、置数端$\overline{LD}$为高电平时,实现计数功能:加计数时,计数脉冲由 CP_U端输入,CP_D端接高电平,在计数脉冲上升沿进行 8421 码十进制加法计数;减计数时,计数脉冲由 CP_D端输入,CP_U端接高电平,在计数脉冲上升沿进行 8421 码十进制减法计数。

(2)用 74LS192 构成任意进制计数器的方法:

① 清零法。具体方法同用 74LS161 清零法构成任意计数器的方法。但要注意由于 74LS192 的清零端 CR 在高电平时计数器清零,所以应将 S_N中为"1"的对应输出端接到与门的输入端,与门的输出端接 74LS192 的复位端 CR。

例如,用 74LS192 采用清零法构成六进制计数器,如图 5.15 所示。令$\overline{LD}=CP_D=1$。因为 $N=6$,其对应的二进制代码为 0110,将输出端 Q_C和 Q_B通过与门接至 74LS192 的复位端 CR,电路如图 5.15(a)所示,实现 N 值反馈清零。

② 置位法。利用集成计数器的预置数控制端$\overline{LD}$和预置数输入端 D_3、D_2、D_1、D_0,来改变计数周期。

例如,在数字钟里,对时位的计数序列是 1,2,3,4,5,6,7,8,9,10,11,12;1,…,12,是十二进制,且无 0 数。如图 5.16 所示,当计数到 13 时,通过与非门产生一个复位信号,使 74LS192(2)(时的十位)直接置成 0000,而 74LS192(1)(时的个位)直接置成 0001,从而实现了 1~12 计数。

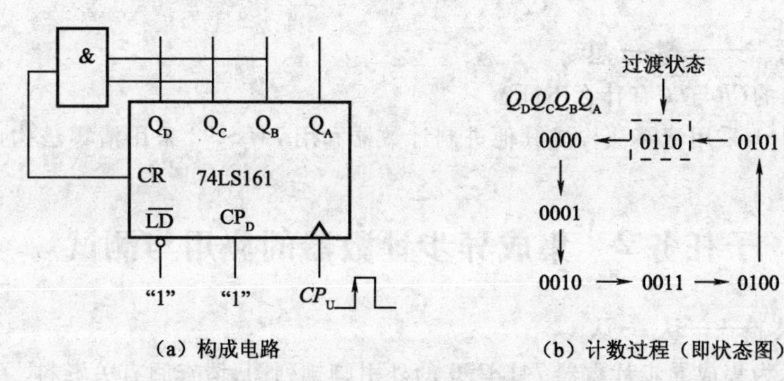

（a）构成电路 （b）计数过程（即状态图）

图 5.15 用 74LS192 采用清零法构成六进制计数器

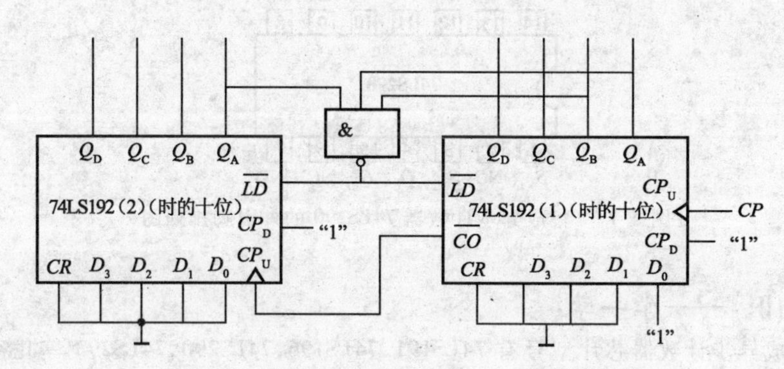

图 5.16 用两片 74LS192 构成十二进制计数器

同样用多片 74LS192 芯片采用级联法可构成十进制以上的计数器。

〖实践操作〗——做一做

1. 实践操作的内容

集成计数器 74LS161 的功能及应用电路的测试。

2. 实践操作要求

(1)熟悉所用的集成计数器 74LS161 外引脚排列图及功能；

(2)能用 74LS161 构成其他进制计数器；

(3)撰写安装与测试报告。

3. 设备器材

(1)14、16 孔集成块底座，各 1 块；

(2)74LS161、74LS00，各 1 块；

(3)直流稳压电源（+5 V），1 台；

(4)置数开关，1 组；

(5)逻辑电平显示器，1 组；

(6)时钟脉冲信号源，1 台。

4. 实践操作步骤

(1)集成同步计数器 74LS161 功能的测试。验证集成同步计数器 74LS161 的逻辑功能。

(2)集成同步计数器 74LS161 的应用。用 74LS161 分别采用清零法和置全 0 法构成六进制计数器，画出电路图，并测试验证。

〖问题思考〗——想一想

(1)74LS161 的$\overline{CR}$与$\overline{LD}$有什么不同?

(2)用 74LS161 采用清零法构成其他进制计数器和用 74LS192 采用清零法构成其他进制计数器有什么不同?

子任务 2　集成异步计数器的应用与测试

〖器件认识〗——认一认

图 5.17 所示为集成异步计数器 74LS290 的外引脚排列图,请查阅有关资料,了解有关信息。

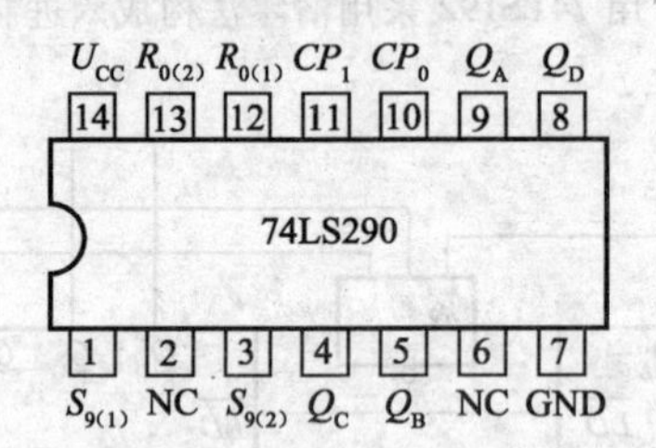

图 5.17　集成异步计数器 74LS290 的外引脚排列图

〖相关知识〗——学一学

常见的集成异步计数器芯片型号有 74LS191,74LS196,74LS290,74LS293 等几种,它们的功能和应用方法基本相同,区别在于其具体的引脚排列顺序不同和具体参数存在差异。本节以集成异步计数器 74LS290 为例介绍外引脚排列图、功能和典型应用。

1. 集成异步计数器 74LS290 的认识

集成异步计数器 74LS290 的外引脚排列,如图 5.17 所示。其中,$S_{9(1)}$、$S_{9(2)}$ 端为置 9 端,$R_{0(1)}$、$R_{0(2)}$ 端为置 0 端;CP_0、CP_1 端为计数时钟脉冲输入端,Q_D、Q_C、Q_B、Q_A 为计数器的状态输出端,NC 表示空引脚。74LS290 的逻辑功能表如表 5.11 所示。

表 5.11　74LS290 逻辑功能表

$S_{9(1)}$	$S_{9(2)}$	$R_{0(1)}$	$R_{0(2)}$	CP_0	CP_1	Q_D	Q_C	Q_B	Q_A
1	1	×	×	×	×	1	0	0	1
0	×	1	1	×	×	0	0	0	0
×	0	1	1	×	×	0	0	0	0
$S_{9(1)} \cdot S_{9(2)} = 0$ $R_{0(1)} \cdot R_{0(2)} = 0$				CP	0	二进制			
				0	CP	五进制			
				CP	Q_A	8421 十进制			
				Q_D	CP	5421 十进制			

置 9 功能:当 $S_{9(1)} = S_{9(2)} = 1$ 时,不论其他输入端状态如何,计数器输出 $Q_DQ_CQ_BQ_A = 1001$,而$(1001)_2 = (9)_{10}$,故又称异步置数功能。

置 0 功能:当 $S_{9(1)}$ 和 $S_{9(2)}$ 不全为 1,并且 $R_{0(1)} = R_{0(2)} = 1$ 时,不论其他输入端状态如何,计数器输出 $Q_DQ_CQ_BQ_A = 0000$,故又称异步清零功能或复位功能。

计数功能:当 $S_{9(1)}$ 和 $S_{9(2)}$ 不全为 1,并且 $R_{0(1)}$ 和 $R_{0(2)}$ 不全为 1,输入计数脉冲 CP 时,计数器

开始计数。

2. 用 74LS290 构成任意(N)进制计数器

(1)构成十进制以内任意计数器:

二进制计数器:CP 由 CP_0端输入,Q_A端输出,如图 5.18(a)所示。

五进制计数器:CP 由 CP_1端输入,Q_D、Q_C、Q_B端输出,如图 5.18(b)所示。

十进制计数器(8421 码):Q_A和 CP_1相连,以 CP_0为计数脉冲输入端,Q_D、Q_C、Q_B、Q_A端输出,如图 5.18(c)所示。

十进制计数器(5421 码):Q_D和 CP_0相连,以 CP_1为计数脉冲输入端,Q_D、Q_C、Q_B、Q_A端输出,如图 5.18(d)所示。

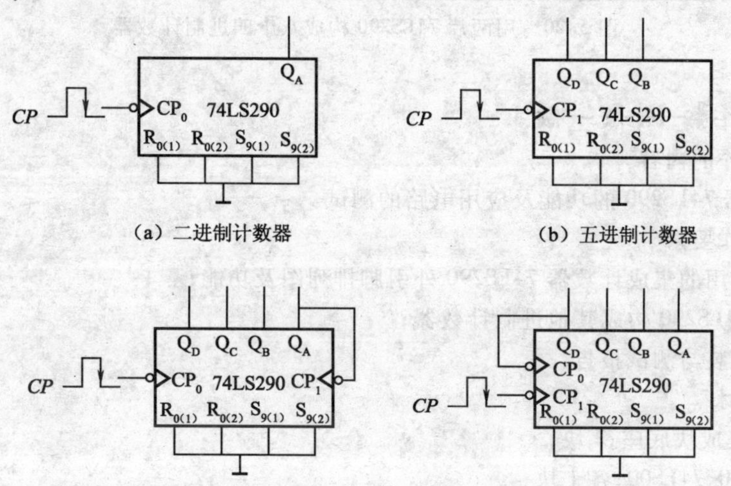

图 5.18 用 74LS290 构成二进制、五进制和十进制计数器

若构成十进制以内其他进制计数器,可以采用直接清零法,构成六进制计数器如图 5.19 所示。直接清零法是利用芯片的置 0 端和与门,将 N 值所对应的二进制代码中等于 1 的输出反馈到置 0 端 $R_{0(1)}$ 和 $R_{0(2)}$ 来实现 N 进制计数器,其计数过程中会出现过渡状态。

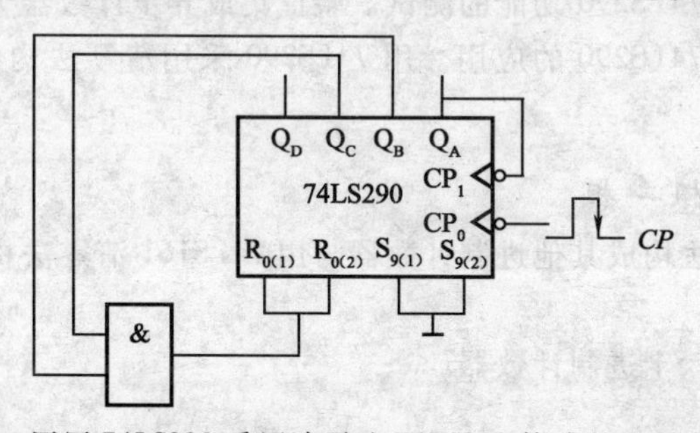

图 5.19 用用 74LS290 采用清零法 74LS290 构成的六进制计数器

(2)构成多位任意进制计数器。构成计数器的进制数与需要使用芯片的片数相适应。例如,用 74LS290 芯片构成八十四进制计数器,$N=84$,就需要两片 74LS290。先将每块 74LS290 均连接成 8421 码十进制计数器,再决定哪块芯片计高位(十位)$(8)_{10}=(1000)_{8421}$,哪块芯片计低位(个位)$(4)_{10}=(0100)_{8421}$,将低位的芯片输出端 Q_D和高位芯片输入端 CP_0相连,采用直接清零法实现八十四进制计数器。需要注意的是其中的与门的输出要同时送到每块芯片的置 0 端

$R_{0(1)}$和$R_{0(2)}$实现，连接图如图 5.20 所示。

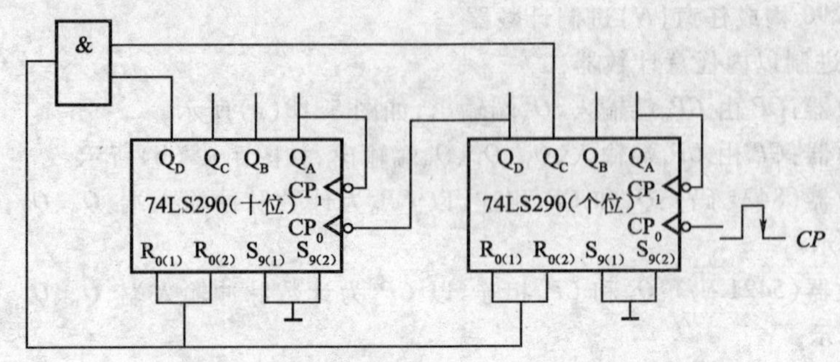

图 5.20　用两片 74LS290 构成八十四进制计数器

〖实践操作〗——做一做

1. 实践操作的内容

集成计数器 74LS290 的功能及应用电路的测试。

2. 实践操作要求

(1)熟悉所用的集成计数器 74LS290 外引脚排列图及功能；

(2)能用 74LS290 构成其他进制计数器；

(3)撰写安装与测试报告。

3. 设备器材

(1)14 孔集成块底座，2 块；

(2)74LS290、74LS00，各 1 块；

(3)直流稳压电源(+5 V)，1 台；

(4)置数开关，1 组；

(5)逻辑电平显示器，1 组；

(6)时钟脉冲信号源，1 台。

4. 实践操作步骤

(1)集成异步计数器 74LS290 功能的测试。验证集成异步计数器 74LS290 的逻辑功能。

(2)集成异步计数器 74LS290 的应用。用 74LS290 采用清零法构成七进制计数器，画出电路图，并测试验证。

〖问题思考〗——想一想

(1)用 74LS290 清零法构成其他进制计数器与用 74LS161 清零法构成其他进制计数器有什么不同?

(2)用 74LS290 构成六十进制计数器。

任务5.3　寄存器的应用与测试

在计算机或其他数字系统中，经常要求将运算数据或指令代码暂时存放起来，把能够暂存数码（或指令代码）的数字部件称为寄存器。它是一种常见的时序逻辑电路，常用来暂时存放数据、指令等。对寄存器的基本要求是：数码存得进、存得住、取得出。寄存器的记忆单元是触发器，一个触发器能存储1位二进制代码，存放 n 位二进制代码则需要 n 个触发器。本任务学习寄存器工作原理、应用与功能测试。

理解寄存器的工作原理，熟悉集成寄存器74LS194的外引脚排列图、功能表应用，并能进行测试。

子任务1　数据寄存器的认识与测试

〖现象观察〗——看一看

在实验线路板上连接图5.21所示的用D触发器（可用74LS74）构成的2位数据寄存器。D_1、D_0接逻辑开关置数开关，Q_1、Q_0的接发光二极管，CP 接时钟脉冲。接好线路后，任意设置 D_1、D_0几种状态，观察 Q_1、Q_0的状态与 D_1、D_0的状态的关系。

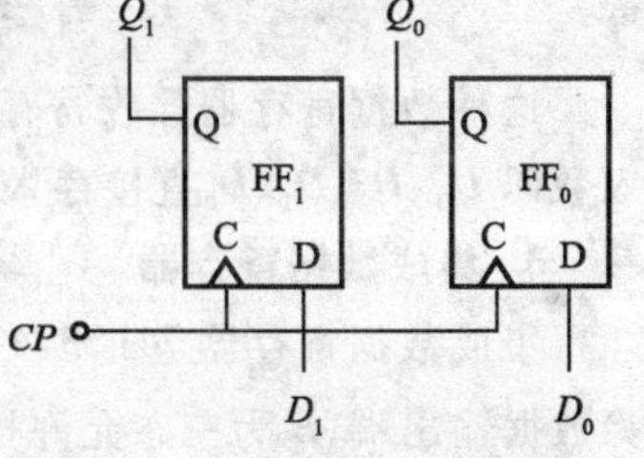

图5.21　数据寄存器现象观察

〖相关知识〗——学一学

数据寄存器主要用来存放一组二进制代码，在电子计算机中常被用来存储原始数据、中间结果、最终结果及地址码等数据信息与指令。

数据寄存器有双拍和单拍两种工作方式。双拍工作方式是将接收的数据的过程分为两步进行：第一步清零，第二步接收数据；单拍工作方式只需一个接收脉冲就可完成数据的接收。

1. 双拍式数据寄存器

用基本RS触发器构成的双拍式3位数据寄存器的电路，如图5.22所示。

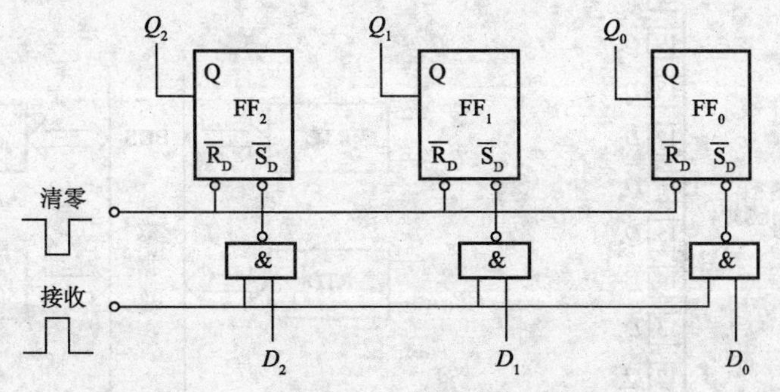

图5.22　双拍式3位数据寄存器的电路

这种数据寄存器在接收存放输入数据时，需要两拍才能完成：第一拍，在接收数码前，送入

清零负脉冲至触发器的置零端$\overline{R}_D$端，使触发器输出为零，完成输出清零功能；第二拍，触发器清零之后，当接收脉冲为高电平“1”有效时，输入数码D_2、D_1、D_0，经与非门送至对应触发器而寄存下来，在第二拍完成接收数码任务。

双拍式数据寄存器，工作时每次接收数据都必须依次给出清零、接收两个脉冲。如果在接收寄存数码前不清零，就会出现接收存放数码错误。这种数据寄存器不仅操作不便，而且限制了工作速度。因此，集成数据寄存器几乎都是采用单拍工作方式的。

2. 单拍式数据寄存器

由于数据寄存器是将输入数码存放在数据寄存器中的，所以要求数据寄存器所存的数码一定要与输入数码相同，常用 D 触发器构成单拍式数据寄存器。

单拍式 4 位二进制数据寄存器的电路如图 5.23 所示。

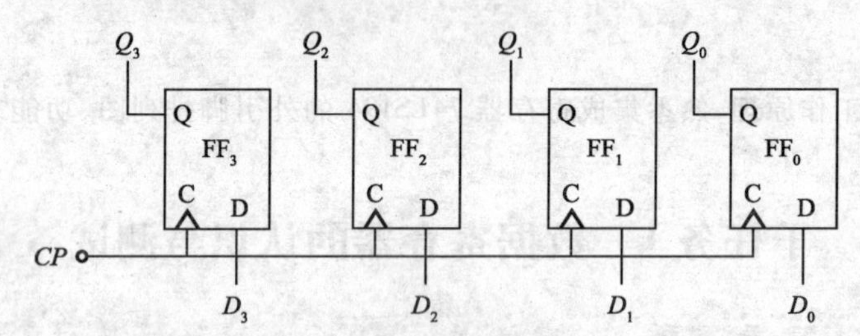

图 5.23 单拍式 4 位二进制数据寄存器的电路

这种数据寄存器接收寄存数码只需一拍即可，无需先进行清零。当接收脉冲 CP 有效时，输入数码 D_3、D_2、D_1、D_0直接存入触发器中，故称为单拍式数据寄存器。

3. 集成数据寄存器

集成数据寄存器 74LS374 的外引脚排列图如图 5.24 所示。$D_0 \sim D_7$为数据输入端，$Q_0 \sim Q_7$为数据输出端，$\overline{E}$ 为三态允许控制端。其内部有 8 个 D 触发器，是用 CP 上升沿触发实现并行输入、并行输出的数据寄存器。

74LS374 的特点：三态输出；具有 CP 缓冲门（提高了抗干扰能力）；不需要清零（单拍工作方式）。

74LS374 的应用：图 5.25 为微型计算机各寄存器示意框图。由于输出线上的数据和输入线上传来的数据不是同时存在的，所以采用三态输出寄存器，可以共用数据总线。图中 RTA、RTB、RTC、RTD 为三态输出寄存器，全部挂在数据总线 BUS 上，其中双箭头数据线表示数据传输是双向的。

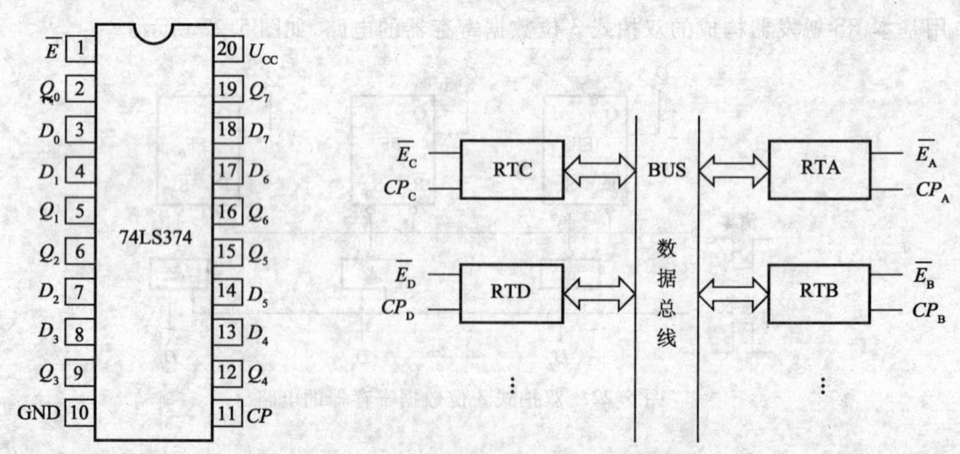

图 5.24 74LS374 的外引脚排列图

图 5.25 微型计算机各寄存器示意框图

如果要将 RTA 中所存数据传送到数据总线 BUS 上去，只要分时间段实现：$\overline{E}_A=0$、$CP_A=1$ 即可。但此时必须关闭其他寄存器，即令其他寄存器在此期间：$\overline{E}=0$，$CP=0$，否则会出现其他寄存器“争夺”数据总线的错误。

〖实践操作〗——做一做

1. 实践操作的内容

数据寄存器功能的测试。

2. 实践操作要求

(1) 能用 D 触发器构成 4 位数据寄存器，并进行功能测试；

(2) 撰写安装与测试报告。

3. 设备器材

(1) 14 孔集成块底座，2 块；

(2) 74LS74，2 块；

(3) 直流稳压电源（+5 V），1 台；

(4) 置数开关，1 组；

(5) 逻辑电平显示器，1 组；

(6) 时钟脉冲信号源，1 台。

4. 实践操作步骤

用两块 D 触发器 74LS74，构成 4 位数据寄存器，画出电路图，并测试验证其功能。

〖问题思考〗——想一想

(1) 某 4 位并行数据寄存器当前的输出状态为 0000，输入端状态为 0101，当 CP 时钟脉冲信号的有效边沿到来后，其输出状态是否变化？如果变化，其输出状态是什么？

(2) 某 4 位并行数据寄存器当前的输出状态为 1111，输入端状态为 0110，当复位信号作用后，其输出状态是什么？

子任务 2　移位寄存器的应用与测试

〖现象观察〗——看一看

在实验线路板上连接图 5.26 所示的用 D 触发器（可用 74LS74）构成的 2 位移寄存器。D 接逻辑开关置数开关，Q_1、Q_0 的接发光二极管，CP 接时钟脉冲。接好线路后，任意设置 D 端几种状态，观察 Q_1、Q_0 的状态与 D 端状态的关系。

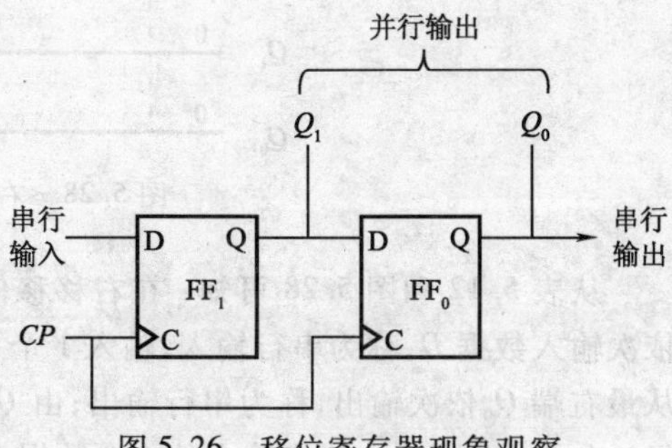

图 5.26　移位寄存器现象观察

〖相关知识〗——学一学

移位寄存器除了接收、存储、输出数据以外，同时还能将其中寄存的数据按一定方向进行移动。移位寄存器有单向和双向之分。

1. 单向移位寄存器

单向移位寄存器只能将寄存的数据在相邻位之间单方向移动。按移动方向分为左移移位寄存器和右移移位寄存器两种类型。右移移位寄存器的电路如图 5.27 所示。

假定电路初态为零，而此电路输入数据 D 在第一、二、三、四个 CP 脉冲时依次为 1,0,1,1，根据状态方程可得到对应的电路输出 Q_3、Q_2、Q_1 和 Q_0 的变化情况，如表 5.12 所示。

表 5.12　右移移位寄存器输出变化情况

CP	输入数据 D	右移移位寄存器输出变化情况			
		Q_3	Q_2	Q_1	Q_0
0	0	0	0	0	0
1	1	1	0	0	0
2	0	0	1	0	0
3	1	1	0	1	0
4	1	1	1	0	1

根据表 5.12 可画出时序图如图 5.28 所示。

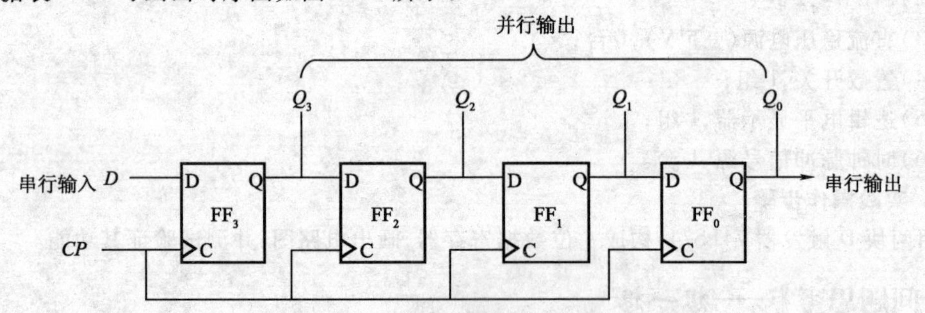

图 5.27　右移移位寄存器的电路

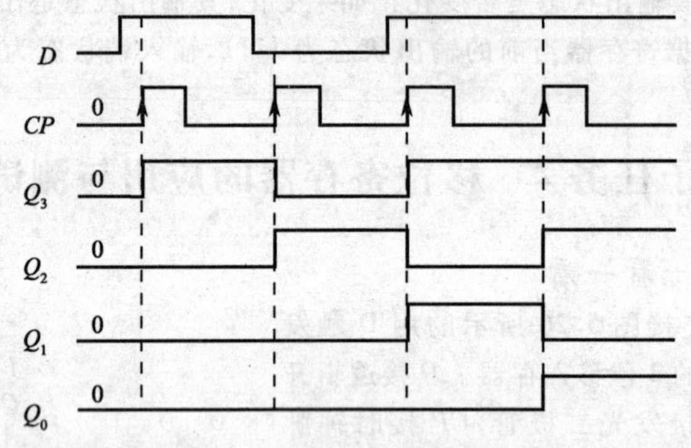

图 5.28　右移移位寄存器的时序图

从表 5.12 和图 5.28 可知：在右移移位寄存器电路中，随着 CP 脉冲的递增，触发器输入端依次输入数据 D，称为串行输入，输入 1 个 CP 脉冲，数据向右移动 1 位。输出有两种方式：数据从最右端 Q_0 依次输出，称为串行输出；由 $Q_3Q_2Q_1Q_0$ 端同时输出，称为并行输出。串行输出需要经过 8 个 CP 脉冲才能将输入的 4 个数据全部输出，而并行输出只需 4 个 CP 脉冲。

左移移位寄存器，请读者参阅相关资料。

2. 双向移位寄存器

若将右移移位寄存器和左移移位寄存器组合在一起，就构成双向移位寄存器。以集成双向移位寄存器 74LS194 为例介绍双向移位寄存器及应用。

(1)集成移位寄存器 74LS194。集成移位寄存器按结构，可分为 TTL 型和 CMOS 型；按寄存数据位数可分为 4 位、8 位、16 位，等等；按移位方向，可分为单向和双向。

74LS194 是双向 4 位 TTL 型集成移位寄存器，具有双向移位、并行输入、保持数据和清除数据等功能。其引脚排列图如图 5.29所示。其中$\overline{CR}$端为异步清零端，优先级别最高；M_1、M_2为工作方式的控制端；D_{SL}为左移数据输入端；D_{SR}为右移数据输入端；D_0、D_1、D_2、D_3为并行数据输入端。表 5.13 是 74LS194 的逻辑功能表。

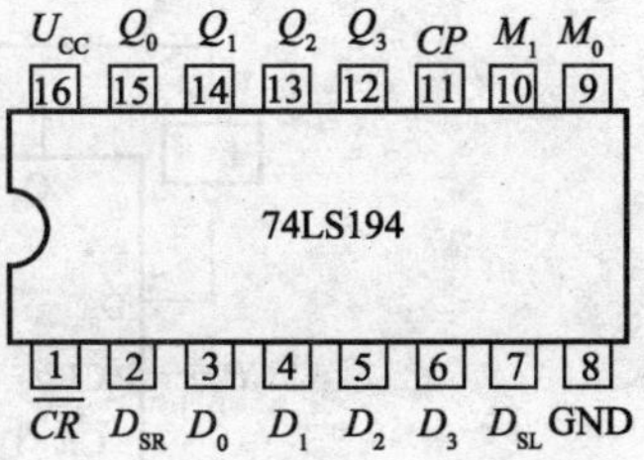

图 5.29　74LS194 引脚排列图

表 5.13　74LS194 的逻辑功能表

$\overline{CR}$	M_1	M_0	CP	功能
0	×	×	×	清零
1	0	0	×	保持
1	0	1	↑	右移
1	1	0	↑	左移
1	1	1	↑	并行输入

(2)集成移位寄存器 74LS194 的应用：

① 利用 74LS194 可实现数据传送方式的串行-并行转换，如图 5.30 所示，可以将串行输入转换为并行输出。

② 利用 74LS194 构成移位型计数器。用移位寄存器可以构成结构简单的移位型计数器。

a. 构成环形计数器。用 74LS194 构成 4 位环型计数器电路，如图 5.31(a)所示。由于这样连接使 74LS194 内的触发器构成了环形，故称之为环形计数器。构成环形计数器时，在工作之前应使 $M_1M_0=11$，假设计数器被并行置数为 $Q_3Q_2Q_1Q_0=1000$ 状态，随后 $M_1M_0=01$ 在 CP 脉冲上升沿作用下，电路实现右循环，图 5.31(a)中 M_1端所加的正脉冲为预置脉冲，其状态图如图 5.31(b)所示。

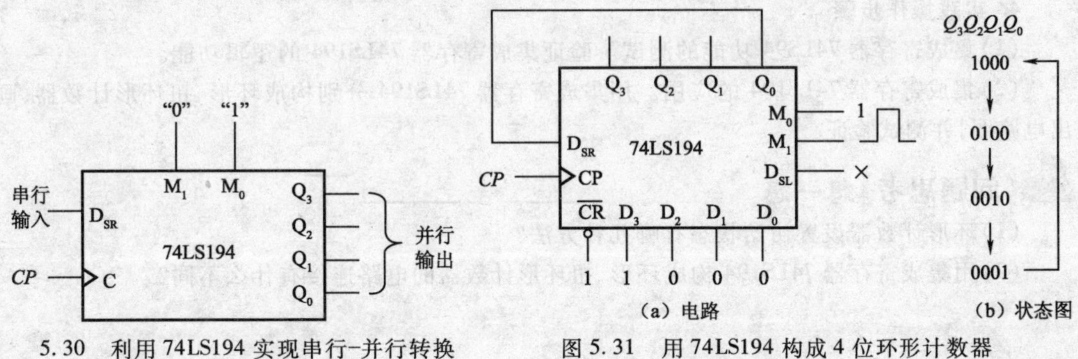

5.30　利用 74LS194 实现串行-并行转换

图 5.31　用 74LS194 构成 4 位环形计数器

b. 构成扭环形计数器。用 74LS194 构成 4 位扭环型计数器电路，如图 5.32(a)所示。在构成扭环形计数器时，在工作之前应先清零，在$\overline{CR}$端所加的负脉冲为清零预置(0000)状态脉冲，使 $M_1M_0=01$，其状态图如图 5.32(b)所示。

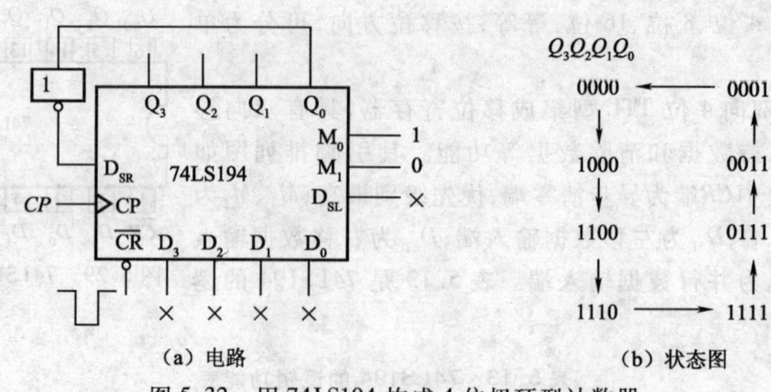

图 5.32　用 74LS194 构成 4 位扭环型计数器

〖实践操作〗——做一做

1. 实践操作的内容

集成寄存器 74LS194 的功能及应用电路的测试。

2. 实践操作要求

（1）熟悉所用的集成寄存器 74LS194 外引脚排列图及功能；

（2）能用集成寄存器 74LS194 构成环形、扭环形计数器；

（3）撰写安装与测试报告。

3. 设备器材

（1）14、16 孔集成块底座，各 1 块；

（2）74LS194、74LS00，各 1 块；

（3）直流稳压电源（+5 V），1 台；

（4）置数开关，1 组；

（5）逻辑电平显示器，1 组；

（6）时钟脉冲信号源，1 台。

4. 实践操作步骤

（1）集成寄存器 74LS94 功能的测试。验证集成寄存器 74LS194 的逻辑功能。

（2）集成寄存器 74LS194 的应用。用集成寄存器 74LS194 分别构成环形、扭环形计数器，画出电路图，并测试验证。

〖问题思考〗想一想

（1）环形计数器设置初始状态有哪几种方法？

（2）用集成寄存器 74LS194 构成环形、扭环形计数器的电路连接有什么不同？

任务 5.4 集成 555 定时器的应用与测试

任务引入

集成 555 定时器是一种将模拟和数字逻辑功能结合在一起的中规模集成电路。由于其简单可靠、使用方便、外接元件少、功能灵活和带负载能力强，利用它能方便地构成单稳态触发器、多谐振荡器、施密特触发器等。这些触发器应用于数字系统中，在实现脉冲的产生、整形、变换、检测等方面得到广泛的应用。

本任务首先认识集成 555 定时器，然后学习用集成 555 定时器构成施密特触发器、单稳态触发器、多谐振荡器及其功能测试。

任务目标

了解集成 555 定时器的分类；熟悉集成 555 定时器的外引脚排列图，理解其功能；能熟练地用集成 555 定时器构成的施密特触发器、单稳态触发器、多谐振荡器，理解各自的工作原理，掌握有关参数的计算，并能进行功能测试。

〖器件认识〗——认一认

图 5.33 所示为集成 555 定时器 5G555 的外引脚排列图，1 引脚 GND 为接地端，8 引脚 U_{CC} 为电源端，2 引脚 $\overline{TR}$ 为置位控制输入端（触发输入端），6 引脚 TH 为复位控制输入端（门限输入端），5 引脚 CO 为外加控制电压端，4 引脚 $\overline{R_d}$ 为直接复位端，低电平有效，7 引脚 DIS 为放电端，3 引脚 u_O 为电压输出端。请理解各引脚的名称，熟悉其外引脚排列图。

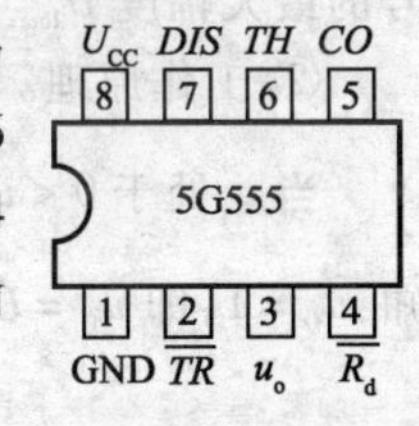

图 5.33 5G555 的外引脚排列图

〖相关知识〗——学一学

1. 集成 555 定时器的认识

（1）集成 555 定时器的分类。集成 555 定时器按照内部元件可划分为双极型和单极型两种。双极型内部采用的是晶体管，单极型内部采用的则是场效应晶体管。集成 555 定时器按单片电路中包含定时器的个数可划分为单时基定时器和双时基定时器。常用的单时基定时器有双极型定时器 5G555 和单极型定时器 CC7555。双时基定时器有双极型定时器 5G556 和单极型定时器 CC7556。5G555 的外引脚排列如图 5.33 所示。

（2）集成 555 定时器的功能。下面以单时基双极型定时器 5G555 为例来介绍集成 555 定时器的功能，5G555 定时器的功能如表 5.14 所示，由功能表可见：

① 只要外部复位端 $\overline{R_d}$ 接低电平，即 $\overline{R_d}=0$，则不论高电平触发端 TH 和低电平触发端 $\overline{TR}$ 输入何种电平，输出端 u_O 均为低电平，并且放电端 DIS 与地接通。定时器正常工作时，应将复位端 $\overline{R_d}$ 接高电平。

② 复位端 $\overline{R_d}$ 接高电平，控制端 CO 悬空或通过电容器接地时：当 $U_{TH}>\frac{2}{3}U_{CC}$ 且 $U_{\overline{TR}}>\frac{1}{3}U_{CC}$ 时，$u_O=0$，DIS 端与地接通；当 $U_{TH}<\frac{2}{3}U_{CC}$ 且 $U_{\overline{TR}}>\frac{1}{3}U_{CC}$ 时，u_O 和 DIS 端保持原态不变；当 $U_{TH}<\frac{2}{3}U_{CC}$ 且 $U_{\overline{TR}}<\frac{1}{3}U_{CC}$ 时，$u_O=1$，DIS 端与地断开。

③ 复位端 $\overline{R_d}$ 接高电平，控制端 CO 外接控制电压 U_s 时：当 $U_{TH}>U_s$ 且 $U_{\overline{TR}}>\frac{1}{2}U_s$ 时，$u_O=0$，

DIS 端与地接通；当 $U_{TH}<U_s$ 且 $U_{\overline{TR}}>\frac{1}{2}U_s$ 时，u_O 和 DIS 端保持原态不变；当 $U_{TH}<U_s$，且 $U_{\overline{TR}}<\frac{1}{2}U_s$ 时，$u_O=1$，DIS 端与地断开。

表 5.14　5G555 定时器功能表

$\overline{R_d}$	U_{TH}	$U_{\overline{TR}}$	u_O	放电端 DIS
0	×	×	0	与地接通
1	$>\frac{2}{3}U_{CC}$	$>\frac{1}{3}U_{CC}$	0	与地接通
1	$<\frac{2}{3}U_{CC}$	$>\frac{1}{3}U_{CC}$	保持原态不变	保持原态不变
1	$<\frac{2}{3}U_{CC}$	$<\frac{1}{3}U_{CC}$	1	与地断开

2. 集成 555 定时器的应用

(1)用 555 定时器构成施密特触发器：

① 电路组成。将 555 定时器的高电平触发端 TH、低电平触发端 $\overline{TR}$ 连接在一起作为信号输入端，如图 5.34(a)所示，便构成了施密特触发器。施密特触发器是一种脉冲信号变换电路，用来实现整形。它可以将符合特定条件的输入信号变为对应的矩形波，这个特定条件是：输入信号的最大幅度 U_{Imax} 要大于施密特触发器中 555 定时器的参考电压。

② 工作原理。设输入信号 u_I 为图 5.34(b)所示三角波。

当 u_I 处于 $0<u_I<\frac{1}{3}U_{CC}$ 上升区间时，$U_{TH}=U_{\overline{TR}}<\frac{1}{3}U_{CC}$，根据 555 定时器的功能表 5.13 可知：$u_O=1$，即 $u_O=U_{OH}$。

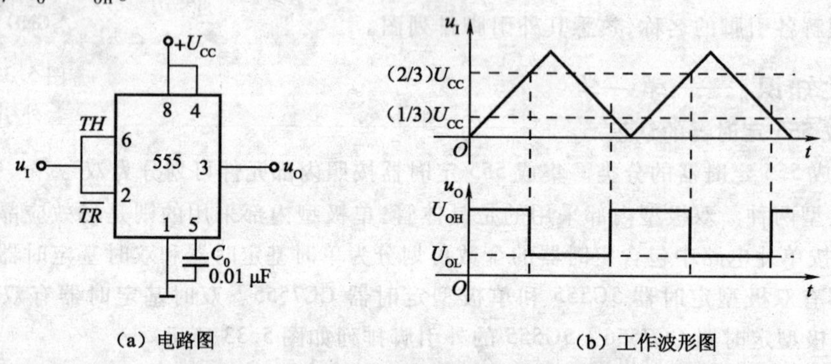

(a) 电路图　　(b) 工作波形图

图 5.34　用 555 定时器组成的施密特触发器

当 u_I 处于 $\frac{1}{3}U_{CC}<u_I<\frac{2}{3}U_{CC}$ 上升区间时，$\frac{1}{3}U_{CC}<U_{TH}=U_{\overline{TR}}<\frac{2}{3}U_{CC}$，则 u_O 保持原态“1”不变，$u_O=U_{OH}$。

当 u_I 一旦处于 $u_I\geqslant\frac{2}{3}U_{CC}$ 区间时，$U_{TH}=U_{\overline{TR}}\geqslant\frac{2}{3}U_{CC}$，$u_O$ 由“1”状态变为“0”状态，$u_O=U_{OL}$。

由此可知：输出电压 u_O 由 U_{OH} 变化到 U_{OL} 发生在 $u_I=\frac{2}{3}U_{CC}$ 时，因此，$U_{T+}=\frac{2}{3}U_{CC}$。

当 u_I 处于 $\frac{1}{3}U_{CC}<u_I<\frac{2}{3}U_{CC}$ 下降区间时，$\frac{1}{3}U_{CC}<U_{TH}=U_{\overline{TR}}<\frac{2}{3}U_{CC}$，$U_O$ 保持原态“0”不变，$u_O=U_{OL}$。

当 u_I 一旦处于 $u_I \leqslant \frac{1}{3}U_{CC}$ 区间时，$U_{TH} = U_{\overline{TR}} \leqslant \frac{1}{3}U_{CC}$，$U_O$ 由"0"状态变为"1"状态，$u_O = U_{OH}$。

由此可知：输出电压 u_O 由 U_{OL} 变化到 U_{OH} 发生在 $u_I = \frac{1}{3}U_{CC}$ 时，因此，$U_{T-} = \frac{1}{3}U_{CC}$。

由此可得施密特触发器的回差电压为

$$\Delta U_T = U_{T+} - U_{T-} = \frac{1}{3}U_{CC} \tag{5.5}$$

如果控制端 CO 外接控制电压 U_s 时，$U_{T+} = U_s$，$U_{T-} = \frac{1}{2}U_s$，则回差电压为

$$\Delta U_T = U_{T+} - U_{T-} = \frac{1}{2}U_S \tag{5.6}$$

只要改变 U_s 的值，就能调节回差电压的大小。

③ 施密特触发器的应用：

a. 波形变换。将任何符合特定条件的输入信号变为对应的矩形波输出信号。如图 5－34 所示，可将三角波变换为矩形波。

b. 脉冲鉴幅。如将一系列幅度各异的脉冲加到施密特触发器的输入端时，只有那些幅度大于 U_{T+} 的脉冲才会产生输出信号，如图 5.35 所示。因此，施密特触发器能将幅度大于 U_{T+} 的脉冲选出，具有脉冲鉴幅的能力。

c. 脉冲整形。脉冲信号在传输过程中，如果受到干扰，其波形会产生变形，这时可利用施密特触发器进行整形，将不规则的波形变为规则的矩形波，如图 5.36 所示。

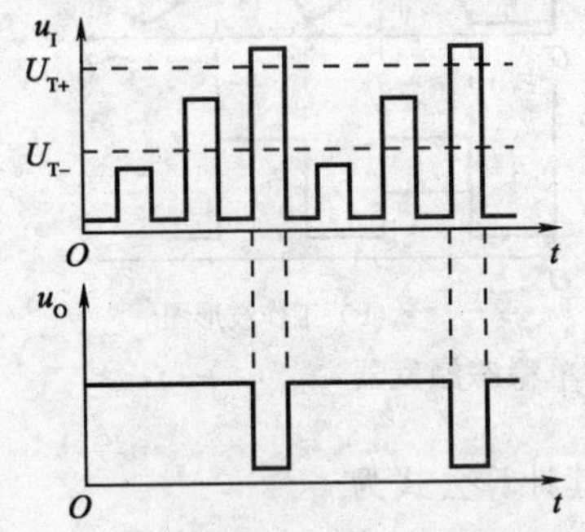

图 5.35　利用施密特触发器进行脉冲鉴幅

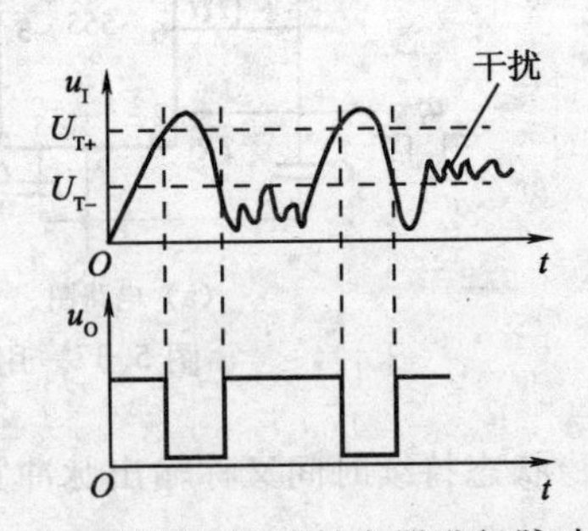

图 5.36　利用施密特触发器进行脉冲整形

(2) 用 555 定时器构成单稳态触发器。单稳态触发器和施密特触发器不同，它只有一个稳态，具有以下几个明显的特点：它有稳态和暂稳态两个不同的工作状态；在外界触发脉冲的作用下，能从稳态翻转到暂稳态；在暂稳态维持一定时间后，再自动返回稳态；暂稳态时间的长短取决于电路本身的参数。由于具有以上特点，单稳态触发器被广泛应用于数字系统中的整形、延时以及定时等。

① 电路组成。用 555 定时器构成的单稳态触发器电路图如图 5.37(a) 所示。电路由一个 555 定时器和若干电阻器、电容器构成。定时器外接直流电源和地，高电平触发端 TH 和放电端 DIS 直接相连，低电平触发端 $\overline{TR}$ 作为触发信号输入端接输入电压 u_I，复位端 $\overline{R}_d$ 接直流电源 U_{CC}（即 $\overline{R}_d$ 接高电平），控制端 CO 通过滤波电容器 C_0 接地。

② 工作原理。设在接通电源瞬间 $u_O = 0$，输入触发信号（低电平有效）尚未加入时，u_I 为高电平，即 $u_{\overline{TR}} = u_I > \frac{1}{3}U_{CC}$，而 u_{TH} 的大小由 u_C 来决定，若 $u_C = 0$ V（未充电），则 $u_{TH} = u_C < \frac{2}{3}U_{CC}$，则

电路处于保持状态。若 $u_C \neq 0$ V(假设 $> \frac{2}{3}U_{CC}$),则电路输出 u_O 为低电平,集成555定时器内部的放电管处于导通状态,电容器 C 通过放电管放电,直到 $u_C = 0$ V,故 $u_C > \frac{2}{3}U_{CC}$,不能维持而降至0,电路也处于保持状态,电路输出 u_O 仍然为低电平。因为该状态只要输入触发信号未加入,输出为0的状态一直可保持,故称为稳定状态。

当输入触发脉冲(窄脉冲)加入后,$u_{\overline{TR}} = u_I < \frac{1}{3}U_{CC}$,因为此时 $u_{TH} = u_C = 0\ V < \frac{2}{3}U_{CC}$,输出 u_O 为高电平,此时放电管截止,C 充电,充电回路:$U_{CC} \rightarrow R \rightarrow C \rightarrow$ 地,充电时间常数为 $\tau = RC$。电路的该状态称为暂稳态。当 u_C 上升至 $> \frac{2}{3}U_{CC}$ 时,此时 u_I 已回到高电平,故 $u_{\overline{TR}} = u_I > \frac{1}{3}U_{CC}$,则输出 u_O 回到低电平,放电管导通,C 经放电管放电,由于放电回路等效电阻很小,放电极快,故电路经短暂的恢复过程后,暂稳态结束,电路自动进入稳态。工作波形图如图5.37(b)所示。

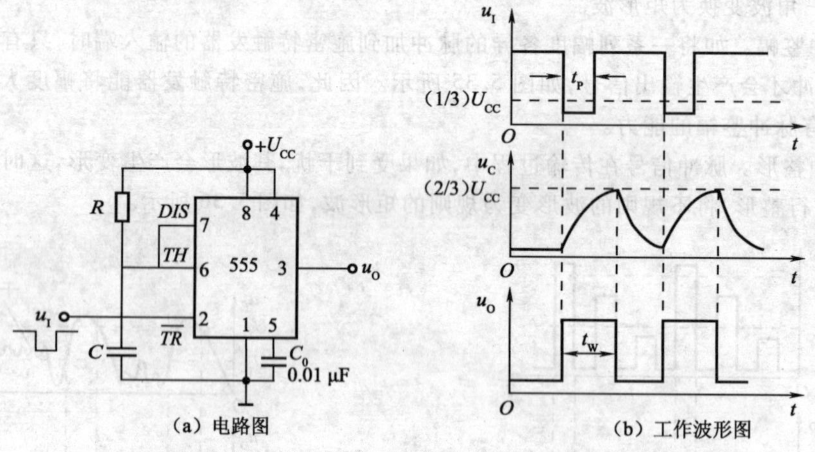

图5.37 用555定时器构成的单稳态触发器

暂稳状态持续时间又称输出脉冲宽度,用 t_W 表示,其计算公式为

$$t_W \approx 1.1\ RC \tag{5.7}$$

R 的取值范围为数百欧到数千欧,电容器的取值范围为数百皮法到数百微法,t_W 对应范围为数百微秒到数分钟。

由此可见:单稳态触发器的输出脉冲宽度即暂稳态时间与电源电压大小、输入脉冲宽度(不得大于输出脉宽)无关,仅由电路自身 R,C 决定。

③ 单稳态触发器的应用:

a. 脉冲整形。利用单稳态触发器可产生一定宽度的脉冲,可把过窄或过宽的脉冲整形为固定宽度的脉冲,如图5.38所示。

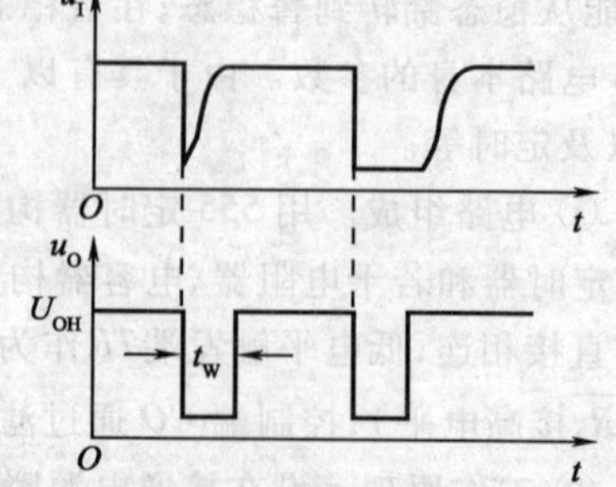

图5.38 用单稳态触发器实现脉冲的整形

b. 脉冲延迟。脉冲延迟电路一般要用两个单稳态触发器完成,图5.39(a)为其电路图,图5.39(b)为其输入波形和延迟后的输出波形。假设第1个单稳输出脉宽为 t_{W1},则输入 u_I 的脉冲延迟了 t_{W1},输出脉宽则由第2

个单稳整定值 t_{W2} 决定。

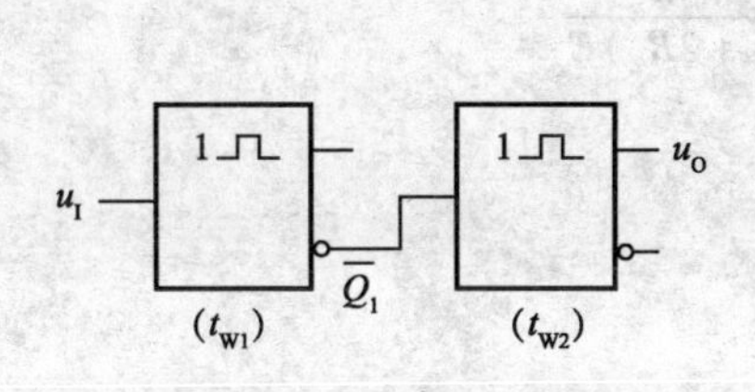

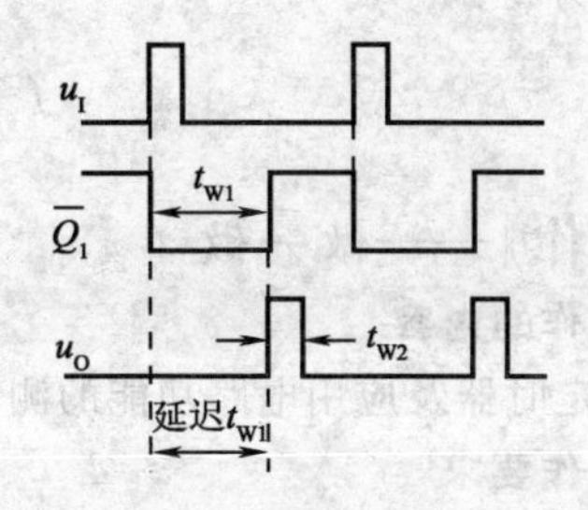

(a) 电路图　　　　　　　　　　(b) 波形图

图 5.39　用单稳态触发器实现脉冲的延时

c. 定时。由于单稳态触发器产生的脉冲宽度是固定的,因此可用于定时电路。

(3)用 555 定时器构成的多谐振荡器。多谐振荡器的功能是产生一定频率和一定幅度的矩形波信号。其输出状态不断在“1”和“0”之间变换,所以又称无稳态电路。

① 电路组成。如图 5.40(a)所示,高电平触发端 TH 和低电平触发端 $\overline{TR}$ 直接连接,无外部信号输入端,放电端 DIS 也接在两个电阻器之间。

② 工作原理。如图 5.40(a)所示,假设电容器初始电压为零,即 $u_C=0$,接通电源后,因电容器两端电压不能突变,则有 $u_{TH}=u_{\overline{TR}}=0\ \text{V}<\frac{1}{3}U_{CC}$,$u_O$ 为高电平,内部放电管 VT 截止,则电源对电容器 C 充电,充电回路:$U_{CC}\rightarrow R_1\rightarrow R_2\rightarrow C\rightarrow$ 地,充电时间常数 $\tau_1=(R_1+R_2)C$,电路处于第一暂稳态。随电容器 C 充电,电容器 C 两端电压 u_C 逐渐升高,当 $u_C>\frac{2}{3}U_{CC}$ 时,即 $u_{TH}=u_{\overline{TR}}>\frac{2}{3}U_{CC}$ 时,u_O 为低电平。此时,放电管 VT 由截止转为导通,C 放电,放电回路:$C\rightarrow R_2\rightarrow$ 放电管 VT $\rightarrow$ 地,放电时间常数 $\tau_2=R_2C$,电路处于第二暂态。C 放电至 $u_C<\frac{1}{3}U_{CC}$ 后,电路又翻转到第一暂稳态,电容器 C 放电结束,再进行充电,重复以上过程。工作波形图如图 5.40(b)所示。

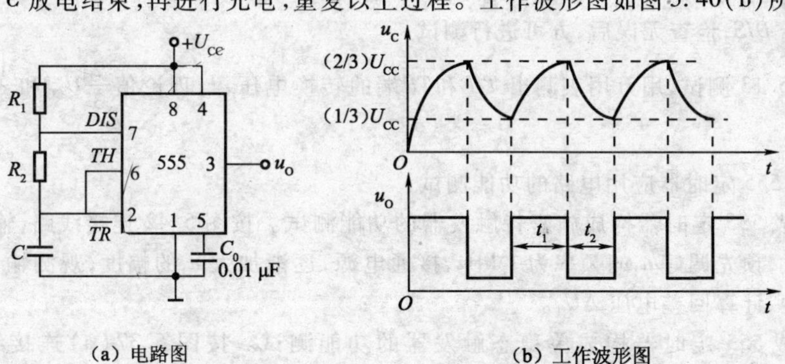

(a) 电路图　　　　　　　　　　(b) 工作波形图

图 5.40　用 555 定时器构成的多谐振荡器

振荡周期 $T=t_1+t_2$。t_1 为充电时间(电容器两端电压从 $\frac{1}{3}U_{CC}$ 上升到 $\frac{2}{3}U_{CC}$ 所需时间),$t_1\approx 0.7(R_1+R_2)C$,t_2 为放电时间(即电容器两端电压从 $\frac{2}{3}U_{CC}$ 下降到 $\frac{1}{3}U_{CC}$ 所需时间),$t_2\approx 0.7R_2C$,则振荡周期为

$$T=t_1+t_2\approx 0.7(R_1+2R_2)C \tag{5.8}$$

振荡频率为

$$f \approx \frac{1.43}{(R_1 + 2R_2)C} \tag{5.9}$$

〖实践操作〗——做一做

1. 实践操作的内容

集成555定时器及应用电路功能的测试。

2. 实践操作要求

(1)熟悉所用的集成555定时器5G555外引脚排列图;

(2)能测试集成555定时器及应用电路功能;

(3)撰写安装与测试报告。

3. 设备器材

(1)8孔集成块底座,1块;

(2)集成定时器5G555,1块;

(3)电阻器、电容器(见图5.41和图5.42的标注),若干;

(4)万用表,1块;

(5)直流稳压电源(+5 V),1台;

(6)置数开关,1组;

(7)信号发生器,1台;

(8)双踪示波器,1台;

(9)逻辑电平显示器,1组;

(10)时钟脉冲信号源,1台。

4. 实践操作步骤

(1)集成555定时器5G555功能的测试:

① 按图5.41接线,将$\overline{R_d}$端接逻辑电平开关,输出端u_O接LED逻辑电平显示器,用万用表测放电管输出端DIS,检查无误后,方可进行测试。

② 按表5.13测试,用万用表测出TH和$\overline{TR}$端的转换电压,与理论值$\frac{2}{3}U_{CC}$和$\frac{1}{3}U_{CC}$比较,是否一致?

(2)集成555定时器应用电路的功能测试:

① 用集成555定时器构成施密特触发器的功能测试。按图5.42连接线路,输入信号由信号发生器提供,预先调好u_I的频率为1 kHz,接通电源,逐渐加大u_I的幅度,观测输出波形,测绘电压传输特性,计算回差电压ΔU_T。

② 用集成555定时器构成单稳态触发器的功能测试。按图5.37(a)连接线路,取$R=100\ \text{k}\Omega$,$C=47\ \mu\text{F}$,输入信号u_I由单次脉冲源提供,用双踪示波器观测u_I、u_C、u_O波形,测量u_O的幅度与暂稳状态持续时间t_W。

将R改为1 kΩ,C改为0.1 μF,输入端加1kHz的连续脉冲,观测u_I、u_C、u_O波形,测量u_O的幅度与暂稳状态持续时间t_W。

③ 用集成555定时器构成多谐振荡器的功能测试。按图5.40(a)连接线路,取$R_1=R_2=10\ \text{k}\Omega$,$C=C_1=0.01\ \mu\text{F}$。用双踪示波器观测$u_C$与$u_O$的波形,测量$u_O$的频率。

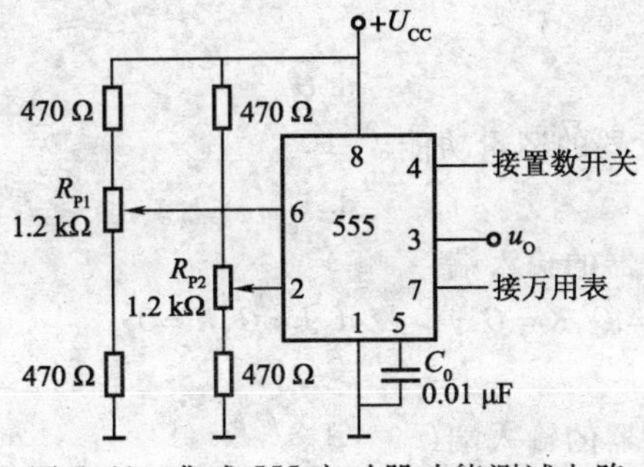

图 5.41　集成 555 定时器功能测试电路

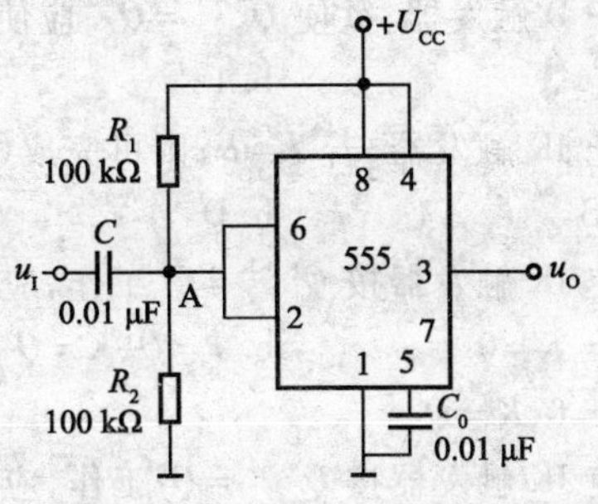

图 5.42　集成 555 定时器构成施密特触发器电路

5. 注意事项

在集成 555 定时器 5G555 的功能测试时，放电管导通时输出状态是低电平，放电管截止时输出状态是高阻状态。所以不能用电平显示放电端的状态，而要用万用表的电压挡来判断其状态。

〖问题思考〗——想一想

如何用 555 定时器构成占空比可调的多谐振荡器？在用 555 定时器构成的多谐振荡器中，若要得到占空比近似为 1/2 的输出方波应如何调节 R_1，R_2的值？

思考题和习题

5.1　填空题

(1)触发器的基本性质有______、______、______。

(2)触发器的触发方式有______、______、______3 种。

(3)触发器的状态端是指______端；0 态是指______，1 态是指______。

(4)触发器按功能分为______、______、______、______、______。

(5)TTL 集成 JK 触发器正常工作时，它的$\overline{R}_d$和$\overline{S}_d$端应接______电平。

(6)触发器逻辑功能描述方法有______、______、______、______、______。

(7)时序逻辑电路按照其触发器是否有统一的时钟控制分为______时序电路和______时序电路。

(8)寄存器按照功能不同可分为两类，即______寄存器和______寄存器。

(9)单稳态触发器受到外触发时进入______态。

(10)施密特触发器具有______现象，又称______特性；单稳态触发器最重要的参数为______。

(11)常见的脉冲产生电路有______，常见的脉冲整形电路有______。

(12)获得脉冲波形的方法主要有两种：一种是______；另一种是______。

(13)施密特触发器有两个______状态；单稳态触发器有一个______状态和______态；多谐振荡器只有两个______态。

(14)555 定时器的最后数码为 555 的是______产品，为 7555 的是______产品。

5.2　选择题

(1)1 个触发器可记录 1 位二进制代码，它有(　　)个稳态。

a. 0　　b. 1　　c. 2　　d. 3

e. 4

(2)对于D触发器,欲使 $Q^{n+1}=Q^n$,应使输入 $D=($　　$)$。

a. 0　　b. 1　　c. Q　　d. $\overline{Q}$

(3)对于JK触发器,若 $J=K$,则可完成(　　)触发器的逻辑功能。

a. RS　　b. D　　c. T　　d. T′

(4)欲使JK触发器按 $Q^{n+1}=Q^n$ 工作,应使JK触发器的输入端(　　)。

a. $J=K=0$　　b. $J=Q,K=\overline{Q}$　　c. $J=\overline{Q},K=Q$　　d. $J=Q,K=0$

e. $J=0,K=\overline{Q}$

(5)欲使JK触发器按 $Q^{n+1}=\overline{Q^n}$ 工作,应使JK触发器的输入端(　　)。

a. $J=K=1$　　b. $J=Q,K=\overline{Q}$　　c. $J=\overline{Q},K=Q$　　d. $J=Q,K=1$

e. $J=1,K=Q$

(6)欲使JK触发器按 $Q^{n+1}=0$ 工作,应使JK触发器的输入端(　　)。

a. $J=K=1$　　b. $J=Q,K=Q$　　c. $J=Q,K=1$　　d. $J=0,K=1$

e. $J=K=1$

(7)欲使JK触发器按 $Q^{n+1}=1$ 工作,应使JK触发器的输入端(　　)。

a. $J=K=1$　　b. $J=1,K=0$　　c. $J=K=\overline{Q}$　　d. $J=K=0$

e. $J=\overline{Q},K=0$

(8)对于T触发器,若原态 $Q^n=0$,欲使新态 $Q^{n+1}=1$,应使输入 $T=($　　$)$。

a. 0　　b. 1　　c. Q　　d. $\overline{Q}$

(9)对于T触发器,若原态 $Q^n=1$,欲使新态 $Q^{n+1}=1$,应使输入 $T=($　　$)$。

a. 0　　b. 1　　c. Q　　d. $\overline{Q}$

(10)欲使D触发器按 $Q^{n+1}=\overline{Q^n}$ 工作,应使输入 $D=($　　$)$。

a. 0　　b. 1　　c. Q　　d. $\overline{Q}$

(11)下列触发器中,克服了空翻现象的有(　　)。

a. 边沿型D触发器　　b. 主从型RS触发器

c. 同步RS触发器　　d. 主从JK触发器

(12)下列触发器中,没有约束条件的是(　　)。

a. 基本RS触发器　　b. 边沿型D触发器

c. 同步RS触发器

(13)为实现将JK触发器转换为D触发器,应使(　　)。

a. $J=D,K=\overline{D}$　　b. $K=D,J=\overline{D}$　　c. $J=K=D$　　d. $J=K=\overline{D}$

(14)边沿式D触发器是一种(　　)稳态电路。

a. 无　　b. 单　　c. 双　　d. 多

(15)同步计数器和异步计数器比较,同步计数器的显著优点是(　　)。

a. 工作速度高　　b. 触发器利用率高

c. 电路简单　　d. 不受时钟 CP 控制

(16)把一个五进制计数器与一个四进制计数器串联可得到(　　)进制计数器。

a. 四　　b. 五　　c. 九　　d. 二十

(17)下列逻辑电路中为时序逻辑电路的是(　　)。

a. 变量译码器　　b. 加法器　　c. 数码寄存器　　d. 数据选择器

(18) n 个触发器可以构成最大计数长度(进制数)为(　　)的计数器。

a. n　　b. $2n$　　c. n^2　　d. 2^n

(19) n 个触发器可以构成能寄存(　　)位二进制数码的寄存器。

a. $n-1$　　b. n　　c. $n+1$　　d. $2n$

(20)同步时序电路和异步时序电路比较,其差异在于后者(　　)。

a. 没有触发器　　b. 没有统一的时钟脉冲控制

c. 没有稳定状态　　d. 输出只与内部状态有关

(21)一位 8421BCD 码计数器至少需要(　　)个触发器。

a. 3　　b. 4　　c. 5　　d. 10

(22)8 位移位寄存器,串行输入时经(　　)个脉冲后,8 位数码全部移入寄存器中。

a. 1　　b. 2　　c. 4　　d. 8

(23)脉冲整形电路有(　　)。

a. 多谐振荡器　　b. 单稳态触发器

c. 施密特触发器　　d. 555 定时器

(24)多谐振荡器可产生(　　)。

a. 正弦波　　b. 矩形波　　c. 三角波　　d. 锯齿波

(25)石英晶体多谐振荡器的突出优点是(　　)。

a. 速度高　　b. 电路简单　　c. 振荡频率稳定　　d. 输出波形边沿陡峭

(26)以下各电路中,(　　)可以产生脉冲定时。

a. 多谐振荡器　　b. 单稳态触发器

c. 施密特触发器　　d. 石英晶体多谐振荡器

(27)555 定时器可以组成(　　)。

a. 多谐振荡器　　b. 单稳态触发器　　c. 施密特触发器　　d. JK 触发器

(28)用 555 定时器组成施密特触发器,当控制端 CO 外接 10 V 电压时,回差电压为(　　)。

a. 3.33 V　　b. 5 V　　c. 6.66 V　　d. 10 V

5.3　判断题

(1)D 触发器的特性方程为 $Q^{n+1}=D$,与 Q^n 无关,所以它没有记忆功能。(　　)

(2)RS 触发器的约束条件 $RS=0$,表示不允许出现 $R=S=1$ 的输入。(　　)

(3)同步触发器存在空翻现象,而边沿型触发器和主从触发器克服了空翻。(　　)

(4)主从型 JK 触发器、边沿型 JK 触发器和同步 JK 触发器的逻辑功能完全相同。(　　)

(5)由两个 TTL 或非门构成的基本 RS 触发器,当 $R=S=0$ 时,触发器的状态为不定。对边沿型 JK 触发器,在 CP 为高电平期间,当 $J=K=1$ 时,状态会翻转一次。(　　)

(6)施密特触发器可用于将三角波变换成正弦波。(　　)

(7)施密特触发器有两个稳态。(　　)

(8)多谐振荡器的输出信号的周期与阻容元件的参数成正比。(　　)

(9)单稳态触发器的暂稳状态持续时间 t_W 与输入触发脉冲宽度成正比。(　　)

(10)单稳态触发器的暂稳状态持续时间 t_W 与电路中 RC 成正比。(　　)

(11)施密特触发器的正向阈值电压一定大于负向阈值电压。(　　)

(12)采用不可重复触发的单稳态触发器时,若在触发器进入暂稳态期间再次受到触发,输出脉宽可在此前暂稳态时间的基础上再展宽 t_W。(　　)

(13)同步时序电路由组合电路和存储电路两部分组成。(　　)

(14)时序电路不含有记忆功能的器件。(　　)

(15)同步时序电路由统一的时钟 CP 控制。(　　)

(16)异步时序电路的各级触发器类型不同。(　　)

(17)计数器的模是指构成计数器的触发器的个数。(　　)

(18)计数器的模是指对输入的计数脉冲的个数。(　　)

(19)D 触发器的特征方程 $Q^{n+1}=D^n$,而与 Q^n 无关,所以,D 触发器不是时序电路。(　　)

(20)把一个五进制计数器与一个十进制计数器串联可得到十五进制计数器。(　　)

(21)利用反馈归零法获得 N 进制计数器时,若为异步置零方式,则状态 S_N 只是短暂的过渡状态,不能稳定而是立刻变为 0 状态。(　　)

5.4　问答题

(1)基本 RS 触发器有几种功能? $\overline{R_d}$,$\overline{S_d}$ 各在什么情况下有效? 基本 RS 触发器的不定状态有几种情况?

(2)集成 JK 触发器、D 触发器各有几种功能? 分别在什么情况下触发的?

(3)如何利用 JK 触发器构成单向移位寄存器?

(4)采用直接清零法实现任意进制计数器,用 74LS161 芯片和 74LS290 芯片有什么异同之处?

(5)如何用集成 555 定时器构成施密特触发器? 什么是施密特触发器的回差特性? 如何计算回差?

5.5　分析与计算题

(1)分析图 5.43 所示的 RS 触发器的功能,并根据输入端 R、S 的波形画出 Q 和 $\overline{Q}$ 的波形。

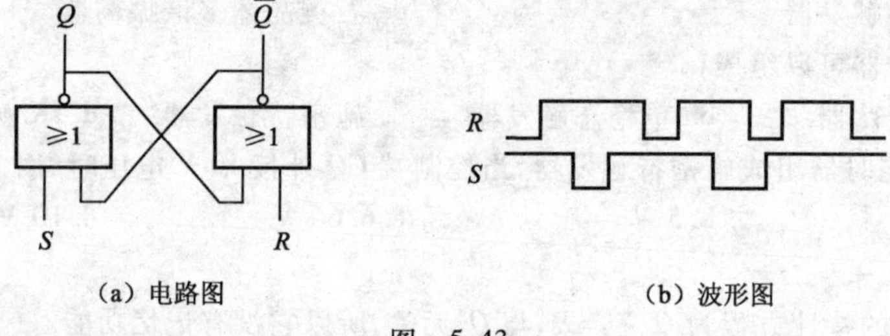

(a) 电路图　　　(b) 波形图

图　5.43

(2)下降沿触发的主从型 JK 触发器的输入 CP、J 和 K 的波形如图 5.44 所示。试画出 Q 端的波形。设触发器初态 $Q=0$。

(3)上升沿触发的 D 触发器的输入 CP 和 D 波形如图 5.45 所示。试画出 Q 端的波形。设触发器初态 $Q=1$。

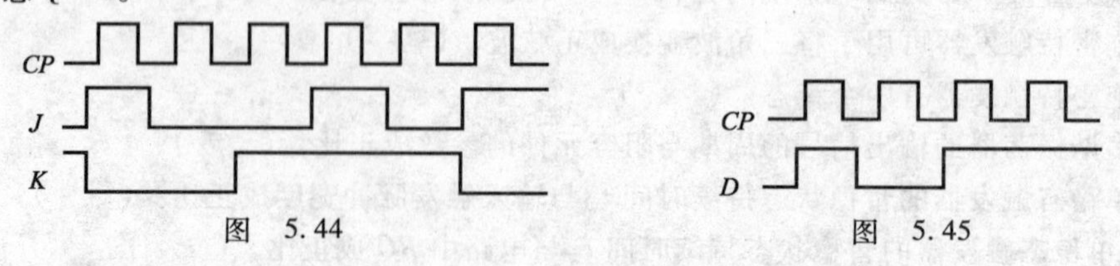

图　5.44　　　图　5.45

(4)试用集成计数器 74LS161,采用直接清零法,构成 $N=7$ 的加法计数器。

(5)试用集成计数器 74LS161,采用置全 0 法,构成十二进制计数器。

(6)试用集成计数器 74LS161,采用级联法,构成一个二百五十六进制(即 8 位二进制)计数器。

(7)试用两片 74LS290 构成一个六进制计数电路。

(8)试用两片 74LS290 构成一个八十八进制计数电路。

(9)由集成 555 定时器构成的施密特触发器电路,如图 5.46 所示。① 在图 5.46(a)中,当 $U_{CC}=15$ V 时,求 U_{T+},U_{T-}及 ΔU_T各为多少? ② 在图 5.46(b)中,当 $U_{CC}=15$ V 时,$U_s=5$ V,求 U_{T+},U_{T-}及 ΔU_T各为多少?

(10)已知施密特触发器的输入波形如图 5.47 所示。其中 $U_{Imax}=20$ V,电源电压 $U_{CC}=18$ V,定时器控制端 CO 通过电容器接地,试画出施密特触发器对应的输出波形;如果定时器控制端 CO 外接控制电压 $U_s=16$ V 时,试画出施密特触发器对应的输出波形。

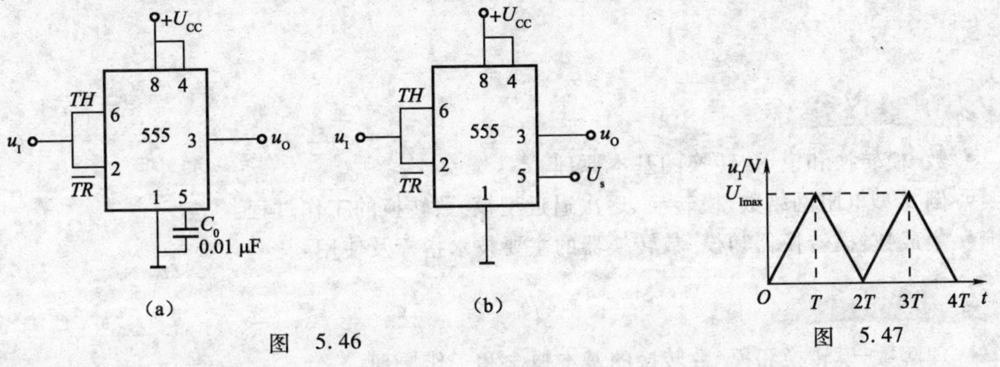

图 5.46　　图 5.47

(11)在由集成 555 定时器构成的单稳态触发器电路中,已知 $R=20$ kΩ,$C=0.5$ μF。试计算此触发器的暂稳态持续时间。

(12)图 5.48 所示电路中,已知 $R_1=1$ kΩ,$R_2=8.2$ kΩ,$C=0.4$ μF,试求:振荡周期 T。

(13)如图 5.49 所示电路,是由集成 555 定时器构成的门铃电路,试分析其工作原理。

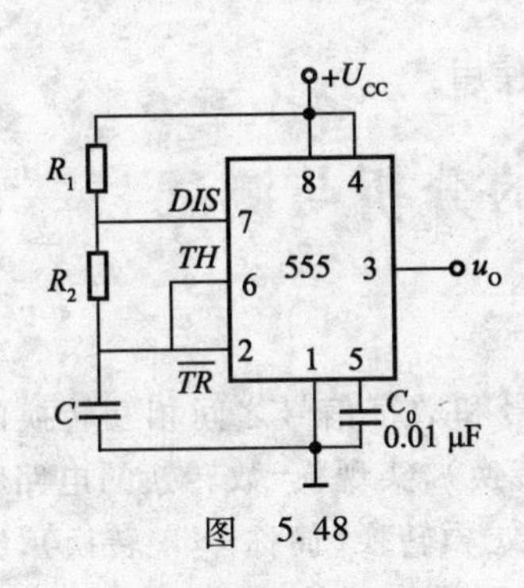

图 5.48

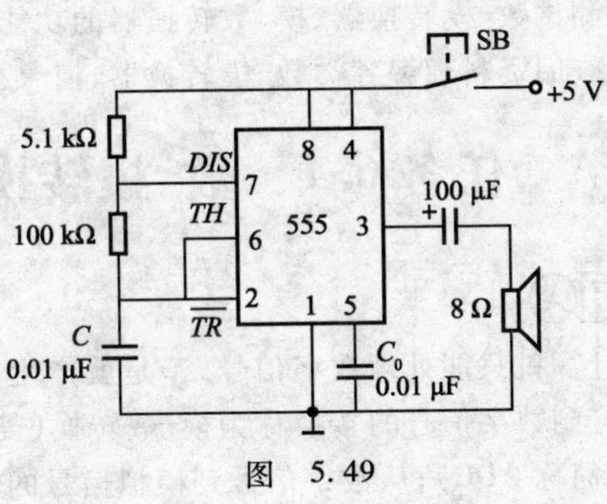

图 5.49

项目6 数-模转换和模-数转换的认识与测试

项目内容

- 数-模转换和模-数转换的基本原理。
- 倒T型电阻网络数-模转换、逐次逼近型模-数转换的工作过程。
- 集成数-模转换器和模-数转换器的主要技术指标及使用。

知识目标

- 理解数-模转换和模-数转换的基本概念和工作原理。
- 熟悉数-模转换和模-数转换的特点。
- 熟悉常用数-模器和模-数转换器的主要技术指标的意义。

能力目标

- 能测试数-模转换器、模-数转换器的功能。
- 会查阅资料理解各类数-模转换器、模-数转换器的使用。

任务6.1　数-模转换电路的分析与测试

任务引入

由于计算机只能处理数字信号，于是就产生了模拟信号和数字信号之间相互转换的问题。从模拟信号到数字信号的转换称为模-数转换（简称A/D转换），实现模-数转换的电路称为A/D转换器（简称ADC）；从数字信号到模拟信号的转换称为数-模转换（简称D/A转换），实现数-模转换的电路称为D/A转换器（简称DAC）。ADC和DAC是数字系统和模拟系统相互联系的桥梁，是数字系统的重要组成部分。本任务学习数-模转换的基本原理，数-模转换器的主要技术指标，集成数-模转换器的使用与功能测试。

任务目标

理解数-模转换的基本原理；熟悉数-模转换器的主要技术指标的意义、集成数-模转换器的使用方法，并能测试集成数-模转换器的功能。

〖器件认识〗——认一认

图6.1所示为集成数-模转换器DAC0832的外引脚排列图，请查阅有关资料，了解其有关信息。

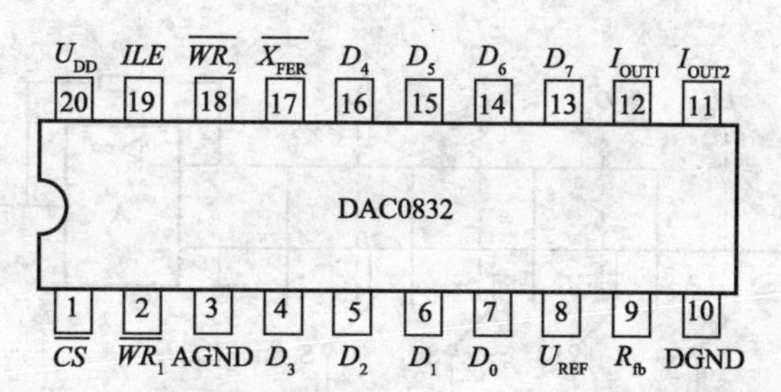

图 6.1　集成数-模转换器 DAC0832 的外引脚排列图

〖相关知识〗——学一学

1. D/A 转换的基本工作原理及 DAC 的类型

(1)D/A 转换的基本工作原理。D/A 转换的基本原理就是将输入的每一位二进制代码按其权的大小转换成相应的模拟量,然后将代表各位的模拟量相加,这样所得的总模拟量与数字量成正比,于是便实现了从数字量到模拟量的转换。其组成框图如图 6.2 所示,由数据锁存器、模拟电子开关、电阻译码网络及求和电路等组成。D/A 转换是需要时间的,数据锁存器用来把要转换的输入数字暂时保存起来以完成 D/A 转换。电子开关有两挡位置,一挡接基准电压 U_{REF},另一挡接地(0 电平)。模拟电子开关由数据锁存器中的数字控制,当数字为 1 时开关接 U_{REF};当数字为 0 时接地。电阻译码网络由不同阻值的电阻器构成,电阻器的一端跟随开关的位置分别接 U_{REF}或地。当接 U_{REF}时,电阻器上有电流,接地时无电流,利用求和运算放大器将电阻译码网络中各电阻器上的电流汇合起来,并以电压形式输出,即可实现数字量到模拟量的转换。

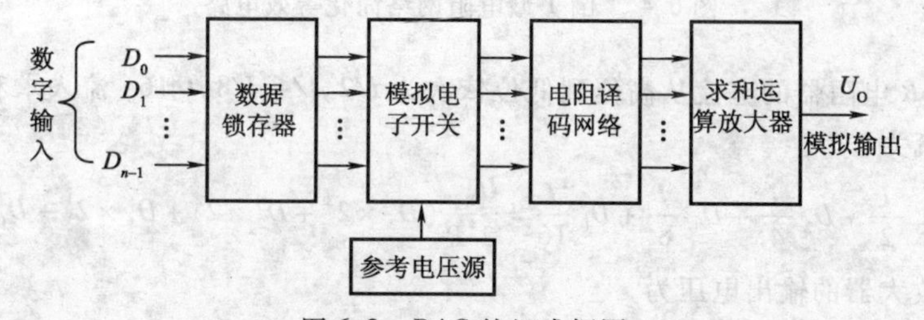

图 6.2　DAC 的组成框图

(2)DAC 的类型。根据电阻译码网络结构的不同,DAC 有不同的类型,如权电阻 DAC、$R-2R$ T 型电阻网络 DAC、$R-2R$ 倒 T 型电阻网络 DAC 等。倒 T 型电阻网络 DAC 结构简单、速度高、精度高,且无 T 型电阻网络 DAC 在动态过程中出现的尖峰脉冲。因此,倒 T 型电阻网络 DAC 是目前转换速度较高且使用较多的一种 D/A 转换器。本任务仅对 $R-2R$ 倒 T 型电阻网络 DAC 进行分析。

2. 倒 T 型电阻网络 DAC

(1)倒 T 型电阻网络 DAC 的组成。4 位倒 T 型电阻网络 DAC 的电路如图 6.3 所示,它主要由 $R-2R$ 倒 T 型电阻网络、求和运算放大器、模拟电子开关(S)、基准电压 U_{REF}构成,其中 $R-2R$ 倒 T 型电阻网络是 D/A 转换电路的核心。求和运算放大器构成一个电流、电压转换器,它将与输入数字量成正比的输入电流转换成模拟电压输出。

模拟电子开关 S_3、S_2、S_1、S_0分别受数据锁存器输出的数字信号 D_3、D_2、D_1、D_0控制。当某位数字信号为 1 时,相应的模拟电子开关接至运算放大器的反相输入端(虚地);若为 0 则接同相输入端(接地)。开关 S_3 ~ S_0在求和运算放大器求和点(虚地)与地之间转换,因此不管数字信号 D 如何变化,流过每条支路的电流始终不变,从参考电压 U_{REF} 输入的总电流也是固定不变的。

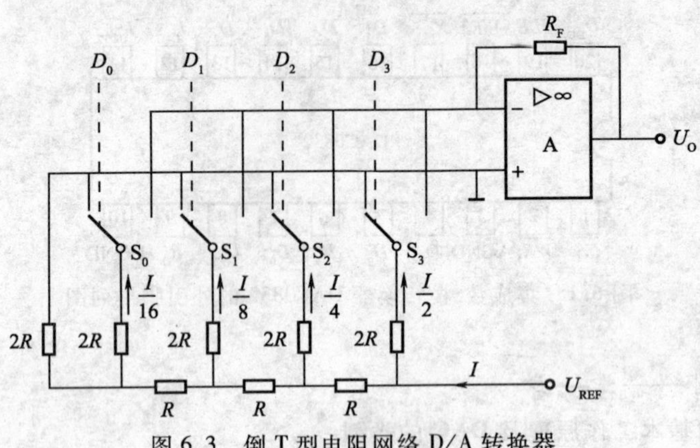

图 6.3　倒 T 型电阻网络 D/A 转换器

(2)倒 T 型电阻网络 DAC 的工作原理。对图 6.3 所示电路,从 U_{REF} 向左看,其等效电路如图 6.4所示,等效电阻为 R,因此总电流 $I=\dfrac{U_{REF}}{R}$。

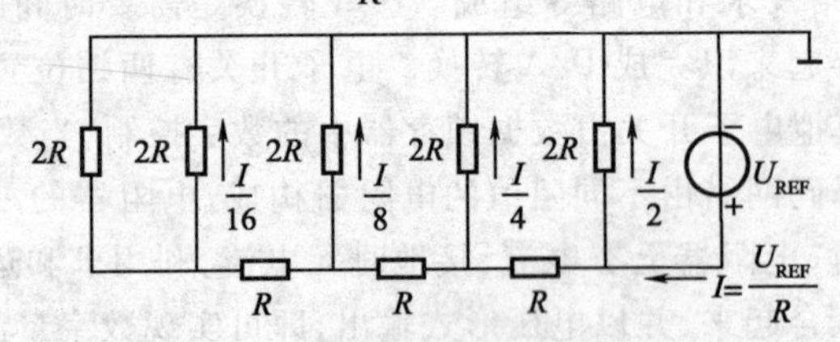

图 6.4　倒 T 型电阻网络简化等效电路

流入每个 $2R$ 电阻器的电流从高位到低位依次为 $I/2$,$I/4$,$I/8$,$I/16$,流入求和运算放大器反相输入端的电流为

$$I_{\Sigma}=D_3\frac{I}{2}+D_2\frac{I}{4}+D_1\frac{I}{8}+D_0\frac{I}{16}=\frac{U_{REF}}{2^4R}(D_3\times 2^3+D_2\times 2^2+D_1\times 2^1+D_0\times 2^0) \tag{6.1}$$

求和运算放大器的输出电压为

$$U_O=-I_{\Sigma}R_F=-\frac{U_{REF}R_F}{2^4R}(D_3\times 2^3+D_2\times 2^2+D_1\times 2^1+D_0\times 2^0) \tag{6.2}$$

若 $R_F=R$,则

$$U_O=-\frac{U_{REF}}{2^4}(D_3\times 2^3+D_2\times 2^2+D_1\times 2^1+D_0\times 2^0) \tag{6.3}$$

推广到 n 位 DAC,模拟输出电压为

$$U_O=-\frac{U_{REF}}{2^n}(D_{n-1}\times 2^{n-1}+D_{n-2}\times 2^{n-2}+\cdots+D_1\times 2^1+D_0\times 2^0) \tag{6.4}$$

例 6.1　在图 6.3 所示的电路中,若 $U_{REF}=-4$ V,$R=R_F$,求当 $D_3D_2D_1D_0$ 分别为 0110 和 1100 时,输出电压 U_O 的值。

解　根据式(6.3),当 $D_3D_2D_1D_0=0110$ 时,模拟输出电压为

$$U_O=\left[-\frac{-4}{2^4}(2^2+2^1)\right]\text{ V}=1.5\text{ V}$$

当 $D_3D_2D_1D_0=1100$ 时,模拟输出电压为

$$U_O=\left[-\frac{-4}{2^4}(2^3+2^2)\right]\text{ V}=3\text{ V}$$

3. DAC 主要技术指标

(1)分辨率。分辨率是指对输出电压的分辨能力。分辨率定义为最小输出电压与最大输出电压之比。最小输出电压就是对应于输入数字量最低位(LSB)为1,其余位均为0时的输出电压,记为U_{LSB}。最大输出电压就是对应于输入数字量各位均为1时的输出电压,记为U_{MSB}。则

$$分辨率=\frac{1}{2^n-1} \tag{6.5}$$

式(6.5)中,n表示输入数字量的位数。可见,n越大,分辨最小输出电压的能力也越强。因此,有些器件也用输入数字量的有效位数表示分辨率。

例如,$n=10$时,DAC的分辨率为

$$\frac{1}{2^{10}-1}\approx 0.000\ 978$$

(2)转换精度。转换精度是指实际输出模拟电压与理论值之间的差值,常用百分数表示。例如,一个DAC的输出模拟电压最大值为10 V,精度为±2%,其输出电压的最大误差为±2%×10 V=±20 mV。转换精度与分辨率有关,但转换精度和分辨率的含义是不同的。设计时,一般要求转换误差应小于或等于输入最低位数字所对应输出电压U_{LSB}的一半。显然,位数越多,DAC的转换精度也就越高。

(3)线性度。理论上说,DAC的输入-输出特性曲线是一条直线。但实际上,由于存在转换误差,有些点偏离了理论上的直线,其中偏离的最大的值记为ε_{max},则DAC的线性度通常以$\frac{\varepsilon_{max}}{\Delta}$表示,Δ为数字改变一个最低有效值(LSB)时相应的模拟输出的变化。产品的线性度要小于$\frac{1}{2}$ LSB,这意味着ε_{max}的绝对值小于$\frac{\Delta}{2}$。

(4)建立时间(转换速度)。建立时间是指DAC从输入数字信号开始到输出模拟电压或电流达到稳定值时所用的时间。建立时间与输入数码变化的大小有关,通常以输入数码由全0变化为全1时,DAC输出达到稳定的时间作为建立时间。

4. 集成 DAC 举例

集成DAC芯片的产品型号很多,性能各异。集成DAC芯片内部一般含有电阻译码(解码)网络、模拟电子开关和数据锁存器(缓冲器寄存器)。运算放大器和精密基准电压源一般需要外接。

以DAC0832为例,讨论集成DAC的电路结构和在应用方面的一些问题。

(1)DAC0832的结构。DAC0832是常用的集成DAC,它是用CMOS工艺制成的双列直插式单片8位DAC。DAC0832的外引脚排列图如图6.1所示,其内部结构框图如图6.5所示。

DAC0832由8位输入寄存器、8位DAC寄存器和8位DAC这三大部分组成。它有两个分别控制的数据寄存器,可以实现两次缓冲,所以使用时有较大的灵活性,可根据需要接成不同的工作方式。DAC0832中采用的是倒T型$R-2R$电阻网络,无求和运算放大器,是电流输出,使用时需外接求和运算放大器。芯片中已经设置R_{fb},只要9引脚接到运算放大器输出端即可。但若求和运算放大器增益不够,还需外接反馈电阻。

DAC0832芯片上各引脚的名称和功能说明如下:

$\overline{CS}$:片选(低电平有效)。当$\overline{CS}=0$且$\overline{WR_1}=0$,$ILE=1$时,8位输入数据进入8位输入寄存器,说明该片被选中;当$\overline{CS}=1$时,8位输入寄存器锁存数据,不再输入数据。

ILE:允许输入数据(高电平有效)。当$ILE=1$且$\overline{CS}$和$\overline{WR_1}$均为低电平时,8位输入寄存器允

许输入数据；当 $ILE=0$ 时，8 位输入寄存器锁存数据。

$\overline{WR_1}$：写入 1（低电平有效），在$\overline{CS}$和 ILE 均为有效电平的条件下，$\overline{WR_1}=0$ 时允许写入数字信号。

$\overline{WR_2}$：写入 2（低电平有效），在$\overline{WR_2}=0$ 且$\overline{X_{FER}}$也为有效电平的条件下，8 位 DAC 寄存器传送信号给 8 位 DAC 转换器；$\overline{WR_2}=1$ 时，8 位 DAC 寄存器锁存数据。

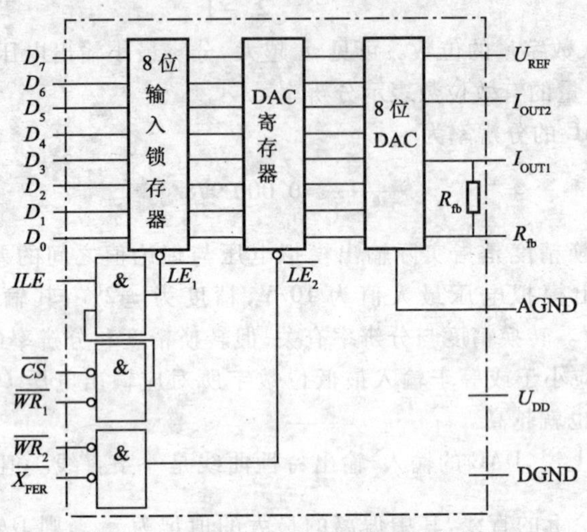

图 6.5　集成 DAC0832 的内部结构框图

$\overline{X_{FER}}$：传送控制信号（低电平有效），用来控制$\overline{WR_2}$。

$D_0 \sim D_7$：8 位输入数据信号，D_0为最低位（LSB），D_7为最高位（MSB）。

I_{OUT1}：DAC 输出电流 1，此输出信号一般作为求和运算放大器的一个差分输入信号（一般接反相端）。当 DAC 寄存器中的数字码为全 1 时，I_{OUT1} 最大；当全为 0 时，I_{OUT1} 为零。

I_{OUT2}：DAC 输出电流 2，它为求和运算放大器的另一个差分输入信号（一般接地）。$I_{OUT1}+I_{OUT2}=$常数。

U_{REF}：参考电压输入端。一般 U_{REF}可在 $-10 \sim +10$ V 范围内选取。

R_{fb}：芯片内的反馈电阻。在典型应用中，当 8 位数字输入全为 1 时，输出为$\frac{255}{256}U_{REF}$。

U_{CC}：数字部分的电源输入端。U_{CC}可在 $+5V \sim +15$ V 范围内选取。

DGND：数字电路地。

AGND：模拟电路地。

芯片的工作过程是：当 ILE、$\overline{CS}$、$\overline{WR_1}$同时为有效电平（即 $ILE=1$，$\overline{CS}=0$，$\overline{WR_1}=0$）时，$D_0 \sim D_7$数据线上的数据送入到输入寄存器中，即输入寄存器处于直通状态；当 $ILE=0$ 或$\overline{CS}=1$ 或$\overline{WR_1}=1$时，输入数据立即被锁存。

当$\overline{WR_2}$和$\overline{X_{FER}}$同时为有效电平（即$\overline{WR_2}=0$，$\overline{X_{FER}}=0$）时，将输入寄存器中的数据传送至 DAC 寄存器，此时 DAC 寄存器处于直通状态；当$\overline{WR_2}=1$ 或$\overline{X_{FER}}=1$，DAC 寄存器立即锁存当前输入寄存器的输出电流。

DAC0832 的转换结果以一对差动电流 I_{OUT1} 和 I_{OUT2} 输出，为电流输出型芯片，当外接求和运算放大器时得到模拟电压。因为芯片具有输入缓冲器，且数据输入电平与 TTL 电平相兼容，故能直接与微机相接，8 位数据输入线可直接连接微机的 8 位数据线。因此，DAC0832 是目前微机控制系统常用的 DAC 芯片，可以直接与 Z80，8080，8085，MCS51 等微处理器相连接。由于

DAC0832 中不包含求和运算放大器，所以需要外接求和运算放大器，才能构成完整的 DAC，如图 6.6 所示。

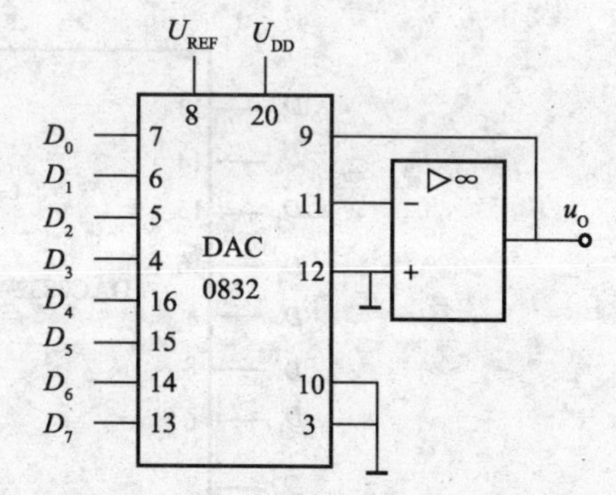

图 6.6　DAC0832 与求和运算放大器的连接

(2) DAC0832 的主要技术指标：

分辨率：8 位；

线性度：0.2%；

建立时间：1 μs；

功耗：200 mW。

5. 集成 DAC 的选用方法

集成 DAC 芯片的生产厂家与产品型号很多，性能各异，分辨率有 6 位、8 位、10 位、12 位、14 位、16 位、18 位不等。而低电压、低功耗型产品可工作于 +5 V、+3.3 V 或 +2.7 V，工作电流仅几十微安，功耗几毫瓦，并具备停机模式，特别适合应用于微型化设备。

在与微机兼容方面，许多芯片的设计带有与计算机的接口电路，如双缓冲器结构，数据总线的并行、串行结构等。

在封装形式方面，除传统的双列直插式外，微型封装能更好地满足便携设备的需要。随着芯片集成度的提高，大量涌现多路 DAC 制作在同一芯片上的产品，并由逻辑电路统一控制，使大型系统设计中减少了 DAC 芯片的数量。串行输入技术的完善，大大减少了器件的引脚数量，如一个 12 位 4 通道 DAC 可以封装于 6 mm×6 mm 只有 8 引脚的芯片内。总之，集成规模扩大、性能尽可能完备是此类芯片的发展趋势。

选择芯片的原则首先是芯片性能，其次是封装形式与应用环境，同时还要适当考虑价格因素。

〖实践操作〗——做一做

1. 实践操作内容

集成 DAC0832 逻辑功能测试。

2. 实践操作要求

(1) 正确连接线路，并对给定的输入数字量，测试对应的输出模拟量值；

(2) 撰写安装与测试报告。

3. 设备器材

(1) 8、20 孔集成块底座，各 1 块；

(2) DAC0832、μA741，各 1 块；

(3) 直流稳压电源（+5 V，±15 V），1 台；

(4) 置数开关，1 组；

(5) 电位器（10 kΩ，15 kΩ，50 kΩ），各 1 只；

(6) 二极管，2 只；

(7) 数字万用表，1 块；

(8) 实验线路板，1 块。

4. 实践操作步骤

(1) 按测试电路图 6.7 接好电路，检查无误后，通电。

(2) 令 $D_7 \sim D_0$ 全为 0，调节放大器的电位器，使得输出为 0。

(3) 按表 6.1 中所列数字信号，测量放大器的输出电压，将测量结果记录在表 6.1 中。

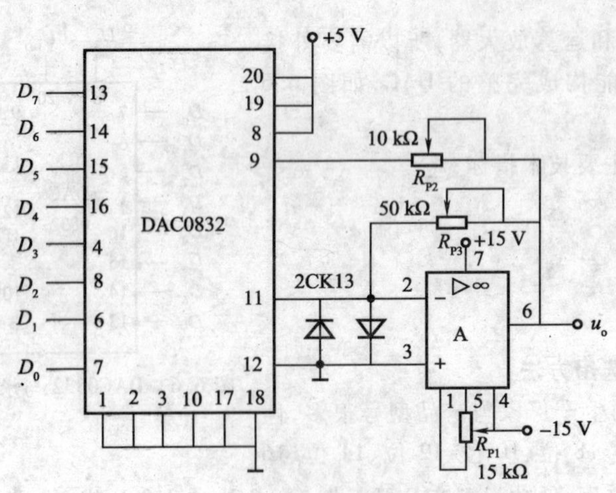

图 6.7　集成 DAC0832 逻辑功能测试图

表 6.1　集成 DAC0832 功能的测试

输　入　数　字　量								输出模拟量	
D_7	D_6	D_5	D_4	D_3	D_2	D_1	D_0	$U_{CC}=5\ V$	$U_{CC}=15\ V$

5. 注意事项

(1) DAC0832 芯片输入的是数字量，输出的是模拟量。模拟信号很容易受到电源和数字信号等干扰引起波动。为提高输出的稳定性和减少误差，模拟信号部分必须采用高精度基准电源 U_{REF} 和独立的地线，一般数字地和模拟地分开。模拟地是指模拟信号及基准电源的参考地；其余信号的参考地包括工作电源地，时钟地，数据、地址、控制等数字逻辑地都是数字地，应用时应注意合理布线，两种地线在基准电源处一点共地比较恰当。

(2) DAC0832 是电流输出型，即它本身输出的模拟量是电流，应用时需外接求和运算放大器使之成为电压型输出。

〖问题思考〗——想一想

(1) 什么是 D/A 转换？简述 D/A 转换的基本原理。

(2) 查阅资料，了解 ADC7524 的有关信息。

任务6.2　模-数转换电路的分析与测试

任务引入

自然界中存在的物理量大多都是连接续变化的物理量，而计算机在控制、检测以及其他许多领域中用数字电路处理模拟量的情况非常普遍。那么，怎样将模拟量转换为数字量呢？本任务学习模-数转换的基本原理，模-数转换器的主要技术指标，集成模-数转换器的使用与功能测试。

任务目标

理解模-数转换的基本原理；熟悉模-数转换器的主要技术指标的意义、集成模-数转换器的使用方法，并能测试集成模-数转换器的功能。

〖器件认识〗——认一认

图6.8所示为集成模-数转换器ADC0809的外引脚排列图，请查阅有关资料，了解其有关信息。

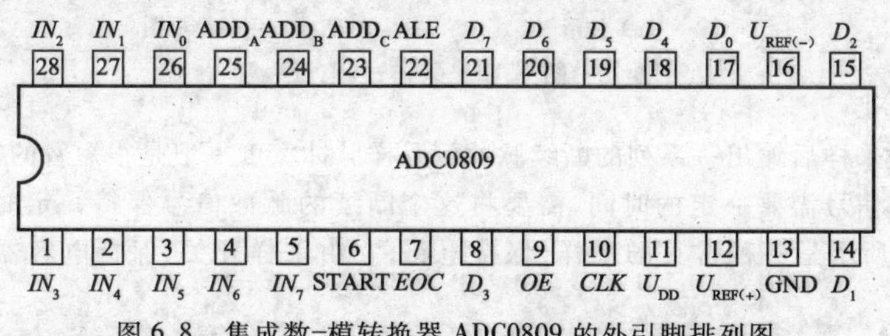

图6.8　集成数-模转换器ADC0809的外引脚排列图

〖相关知识〗——学一学

1. ADC的基本工作原理

模-数转换（A/D转换）是数-模转换（D/A转换）的逆过程。在A/D转换中，因为输入的模拟信号是在时间和幅度上都连续的信号，而输出的数字信号是在时间和幅度上都离散的信号，所以在进行转换时必须按照一定的时间间隔读取模拟信号的取值（称为采样），将这些采样值转换成数字量输出来表示对应的输入模拟量。因此，A/D转换通常要经过采样、保持、量化和编码这4个过程，如图6.9所示。

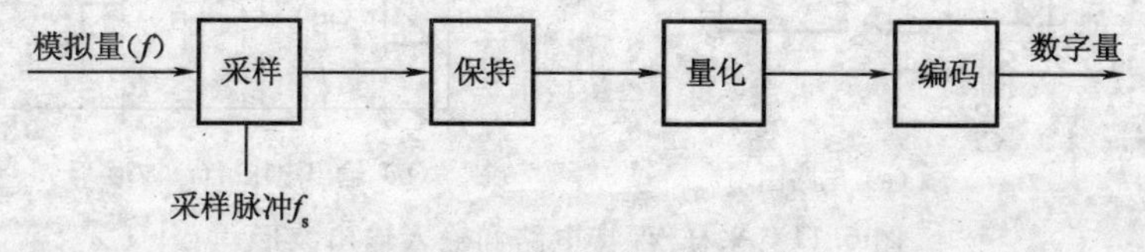

图6.9　A/D转换原理框图

（1）采样和保持。采样是将时间上连续变化的模拟信号转换为时间上离散的数字信号，即转换为一系列等间隔的脉冲。其过程如图6.10所示。图中，u_I为模拟输入信号，CP为采样信号，u_O为采样后输出信号。

采样电路实质上是一个受控开关。在采样信号CP有效期τ内，采样开关接通，使$u_O = u_I$；

在其他时间(T_S-t)内，输出 $u_O=0$。因此，每经过一个采样周期，在输出端便得到输入信号的一个采样值。

为了不失真地用采样后的输出信号 u_O 来表示输入模拟信号 u_I，采样频率 f_s 必须满足采样定理，即

$$f_s \geqslant 2f_{max} \tag{6.6}$$

式中，f_{max} 为输入信号 u_I 的上限频率(即最高次谐波分量的频率)。

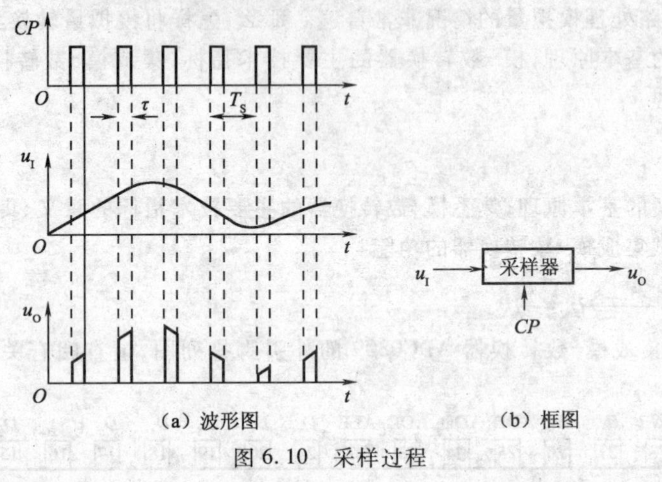

(a) 波形图　　(b) 框图

图 6.10　采样过程

模拟信号经采样后输出一系列的断续脉冲。采样脉冲宽度一般是很短暂的，而 ADC 把采样信号转换成数字信号需要一定的时间，需要将这个断续的脉冲信号保持一定时间以便进行转换。图 6.11(a)所示是一种常见的采样-保持电路，它由采样开关、保持电容器和缓冲放大器组成。

在图 6.11(a)中，利用场效应晶体管作模拟开关。在采样信号 CP 到来的时间 t 内，开关接通，输入模拟信号 $u_I(t)$ 向电容器 C 充电，当电容器 C 的充电时间常数 $\tau_C \ll t$ 时，电容器 C 上的电压在时间 t 内跟随 $u_I(t)$ 变化。采样信号结束后，开关断开，因电容器的漏电很小且运算放大器的输入阻抗又很高，所以电容器 C 上电压可保持到下一个采样信号到来为止。运算放大器构成跟随器，具有缓冲作用，以减小负载对保持电容器的影响。在输入一连串采样信号后，输出电压 $u_O(t)$ 波形如图 6.11(b)所示。

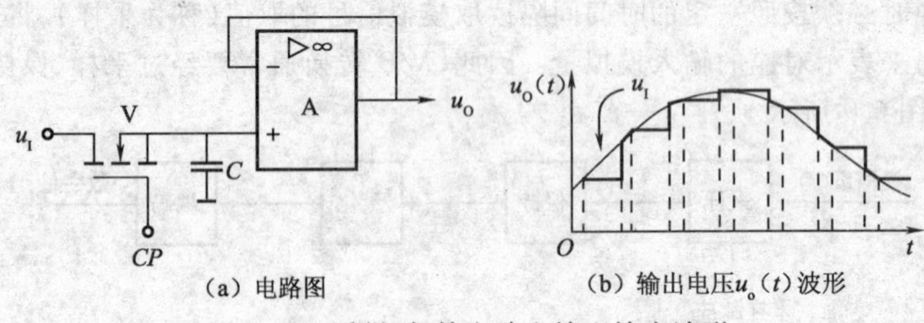

(a) 电路图　　(b) 输出电压 $u_o(t)$ 波形

图 6.11　采样-保持电路和输入输出波形

(2)量化和编码。数字信号不仅在时间上是离散的，在数值上的变化也是不连续的。也就是说，任何一个数字量的大小，都是某个规定的最小数量单位的整数倍。因此，输入的模拟信号经采样-保持后，得到的是阶梯形模拟信号。必须将阶梯形模拟信号的幅度等分成 n 级，每级规定一个基准电平值，然后将阶梯电平分别归并到最邻近的基准电平上，称为量化。量

化中的基准电平称为量化电平，采样-保持后未量化的电平 U_o值与量化电平 U_q值之差称为量化误差 δ，即 $\delta = U_o - U_q$。量化的方法一般有两种：只舍不入法和有舍有入法（或称四舍五入法）。用二进制数码来表示各个量化电平的过程称为编码。图 6.12 表示了两种不同的量化编码方法。

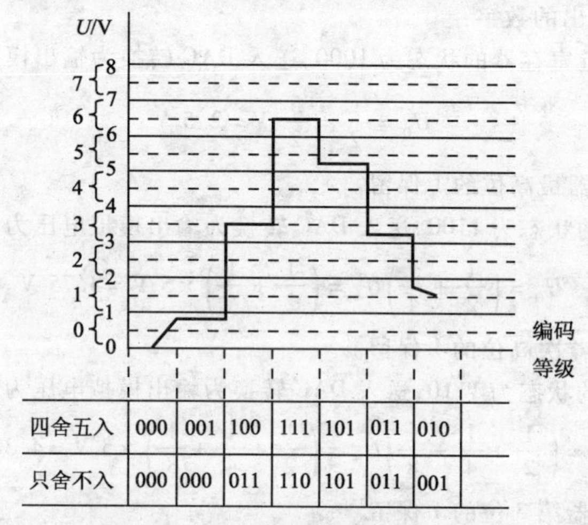

图 6.12　两种量化编码方法的比较

ADC 可分为直接 ADC 和间接 ADC 两大类。在直接 ADC 中，输入模拟信号直接被转换成相应的数字信号，如计数型 ADC、逐次逼近型 ADC 和并联比较型 ADC 等，其特点是工作速度高，转换精度容易保证，调准也比较方便。而在间接 ADC 中，输入模拟信号先被转换成某种中间变量（如时间、频率等），然后再将中间变量转换为最后的数字量，如单积分型 ADC、双积分型 ADC 等，其特点是工作速度较低，但转换精度可以做得较高，且抗干扰性强，一般在测试仪表中用得较多。下面介绍逐次逼近型 ADC。

2. 逐次逼近型 ADC

逐次逼近型 ADC 框图如图 6.13 所示，转换开始前先将所有寄存器清零。开始转换以后，时钟脉冲首先将寄存器最高位置成 1，使输出数字量为 100…0。这个数码被 DAC 转换成相应的模拟电压 u_O，送到比较器中与 u_I进行比较。若 $u_O > u_I$，说明数字过大了，故将最高位的 1 清除；若 $u_O < u_I$，说明数字还不够大，应将这一位保留。然后，再按同样的方式将次高位置成 1，并且经过比较以后确定这个 1 是否应该保留。这样逐位比较下去，一直到最低位为止。比较完毕后，寄存器中的状态就是所要求的数字量输出。

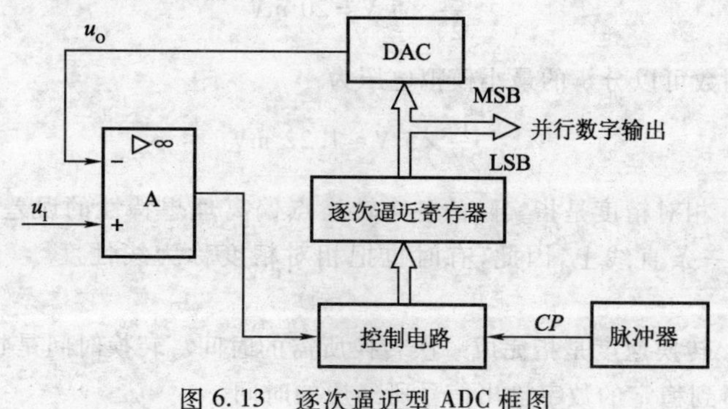

图 6.13　逐次逼近型 ADC 框图

逐次逼近型 ADC 的数码位数越多,转换精度越精确,但转换时间也越长。这种电路完成一次转换所需时间为$(n+2)T_{CP}$。式中,n为 ADC 的位数,T_{CP}为时钟脉冲周期。

例 6.2 一个 4 位逐次逼近型 ADC 电路,输入满量程电压为 5 V,现加入的模拟电压$U_{\mathrm{I}}=4.58$ V。求:(1)ADC 输出的数字是多少?(2)误差是多少?

解 (1)求 ADC 输出的数字:

第一步:使逐次逼近寄存器的状态为 1000,送入 DAC 转换为输出模拟电压为

$$U_{\mathrm{O}}=\frac{U_{\mathrm{m}}}{2}=\frac{5}{2}\ \mathrm{V}=2.5\ \mathrm{V}$$

因为$U_{\mathrm{O}}<U_{\mathrm{I}}$,所以寄存器最高位的 1 保留。

第二步:使寄存器的状态为 1100,送入 DAC 转换为输出模拟电压为

$$U_{\mathrm{O}}=\left(\frac{1}{2}+\frac{1}{4}\right)U_{\mathrm{m}}=\left(\frac{1}{2}+\frac{1}{4}\right)\times 5\ \mathrm{V}=3.75\ \mathrm{V}$$

因为$U_{\mathrm{O}}<U_{\mathrm{I}}$,所以寄存器次高位的 1 保留。

第三步:使寄存器的状态为 1110,送入 DAC 转换为输出模拟电压为

$$U_{\mathrm{O}}=\left(\frac{1}{2}+\frac{1}{4}+\frac{1}{8}\right)U_{\mathrm{m}}=\left(\frac{1}{2}+\frac{1}{4}+\frac{1}{8}\right)\times 5\ \mathrm{V}=4.38\ \mathrm{V}$$

因为$U_{\mathrm{O}}<U_{\mathrm{I}}$,所以寄存器第 3 位的 1 保留。

第四步:使寄存器的状态为 1111,送入 DAC 转换为输出模拟电压为

$$U_{\mathrm{O}}=\left(\frac{1}{2}+\frac{1}{4}+\frac{1}{8}+\frac{1}{16}\right)U_{\mathrm{m}}=\left(\frac{1}{2}+\frac{1}{4}+\frac{1}{8}+\frac{1}{16}\right)\times 5\ \mathrm{V}=4.69\ \mathrm{V}$$

因为$U_{\mathrm{O}}>U_{\mathrm{I}}$,所以寄存器最低位的 1 去掉,只能为 0,所以,ADC 输出数字量为 1110。

(2)转换误差为:

$$U_{\mathrm{I}}-U_{\mathrm{O}}=(4.58-4.38)\ \mathrm{V}=0.2\mathrm{VV}$$

3. ADC 的主要技术指标

(1)分辨率。ADC 的分辨率用输出二进制数的位数表示,位数越多,误差越小,转换精度越高。

$$分辨率=\frac{1}{2^{n}}FSR$$

式中,FSR是输入的满量程模拟电压。

例如,输入模拟电压的变化范围为 0 ~ 5 V,输出 8 位二进制数可以分辨的最小模拟电压为

$$\frac{1}{2^{8}}\times 5\ \mathrm{V}=20\ \mathrm{mV}$$

而输出 12 位二进制数可以分辨的最小模拟电压为

$$\frac{1}{2^{12}}\times 5\ \mathrm{V}\approx 1.22\ \mathrm{mV}$$

(2)相对精度。相对精度是指实际的各个转换点偏离理想特性的误差。在理想情况下,所有的转换点应当在一条直线上,因此,有时也把相对精度称为线性度。一般用最低有效位来表示。

(3)转换速度。转换速度是指完成一次转换所需的时间。转换时间是指从接到转换控制信号开始,到输出端得到稳定的数字输出信号所经历的时间。

转换时间越短,说明转换速度越高。双积分型 ADC 的转换时间最长,需几百毫秒左右;

逐次逼近型 ADC 的转换时间较短,需几十微秒;并联比较型 ADC 的转换时间最短,仅需几十纳秒。

4. 集成 ADC 举例

集成 ADC 产品虽然型号繁多,性能各异,但多数转换电路是采用逐次逼近的原理。以 ADC0809 为例,介绍其结构与使用方法。

(1)集成 ADC0809 的结构。ADC0809 芯片是具有 8 位分辨率,能与微机兼容的 A/D 转换器。它是采用 CMOS 工艺制成的 8 位 8 通道单片 A/D 转换器,采用逐次逼近型 ADC,适用于分辨率较高而转换速度适中的场合。

ADC0809 的外引脚排列图如图 6.8 所示,芯片上各引脚的名称和功能如下:

$IN_0 \sim IN_7$:8 路单端模拟输入电压的输入端。

$U_{REF(+)}$,$U_{REF(-)}$:基准电压的正、负极输入端。由此输入基准电压,其中心点应在 $U_{CC}/2$ 附近,偏差不应超过 0.1 V。

START:启动脉冲信号输入端。当需启动 A/D 转换过程时,在此端加一个正脉冲,脉冲的上升沿将所有的内部寄存器清零,下降沿时开始 A/D 转换过程。

ADD_A,ADD_B,ADD_C:模拟输入通道的地址选择线。

ALE:地址锁存允许信号输入端,高电平有效。当 $ALE=1$ 时,将地址信号有效锁存,并经译码器选中其中一个通道。

CLK:时钟脉冲输入端。

$D_0 \sim D_7$:转换器的数码输出线,D_7为高位,D_0为低位。

OE:输出允许信号,高电平有效。当 $OE=1$ 时,打开输出锁存器的三态门,将数据送出。

EOC:转换结束信号,高电平有效。在 START 信号上升沿之后 1~8 个时钟周期内,*EOC* 信号输出变为低电平,标志转换器正在进行转换,当转换结束,所得数据可以读出时,*EOC* 变为高电平,作为通知接收数据的设备取该数据的信号。

ADC0809 的工作过程是:首先输入地址选择信号,在 *ALE* 信号作用下,地址信号被锁存,产生译码信号,选中 1 路模拟输入。然后输入启动转换信号 START(应不小于 100 μs)启动转换。转换结束,数据送三态缓冲锁存器,同时发出 *EOC* 信号。在输出允许信号 *OE* 的控制下,最后将转换结果输出到外部数据总线上。

(2)ADC0809 的主要技术指标:

分辨率:8 位;

转换时间:100 μs;

误差:±1LSB;

功耗:15 mW;

模拟电压输入:0~5 V;

电源电压:+5V;

CP 频率:640 kHz,并可与 TTL 兼容。

(3)集成 ADC0809 的应用。集成 ADC0809 可以和微处理器直接接口,也可以单独使用。图 6.14是模拟量输入的测量电路。

电路中,根据 ADD_C、ADD_B、ADD_A的地址译码信号来选通 1 路模拟量进行检测。测量结束后,将结果送到数字系统数据总线上,实现对温度和压力的分时检测。控制脉冲接 *ALE* 和 START,每来一个脉冲,上升沿复位 ADC0809,对输入电压采样;下降沿启动 A/D 转换。

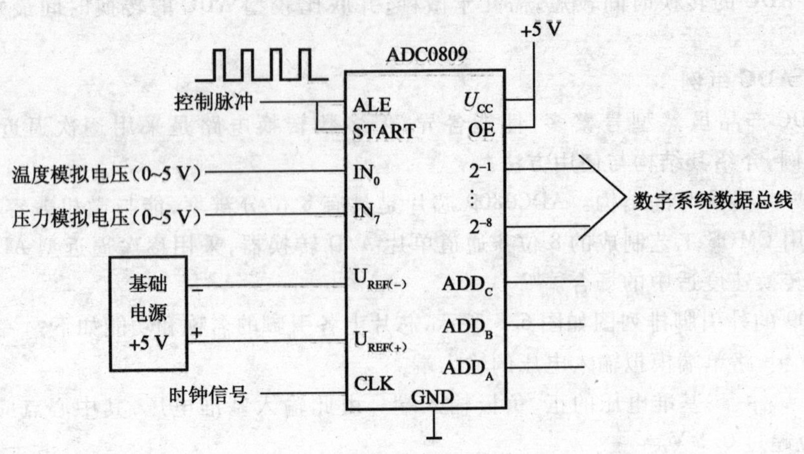

图 6.14　模拟输入的测量电路

5. 集成 ADC 的选用方法

集成 ADC 芯片通常采用 6 位、8 位、10 位、12 位、14 位、16 位、18 位。各厂家生产的多种型号的产品性能各异,多数采样-保持电路和 A/D 转换电路制作在一个芯片上。按输入模拟信号的通道分,有单通道、多通道两种类型。输出的数字量除常用的二进制码外,还有偏移二进制码、BCD 码、补码等类型,以满足不同的应用环境要求。

选择 ADC 芯片可根据应用系统在速度、精度、分辨率、码型等各方面的需求综合考虑。

〖实践操作〗——做一做

1. 实践操作内容

集成 ADC0809 逻辑功能测试。

2. 实践操作要求

(1)正确连接线路,并对给定的输入模拟量,测试对应的输出数字量;

(2)撰写安装与测试报告。

3. 设备器材

(1)28 孔集成块底座,1 块;

(2)ADC0809,1 块;

(3)直流稳压电源(+5 V),1 台;

(4)脉冲信号发生器,1 台;

(5)电位器(10 kΩ),1 只;

(6)逻辑电平显示器,1 组;

(7)数字万用表,1 块;

(8)实验线路板,1 块。

4. 实践操作步骤

(1)按测试电路图 6.15 接好电路,检查无误后通电。

(2)模拟信号由 IN_0通道输入,D_0 ~ D_7接逻辑电平显示器;调节 R_P并拔动开关 S,同时将转换结果填入表 6.2 中。

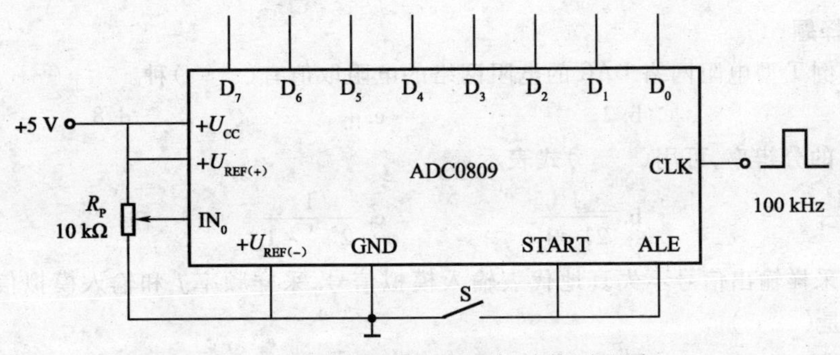

图 6.15 集成 ADC0809 逻辑功能测试图

表 6.2 集成 ADC0809 功能的测试

输入模拟量	输出数字量								理论计算值
U_I/V	D_7	D_6	D_5	D_4	D_3	D_2	D_1	D_0	
0									
0.5									
1.0									
1.5									
2.0									
2.5									
3.0									
3.5									
4.0									
4.5									
5.0									

5. 注意事项

将 ADC0809 集成块插入实验板进行功能测试时，要注意 1 号端的位置不能插错，插集成块时，用力要均匀，实验结束，要用起拔器拔出集成块，注意端正起拔，用力要均匀。

〖问题思考〗——想一想

(1)什么是 A/D 转换？常见的 ADC 有几种？各自特点是什么？

(2)A/D 转换的过程是什么？为什么 ADC 需要采样-保持电路？

思考题和习题

6.1 填空题

(1)D/A 转换是将______进制数字量转换成 D/A______信号输出。

(2)任一个 DAC 都应含有 3 个基本部分，分别是______、______和______。

(3)DAC 中最小输出电压是指当输入数字量______时的输出电压。

(4)A/D 转换是将______信号转换成______进制数字量输出。

(5)模拟信号转换为数字信号，需要经过______、______、______、______这 4 个过程。

6.2 选择题

(1) 4 位倒 T 型电阻网络 DAC 的电阻网络的电阻取值有(　　)种。

a. 1　　　b. 2　　　c. 4　　　d. 8

(2) DAC 的分辨率，可用(　　)式表示。

a. $\frac{1}{2^{n-1}}$　　　b. $\frac{1}{2^n-1}$　　　c. $\frac{1}{2^{n-1}-1}$

(3) 为使采样输出信号不失真地代表输入模拟信号，采样频率 f_s 和输入模拟信号的最高频率 f_{max} 的关系是(　　)。

a. $f_s \geqslant f_{max}$　　　b. $f_s \leqslant f_{max}$　　　c. $f_s \geqslant 2f_{max}$　　　d. $f_s \leqslant 2f_{max}$

(4) 将一个时间上连续变化的模拟量转换为时间上断续（离散）的模拟量的过程称为(　　)。

a. 采样　　　b. 量化　　　c. 保持　　　d. 编码

(5) 用二进制码表示指定离散电平的过程称为(　　)。

a. 采样　　　b. 量化　　　c. 保持　　　d. 编码

(6) 若某 ADC 取量化单位为 $\frac{1}{8}U_{REF}$，并规定对于输入电压 u_I，在 $0 \leqslant u_I < \frac{1}{8}U_{REF}$ 时，认为输入的模拟电压为 0 V，输出的二进制数为 000，则 $\frac{5}{8}U_{REF} \leqslant u_I < \frac{6}{8}U_{REF}$ 时，输出的二进制数为(　　)。

a. 001　　　b. 101　　　c. 110　　　d. 111

6.3 判断题

(1) 采样定理的规定，是为了能不失真地恢复原模拟信号，而又不使电路过于复杂。(　　)

(2) D/A 转换器的最大输出电压的绝对值可达到基准电压 U_{REF}。(　　)

(3) D/A 转换器的位数越多，能够分辨的最小输出电压变化量就越小。(　　)

(4) D/A 转换器的位数越多，转换精度越高。(　　)

(5) A/D 转换器的二进制数的位数越多，量化单位 Δ 越小。(　　)

(6) A/D 转换过程中，必然会出现量化误差。(　　)

(7) A/D 转换器的二进制数的位数越多，量化级分得越多，量化误差就可以减小到 0。(　　)

(8) 一个 n 位逐次逼近型 A/D 转换器完成一次转换要进行 n 次比较，需要 $n+2$ 个时钟脉冲。(　　)

6.4 计算题

(1) 在 8 位倒 T 型电阻网络 DAC 中，已知 $U_{REF}=10$ V。试求：① 输入数字为 10011000 和 01111101 时的输出模拟电压 U_O 值；② 仅最高位为 1 和仅最低位为 1 时的输出模拟电压 U_O 值。

(2) 一个 10 位逐次逼近型 ADC，其时钟脉冲信号的频率为 500 kHz。试求：该 ADC 完成一次转换至少需要多少时间。

(3) 一个 8 位逐次逼近型 ADC，满值输入电压为 10V，时钟脉冲频率为 2.5 MHz。试求：① 转换时间；② $U_I=3.4$ V 时，输出的数字量；③ $U_I=8.3$ V 时，输出的数字量。

附　　录

附录 A　半导体分立器件型号命名方法

（摘自国家标准 GB/T 249—1989）

本标准适用于无线电电子设备所用半导体分立器件的型号命名。

1. 半导体器件的型号由五部分组成

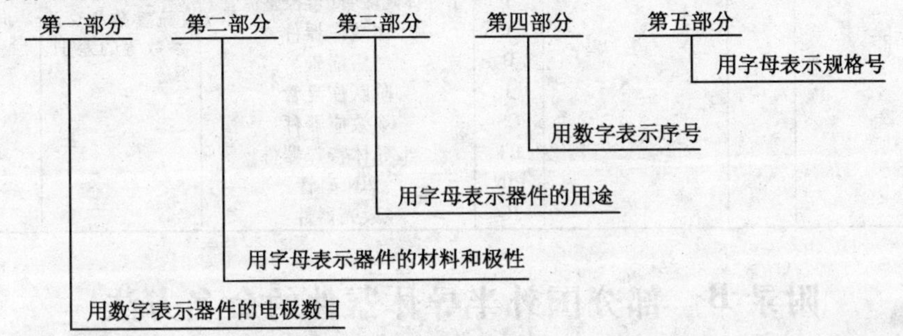

示例：硅 NPN 型高频小功率三极管

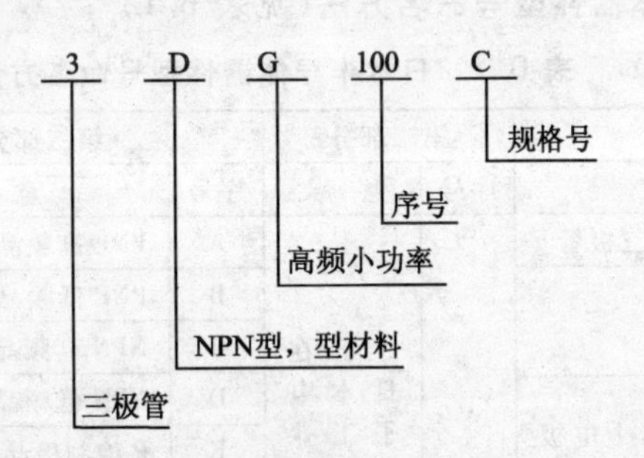

2. 半导体分立器件的型号组成部分的符号及其意义（见表 A.1）

表 A.1　半导体器件的型号组成部分的符号及其意义

第一部分		第二部分		第三部分		第四部分	第五部分
用阿拉伯数字表示器件的电极数目		用汉语拼音字母表示器件的材料和极性		用汉语拼音字母表示器件的类型		用阿拉伯数字表示序号	用汉语拼音字母表示规格号
符号	意义	符号	意义	符号	意义	意义	意义
2	二极管	A	N 型，锗材料	P	普通管		
		B	P 型，锗材料	V	微波管		
3	三极管	C	N 型，硅材料	W	稳压管		
		D	P 型，硅材料	C	参量管		
				Z	整流管		
		A	PNP，锗材料	L	整流堆	反映极限参数、直流参数和交流参数等的差别	反映承受反向击穿电压的程度
				S	隧道管		
		B	NPN，锗材料	N	阻尼管		
				U	光电管		
		C	PNP，硅材料	K	开关管		
				X	低频小功率管（f_α <3MHz，P_C <1W）		
		D	NPN，硅材料				

续表

第一部分		第二部分		第三部分		第四部分	第五部分
用阿拉伯数字表示器件的电极数目		用汉语拼音字母表示器件的材料和极性		用汉语拼音字母表示器件的类型		用阿拉伯数字表示序号	用汉语拼音字母表示规格号
符号	意 义	符号	意 义	符号	意 义	意义	意义
		E	化合物材料	G	高频小功率管 ($f_\alpha \geq 3MHz, P_C < 1W$)	反映极限参数、直流参数和交流参数等的差别	反映承受反向击穿电压的程度
				D	低频大功率管 ($f_\alpha < 3MHz, P_C \geq 1W$)		
				A	高频大功率管 ($f_\alpha \geq 3MHz, P_C \geq 1W$)		
				T	半导体闸流管(可控整流管)		
				Y	体效应器件		
				B	雪崩管		
				J	阶跃恢复管		
				CS	场效应器件		
				BT	半导体特殊器件		
				PIN	PIN 型管		
				JG	激光器件		

附录 B　部分国外半导体器件的命名方法

1. 日本半导体器件型号命名方法(见表 B.1)

表 B.1　日本半导体器件型号命名方法及各部分的意义

第一部分		第二部分		第三部分		第四部分		第五部分	
序号	意　义	序号	意　义	序号	意　义	序号	意　义	序号	意　义
0	光敏二极管或三极管	S	已在日本电子工业协会注册登记的半导体器件	A	PNP 高频晶体管	多位数字	该器件在日本电子工业协会注册登记号	A	该器件为原型号产品的改进产品
1	二极管			B	PNP 低频晶体管			B	
2	三极管或有 3 个电极的其他器件			C	NPN 高频晶体管			C	
3	4 个电极的器件			D	NPN 低频晶体管			D	
				E	P 控制极晶体管				
				G	N 控制极晶体管				
				H	N 基极单结晶体管				
				J	P 沟道场效应晶体管				
				K	P 沟道场效应晶体管				
				M	双向晶体管				

例如:日本半导体器件型号 2SD568 表示登记序号为 568 的 NPN 型低频三极管。

2. 美国半导体器件型号命名方法(见表 B.2)

表 B.2　美国半导体器件型号命名方法及各部分的意义

第一部分		第二部分		第三部分		第四部分		第五部分	
用符号表示器件类别		用数字表示 PN 结数目		美国电子工业协会注册标志		美国电子工业协会登记号		用字母表示器件分档	
序号	意义	序号	意义	序号	意义	序号	意义	序号	意义
JAN 或 J	军用品	1	二极管	N	是在美国电子工业协会注册登记的半导体器件	多位数字	该器件在美国电子工业协会的登记号	A B C D	同一型号器件的不同档别
		2	三极管						
无	非军用品	3	3 个 PN 结器件						

例如:美国半导体器件型号 1N750 表示登记序号为 750 的二极管。

附录C　某些半导体二极管的参数(见表C.1和表C.2)

表C.1　半导体整流二极管选录[1]

部标型号	旧型号	额定正向整流电流 I_F/A	正向压降(平均值)U_F/V	反向电流 I_R/μA 125℃	反向电流 I_R/μA 140℃	反向电流 I_R/μA 50℃	不重复正向浪涌电流 I_{SUR}/A	工作频率 f/kHz	最高结温 T_{jm}/℃	散热器规格或体积
2CZ50		0.03	≤1.2	80		5	0.6	3	150	
2CZ51		0.05		100			1			
2CZ52A ~ H	2CP10 ~ 20	0.10	≤1.0				2			
2CZ53C ~ K	2CP21 ~ 28	0.30					6			
2CZ54B ~ G	2CP33A ~ I	0.50				10	10			60 mm×60 mm×1.5 mm 铝板
2CZ55C ~ M	2CZ11A ~ J	1					20		140	80 mm×80 mm×1.5 mm 铝板
2CZ56C ~ K	2CZ12A ~ H	3	≤0.8		1000	20	65			100 cm^3
2CZ57C ~ M	2CZ13B ~ K	5					105			200 cm^3
2CZ58	2CZ10	10			1500	30	210			400 cm^3
2CZ59	2CZ20	20			2000	40	420			600 cm^3
2CZ60	2CZ50	50			4000	50	900			

注:①部标硅半导体整流二极管最高反向工作电压 U_{RM} 规定:

分档标志	A	B	C	D	E	F	G	H	J	K	L	M	N	P	Q	R	S	T	U	V	W	X
U_{RM}/V	25	50	100	200	300	400	500	600	700	800	900	1 000	1 200	1 400	1 600	1 800	2 000	2 200	2 400	2 600	2 800	3 000

表 C.2　国外某些常见整流二极管参数(引进)

型号	额定正向整流电流 I_F/A	正向不重复峰值电流 I_{FSM}/A	正向压降 U_F/V	反向电流 I_R/μA	反向工作峰值电压 U_{RM}/V
1N4001					50
1N4002					100
1N4003					200
1N4004	1	30	1.1	5	400
1N4005					600
1N4006					800
1N4007					1 000
1N5391					50
1N5392					100
1N5393					200
1N5394					300
1N5395	1.5	50	1.4	10	400
1N5396					500
1N5397					600
1N5398					800
1N5399					1 000

附录 D　国产某些硅稳压管的主要参数(见表 D.1)

表 D.1　国产某些硅稳压管的主要参数

部标型号	旧型号	最大耗散功率 P_{ZM}/mW	最大工作电流 I_{ZM}/mA	最高结温 T_{jm}/℃	额定电压 U_Z/V	电压温度系数 $C_{TV}(10^{-4})$	动态电阻			
							R_{Z1}/Ω	I_{Z1}/mA	R_{Z2}/Ω	I_{Z2}/mA
2CW50	2CW9		83		1.0~2.8	≥-9	300		50	
2CW51	2CW7,2CW10		71		2.5~3.5		400		60	
2CW52	2CW7A,2CW11	250	55	150	3.2~4.5	≥-8	550	1	70	10
2CW53	2CW7B,2CW12		41		4.0~5.8	-6~4			50	
2CW54	2CW7C,2CW13		38		5.5~6.5	-3~5	500		30	
2CW55	2CW7D,2CW14		33		6.2~7.5	≤6	400		15	
2CW56	2CW7E,2CW15 2CW6A		27		7.0~8.8	≤7			15	
2CW57	2CW6B,2CW7F 2CW16		26		8.5~9.5	≤8			20	
2CW58	2CW7G,2CW7F 2CW6C	250	23	150	9.2~10.5		400	1	25	5
2CW59	2CW6B		20		10.0~11.8	≤9			30	
2CW60	2CW6E,2CW19		19		11.5~12.5				40	
2CW72	2CW1		29		7.0~8.8	≤7	12		6	
2CW73	2CW2		25		8.5~9.5	≤8	18		10	
2CW74	2CW3		23		9.2~10.5		25		12	
2CW75	2CW4	250	21	150	10~11.8	≤9	30	1	15	5
2CW76	2CW5		20		11.5~12.5		35		18	
2CW77	2CW5		18		12.2~14	≤9.5			18	
2CW78	2CW6		14		13.5~17		45		21	

附录 E　国产三极管参数（见表 E.1 和表 E.2）

表 E.1　低频小功率三极管选录

新型号	原型号	最大集电极电流 I_{CM}/mA	集电极最大耗散功率 P_{CM}/mW	集电极-发射极反向击穿电压 $U_{(BR)CEO}$/V	电流放大系数 β	集电极-基极反向饱和电流 I_{CBO}/μA
3AX51A				12	40～150	
3AX51B	3AX17	100	100	12	40～150	≤12
3AX51C	3AX31			18	30～100	
3AX51D				24	25～70	
3AX52A	3AX1～14			12	40～150	
3AX52B	3AX18～23	150	150	12	40～150	≤12
3AX52C	3AX34			18	30～100	
3AX52D				24	25～70	
3AX53A	3AX81	200		12		
3AX53B	3AX45	300	200	18	30～200	≤20
3AX53C		300		24		
3AX54A	3AX25			35		≤100
3AX54B		160	200	40	20～110	≤100
3AX54C				60		≤50
3AX54D				70		≤50
3AX55A	3AX61～63			20		
3AX55B		500	500	30	30～150	≤80
3AX55C				45		
	3BX31A			≥10	30～200	≤20
	3BX31B	125	125	≥15	50～150	≤15
	3BX31C			≥20		≤10
	3BX81A			10	30～250	≤30
	3BX81B	200	200	20	30～200	≤15
	3BX81C			10	30～250	≤30

表 E.2　低频大功率三极管选录

新型号	原型号	最大集电极电流 I_{CM}/mA	集电极最大耗散功率 P_{CM}/mW	集电极-发射极反向击穿电压 $U_{(BR)CEO}$/V	电流放大系数 β	集电极-基极反向饱和电流 I_{CBO}/μA
3AD50A	3AD6A			≥18		
3AD50B	3AD6B	3	10	≥24	20～140	≤0.3
3AD50C	3AD6C			≥30		
3AD53A	3AD30A			≥12		
3AD53B	3AD30B	6	20	≥18	20～140	≤0.5
3AD53C	3AD30C			≥24		
3AD57A	3AD725					
3AD57B	3AD725	20	100	≥20	20～140	≤1.2
3AD57 C	3AD725					
	3BD6A			12		≤0.4
	3BD6B	2	10	24	12～150	≤0.3
	3BD6C			30		≤0.3
3DD64A	3ADD6A			≥30		
3DD64B	3ADD6B			≥50		
3DD64C	3ADD6C	5	50	≥80	≥10	≤0.5
3DD64D	3ADD6D			≥100		
3DD64E	3ADD6E			≥150		

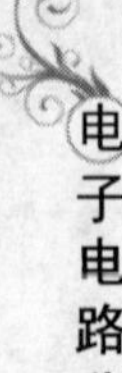

附录 F　W7800 系列三端集成稳压器的主要性能参数(见表 F.1)

表 F.1　W7800 系列三端集成稳压器的主要性能参数

电参数名称	输出电压	输入直流电压	最大输入电压	最小输入电压	电压调整率	电流调整率①	输出电阻	最大输出电流	峰值输出电流	输出电压温漂	最大耗散功率②
符号	U_O	U_I	U_{Imax}	U_{Imin}	S_U	S_I	R_O	I_{OM}	I_{OP}	S_T	P_C
单位	V	V	V	V	% /V	%	mΩ	A	A	mV/°C	W
W7805A	5	10	35	7	0.1	0.1	17	1.5	3.5	1.1	15
W7806A	6	11	35	8	0.1	0.1	17	1.5	3.5	0.8	15
W7809A	9	14	35	11	0.1	0.1	17	1.5	3.5	1	15
W7812A	12	19	35	14.5	0.1	0.1	18	1.5	3.5	1	15
W7815A	15	23	35	17.5	0.1	0.1	19	1.5	3.5	1	15
W7818A	18	26	35	20.5	0.1	0.1	22	1.5	3.5	1	15
W7824A	24	33	40	27	0.1	0.1	28	1.5	3.5	1.5	15

注:① $S_I = \Delta U_L / U_L \times 100\%$(电流由 $0 \to I_{OM}$)。

② 加 200 mm×200 mm 的散热片。

附录 G　部分数字集成电路一览表(见表 G.1)

表 G.1　部分数字集成电路一览表

类　型	功　能	型　号
与非门	四 2 输入与非门 四 2 输入与非门(OC)(OD) 三 3 输入与非门 三 3 输入与非门(OC) 双 4 输入与非门 双 4 输入与非门(OC) 8 输入与非门	74LS00,74HC00 74LS03,74HC03 74LS10,74HC10 74LS12,74ALS12 74LS20,74HC20 74LS22,74ALS22 74LS30,74HC30
或非门	四 2 输入或非门 双 5 输入或非门 双 4 输入或非门(带选通端)	74LS02,74HC02 74LS260 7425
非门	六反相器 六反相器(OC)(OD)	74LS04,74HC04 74LS05,74HC05
与门	四 2 输入与门 四 2 输入与门(OC)(OD) 三 3 输入与门 三 3 输入与门(OC) 双 4 输入与门	74LS08,74HC08 74LS09,74HC09 74LS11,74HC11 74LS15,74ALS15 74LS21,74HC21
或门	四 2 输入或门	74LS32,74HC32
异或门	四 2 输入异或门 四 2 输入异或门(OC)	74LS86,74HC86 74LS136,74ALS136
编码器	8 线-3 线优先编码器 10 线-4 线优先编码器(BCD 码输出) 8 线-3 线优先编码器(三态输出) 8 线-8 线优先编码器	74LS148,74HC148 74LS147,74HC147 74LS348 74LS149

续表

类 型	功 能	型 号
译码器	4－10 线译码器(BCD 码输出)	74LS42,74HC42
	4－10 线译码器/多路转换器	74LS154,74HC154
	双 2－4 线译码器/多路分配器	74LS139,74HC139
	双 2－4 线译码器/多路分配器(三态输出)	74ALS539
	BCD－十进制译码器/驱动器	74LS145
	4 线-七段译码器/高压驱动器(BCD 输入,OC)	74LS247
	4 线-七段译码器/高压驱动器(BCD 输入,上拉电阻)	74LS48,74LS248
	4 线-七段译码器/高压驱动器(BCD 输入,开路输出)	74LS47
	4 线-七段译码器/高压驱动器(BCD 输入,OC 输出)	74LS49
	3 线-8 线译码器/多路转换器(带地址锁存)	74LS137,74ALS137
	3 线-8 线译码器/多路转换器	74LS138,74HC138
运算器	4 位二进制超前进位全加器	74LS283,74HC283
触发器	双上升沿 D 触发器(带预置、清除)	74LS74,74HC74
	四 D 触发器(带清除)	74LS171
	四上升 D 触发器(互补输出,公共清除)	74LS175,74HC175
	八 D 触发器	74LS273,74HC273
	双上升沿 JK 触发器	4027
	双 JK 触发器(带预置、清除)	74LS76,74HC76
计数器	十进制计数器	74LS90,74LS290
	4 位二进制同步计数器(异步清除)	74LS161,74HC161
	4 位十进制同步计数器(同步清除)	74LS162,74HC162
	4 位二进制同步计数器(同步清除)	74LS163,74HC163
	4 位二进制同步加/减计数器	74LS190,74HC190
	4 位十进制同步加/减计数器(双时钟、带清除)	74LS192,74HC192
寄存器	4 位通移位寄存器(并入、并出、双向)	74LS194,74HC194
	8 位移寄存器(串入、串出)	74LS91
	5 位移寄存器(并入、并出)	74LS96
	16 位移寄存器(串入、串/并出、三态)	74LS673,74HC673
	8 位移寄存器(输入锁存、并行三态输入/输出)	74LS598,74HC598
	4 位双向移位寄存器(三态输出)	40104,74HC40104
D/A 及 A/D 转换器	8 位 D/A 转换器	DAC0832
	8 位八通道 A/D 转换器	ADC0809
	$3\frac{1}{2}$位双积分 A/D 转换器	CC1433

参 考 文 献

[1] 张明金．电工电子电路分析与实践[M]．北京:北京师范大学出版社,2010.
[2] 刘文革．实用电工电子技术基础[M]．北京:中国铁道出版社,2010.
[3] 李关华,黄杰．电子技术与应用实践[M]．北京:化学工业出版社,2006.
[4] 谢兰清．电子技术项目教程[M]．北京:电子工业出版社,2009.
[5] 唐俊英．电子电路分析与实践[M]．北京:电子工业出版社,2009.
[6] 华永平．模拟电子技术与应用[M]．北京:电子工业出版社,2012.
[7] 刘辉珞．数字电子技术与项目训练教程[M]．北京:北京大学出版社,2009.
[8] 李玲．数字逻辑电路测试与设计[M]．北京:机械工业出版社,2009.
[9] 过玉清．数字电路仿真项目教程[M]．北京:电子工业出版社,2012.
[10] 郭永贞．数字电子技术[M].2版．南京:东南大学出版社,2008.
[11] 周雪．模拟电子技术[M]．西安:西安电子科技大学出版社,2005.
[12] 孙津平．数字电子技术[M]．西安:西安电子科技大学出版社,2005.
[13] 周良权,方向乔．数字电子技术基础[M]．北京:高等教育出版社,2004.